U0326117

国家出版基金项目
NATIONAL PUBLICATION FOUNDATION

"十二五"国家重点出版规划项目
雷达与探测前沿技术丛书

# 外辐射源雷达

## Passive Bistatic Radar

郑恒　王俊　江胜利　著
伍小保　顾晓婕

国防工业出版社
·北京·

# 内 容 简 介

本书介绍的外辐射源雷达,是指利用外部已经存在且不受控制的电磁辐射源,通过检测目标的反射回波进行探测、定位和跟踪的雷达装备。在技术途径上,此类无源雷达有别于传统有源雷达,又与无源电子侦察监视系统完全不同。

本书作者结合多年从事外辐射源雷达装备技术的科研实践,对外辐射源雷达技术进行系统阐述。从辐射源分析、信号处理和检测、接收机技术、多源分布式探测等方面,对外辐射源雷达的关键技术作了详细介绍。本书以基于调频广播信号的外辐射源雷达系统为主线,着重介绍直达波及其多径干扰对消、无源相干积累和多源协同目标检测定位等技术理论和实现方法。此外,针对外辐射源雷达在实践中面临的问题也给出了一些新近的科研成果。

本书可供从事雷达系统、雷达信号处理和数据处理、电子工程等专业的科技人员阅读和参考。

**图书在版编目(CIP)数据**

外辐射源雷达 / 郑恒等著. —北京:国防工业出
版社,2017.12
(雷达与探测前沿技术丛书)
ISBN 978 – 7 – 118 – 11526 – 0

Ⅰ. ①外… Ⅱ. ①郑… Ⅲ. ①雷达技术 – 辐射源 – 研
究 Ⅳ. ①TN95

中国版本图书馆 CIP 数据核字(2018)第 014956 号

※

*国防工业出版社* 出版发行
(北京市海淀区紫竹院南路 23 号  邮政编码 100048)
天津嘉恒印务有限公司印刷
新华书店经售
*
开本 710×1000  1/16  印张 21¼  字数 359 千字
2017 年 12 月第 1 版第 1 次印刷  印数 1—3000 册  定价 96.00 元

**(本书如有印装错误,我社负责调换)**

国防书店:(010)88540777        发行邮购:(010)88540776
发行传真:(010)88540755        发行业务:(010)88540717

# 总　序

　　雷达在第二次世界大战中初露头角。战后,美国麻省理工学院辐射实验室集合各方面的专家,总结战争期间的经验,于1950年前后出版了一套雷达丛书,共28个分册,对雷达技术做了全面总结,几乎成为当时雷达设计者的必备读物。我国的雷达研制也从那时开始,经过几十年的发展,到21世纪初,我国雷达技术在很多方面已进入国际先进行列。为总结这一时期的经验,中国电子科技集团公司曾经组织老一代专家撰著了"雷达技术丛书",全面总结他们的工作经验,给雷达领域的工程技术人员留下了宝贵的知识财富。

　　电子技术的迅猛发展,促使雷达在内涵、技术和形态上快速更新,应用不断扩展。为了探索雷达领域前沿技术,我们又组织编写了本套"雷达与探测前沿技术丛书"。与以往雷达相关丛书显著不同的是,本套丛书并不完全是作者成熟的经验总结,大部分是专家根据国内外技术发展,对雷达前沿技术的探索性研究。内容主要依托雷达与探测一线专业技术人员的最新研究成果、发明专利、学术论文等,对现代雷达与探测技术的国内外进展、相关理论、工程应用等进行了广泛深入研究和总结,展示近十年来我国在雷达前沿技术方面的研制成果。本套丛书的出版力求能促进从事雷达与探测相关领域研究的科研人员及相关产品的使用人员更好地进行学术探索和创新实践。

　　本套丛书保持了每一个分册的相对独立性和完整性,重点是对前沿技术的介绍,读者可选择感兴趣的分册阅读。丛书共41个分册,内容包括频率扩展、协同探测、新技术体制、合成孔径雷达、新雷达应用、目标与环境、数字技术、微电子技术八个方面。

　　(一) 雷达频率迅速扩展是近年来表现出的明显趋势,新频段的开发、带宽的剧增使雷达的应用更加广泛。本套丛书遴选的频率扩展内容的著作共4个分册:

　　(1)《毫米波辐射无源探测技术》分册中没有讨论传统的毫米波雷达技术,而是着重介绍毫米波热辐射效应的无源成像技术。该书特别采用了平方千米阵的技术概念,这一概念在用干涉式阵列基线的测量结果来获得等效大口径阵列效果的孔径综合技术方面具有重要的意义。

（2）《太赫兹雷达》分册是一本较全面介绍太赫兹雷达的著作，主要包括太赫兹雷达系统的基本组成和技术特点、太赫兹雷达目标检测以及微动目标检测技术，同时也讨论了太赫兹雷达成像处理。

（3）《机载远程红外预警雷达系统》分册考虑到红外成像和告警是红外探测的传统应用，但是能否作为全空域远距离的搜索监视雷达，尚有诸多争议。该书主要讨论用监视雷达的概念如何解决红外极窄波束、全空域、远距离和数据率的矛盾，并介绍组成红外监视雷达的工程问题。

（4）《多脉冲激光雷达》分册从实际工程应用角度出发，较详细地阐述了多脉冲激光测距及单光子测距两种体制下的系统组成、工作原理、测距方程、激光目标信号模型、回波信号处理技术及目标探测算法等关键技术，通过对两种远程激光目标探测体制的探讨，力争让读者对基于脉冲测距的激光雷达探测有直观的认识和理解。

（二）传输带宽的急剧提高，赋予雷达协同探测新的使命。协同探测会导致雷达形态和应用发生巨大的变化，是当前雷达研究的热点。本套丛书遴选出协同探测内容的著作共 10 个分册：

（1）《雷达组网技术》分册从雷达组网使用的效能出发，重点讨论点迹融合、资源管控、预案设计、闭环控制、参数调整、建模仿真、试验评估等雷达组网新技术的工程化，是把多传感器统一为系统的开始。

（2）《多传感器分布式信号检测理论与方法》分册主要介绍检测级、位置级（点迹和航迹）、属性级、态势评估与威胁估计五个层次中的检测级融合技术，是雷达组网的基础。该书主要给出各类分布式信号检测的最优化理论和算法，介绍考虑到网络和通信质量时的联合分布式信号检测准则和方法，并研究多输入多输出雷达目标检测的若干优化问题。

（3）《分布孔径雷达》分册所描述的雷达实现了多个单元孔径的射频相参合成，获得等效于大孔径天线雷达的探测性能。该书在概述分布孔径雷达基本原理的基础上，分别从系统设计、波形设计与处理、合成参数估计与控制、稀疏孔径布阵与测角、时频相同步等方面做了较为系统和全面的论述。

（4）《MIMO 雷达》分册所介绍的雷达相对于相控阵雷达，可以同时获得波形分集和空域分集，有更加灵活的信号形式，单元间距不受 $\lambda/2$ 的限制，间距拉开后，可组成各类分布式雷达。该书比较系统地描述多输入多输出（MIMO）雷达。详细分析了波形设计、积累补偿、目标检测、参数估计等关键技术。

（5）《MIMO 雷达参数估计技术》分册更加侧重讨论各类 MIMO 雷达的算法。从 MIMO 雷达的基本知识出发,介绍均匀线阵,非圆信号,快速估计,相干目标,分布式目标,基于高阶累计量的、基于张量的、基于阵列误差的、特殊阵列结构的 MIMO 雷达目标参数估计的算法。

（6）《机载分布式相参射频探测系统》分册介绍的是 MIMO 技术的一种工程应用。该书针对分布式孔径采用正交信号接收相参的体制,分析和描述系统处理架构及性能、运动目标回波信号建模技术,并更加深入地分析和描述实现分布式相参雷达杂波抑制、能量积累、布阵等关键技术的解决方法。

（7）《机会阵雷达》分册介绍的是分布式雷达体制在移动平台上的典型应用。机会阵雷达强调根据平台的外形,天线单元共形随遇而布。该书详尽地描述系统设计、天线波束形成方法和算法、传输同步与单元定位等关键技术,分析了美国海军提出的用于弹道导弹防御和反隐身的机会阵雷达的工程应用问题。

（8）《无源探测定位技术》分册探讨的技术是基于现代雷达对抗的需求应运而生,并在实战应用需求越来越大的背景下快速拓展。随着知识层面上认知能力的提升以及技术层面上带宽和传输能力的增加,无源侦察已从单一的测向技术逐步转向多维定位。该书通过充分利用时间、空间、频移、相移等多维度信息,寻求无源定位的解,对雷达向无源发展有着重要的参考价值。

（9）《多波束凝视雷达》分册介绍的是通过多波束技术提高雷达发射信号能量利用效率以及在空、时、频域中减小处理损失,提高雷达探测性能;同时,运用相位中心凝视方法改进杂波中目标检测概率。分册还涉及短基线雷达如何利用多阵面提高发射信号能量利用效率的方法;针对长基线,阐述了多站雷达发射信号可形成凝视探测网格,提高雷达发射信号能量的使用效率;而合成孔径雷达(SAR)系统应用多波束凝视可降低发射功率,缓解宽幅成像与高分辨之间的矛盾。

（10）《外辐射源雷达》分册重点讨论以电视和广播信号为辐射源的无源雷达。详细描述调频广播模拟电视和各种数字电视的信号,减弱直达波的对消和滤波的技术;同时介绍了利用 GPS(全球定位系统)卫星信号和 GSM/CDMA(两种手机制式)移动电话作为辐射源的探测方法。各种外辐射源雷达,要得到定位参数和形成所需的空域,必须多站协同。

（三）以新技术为牵引，产生出新的雷达系统概念，这对雷达的发展具有里程碑的意义。本套丛书遴选了涉及新技术体制雷达内容的 6 个分册：

（1）《宽带雷达》分册介绍的雷达打破了经典雷达 5MHz 带宽的极限，同时雷达分辨力的提高带来了高识别率和低杂波的优点。该书详尽地讨论宽带信号的设计、产生和检测方法。特别是对极窄脉冲检测进行有益的探索，为雷达的进一步发展提供了良好的开端。

（2）《数字阵列雷达》分册介绍的雷达是用数字处理的方法来控制空间波束，并能形成同时多波束，比用移相器灵活多变，已得到了广泛应用。该书全面系统地描述数字阵列雷达的系统和各分系统的组成。对总体设计、波束校准和补偿、收/发模块、信号处理等关键技术都进行了详细描述，是一本工程性较强的著作。

（3）《雷达数字波束形成技术》分册更加深入地描述数字阵列雷达中的波束形成技术，给出数字波束形成的理论基础、方法和实现技术。对灵巧干扰抑制、非均匀杂波抑制、波束保形等进行了深入的讨论，是一本理论性较强的专著。

（4）《电磁矢量传感器阵列信号处理》分册讨论在同一空间位置具有三个磁场和三个电场分量的电磁矢量传感器，比传统只用一个分量的标量阵列处理能获得更多的信息，六分量可完备地表征电磁波的极化特性。该书从几何代数、张量等数学基础到阵列分析、综合、参数估计、波束形成、布阵和校正等问题进行详细讨论，为进一步应用奠定了基础。

（5）《认知雷达导论》分册介绍的雷达可根据环境、目标和任务的感知，选择最优化的参数和处理方法。它使得雷达数据处理及反馈从粗犷到精细，彰显了新体制雷达的智能化。

（6）《量子雷达》分册的作者团队搜集了大量的国外资料，经探索和研究，介绍从基本理论到传输、散射、检测、发射、接收的完整内容。量子雷达探测具有极高的灵敏度，更高的信息维度，在反隐身和抗干扰方面优势明显。经典和非经典的量子雷达，很可能走在各种量子技术应用的前列。

（四）合成孔径雷达（SAR）技术发展较快，已有大量的著作。本套丛书遴选了有一定特点和前景的 5 个分册：

（1）《数字阵列合成孔径雷达》分册系统阐述数字阵列技术在 SAR 中的应用，由于数字阵列天线具有灵活性并能在空间产生同时多波束，雷达采集的同一组回波数据，可处理出不同模式的成像结果，比常规 SAR 具备更多的新能力。该书着重研究基于数字阵列 SAR 的高分辨力宽测绘带 SAR 成像、极化层析 SAR 三维成像和前视 SAR 成像技术三种新能力。

（2）《双基合成孔径雷达》分册介绍的雷达配置灵活,具有隐蔽性好、抗干扰能力强、能够实现前视成像等优点,是 SAR 技术的热点之一。该书较为系统地描述了双基 SAR 理论方法、回波模型、成像算法、运动补偿、同步技术、试验验证等诸多方面,形成了实现技术和试验验证的研究成果。

（3）《三维合成孔径雷达》分册描述曲线合成孔径雷达、层析合成孔径雷达和线阵合成孔径雷达等三维成像技术。重点讨论各种三维成像处理算法,包括距离多普勒、变尺度、后向投影成像、线阵成像、自聚焦成像等算法。最后介绍三维 MIMO-SAR 系统。

（4）《雷达图像解译技术》分册介绍的技术是指从大量的 SAR 图像中提取与挖掘有用的目标信息,实现图像的自动解译。该书描述高分辨 SAR 和极化 SAR 的成像机理及相应的相干斑抑制、噪声抑制、地物分割与分类等技术,并介绍舰船、飞机等目标的 SAR 图像检测方法。

（5）《极化合成孔径雷达图像解译技术》分册对极化合成孔径雷达图像统计建模和参数估计方法及其在目标检测中的应用进行了深入研究。该书研究内容为统计建模和参数估计及其国防科技应用三大部分。

（五）雷达的应用也在扩展和变化,不同的领域对雷达有不同的要求,本套丛书在雷达前沿应用方面遴选了 6 个分册:

（1）《天基预警雷达》分册介绍的雷达不同于星载 SAR,它主要观测陆海空天中的各种运动目标,获取这些目标的位置信息和运动趋势,是难度更大、更为复杂的天基雷达。该书介绍天基预警雷达的星星、星空、MIMO、卫星编队等双/多基地体制。重点描述了轨道覆盖、杂波与目标特性、系统设计、天线设计、接收处理、信号处理技术。

（2）《战略预警雷达信号处理新技术》分册系统地阐述相关信号处理技术的理论和算法,并有仿真和试验数据验证。主要包括反导和飞机目标的分类识别、低截获波形、高速高机动和低速慢机动小目标检测、检测识别一体化、机动目标成像、反投影成像、分布式和多波段雷达的联合检测等新技术。

（3）《空间目标监视和测量雷达技术》分册论述雷达探测空间轨道目标的特色技术。首先涉及空间编目批量目标监视探测技术,包括空间目标监视相控阵雷达技术及空间目标监视伪码连续波雷达信号处理技术。其次涉及空间目标精密测量、增程信号处理和成像技术,包括空间目标雷达精密测量技术、中高轨目标雷达探测技术、空间目标雷达成像技术等。

（4）《平流层预警探测飞艇》分册讲述在海拔约20km的平流层，由于相对风速低、风向稳定，从而适合大型飞艇的长期驻空，定点飞行，并进行空中预警探测，可对半径500km区域内的地面目标进行长时间凝视观察。该书主要介绍预警飞艇的空间环境、总体设计、空气动力、飞行载荷、载荷强度、动力推进、能源与配电以及飞艇雷达等技术，特别介绍了几种飞艇结构载荷一体化的形式。

（5）《现代气象雷达》分册分析了非均匀大气对电磁波的折射、散射、吸收和衰减等气象雷达的基础，重点介绍了常规天气雷达、多普勒天气雷达、双偏振全相参多普勒天气雷达、高空气象探测雷达、风廓线雷达等现代气象雷达，同时还介绍了气象雷达新技术、相控阵天气雷达、双/多基地天气雷达、声波雷达、中频探测雷达、毫米波测云雷达、激光测风雷达。

（6）《空管监视技术》分册阐述了一次雷达、二次雷达、应答机编码分配、S模式、多雷达监视的原理。重点讨论广播式自动相关监视（ADS-B）数据链技术、飞机通信寻址报告系统（ACARS）、多点定位技术（MLAT）、先进场面监视设备（A-SMGCS）、空管多源协同监视技术、低空空域监视技术、空管技术。介绍空管监视技术的发展趋势和民航大国的前瞻性规划。

（六）目标和环境特性，是雷达设计的基础。该方向的研究对雷达匹配目标和环境的智能设计有重要的参考价值。本套丛书对此专题遴选了4个分册：

（1）《雷达目标散射特性测量与处理新技术》分册全面介绍有关雷达散射截面积（RCS）测量的各个方面，包括RCS的基本概念、测试场地与雷达、低散射目标支架、目标RCS定标、背景提取与抵消、高分辨力RCS诊断成像与图像理解、极化测量与校准、RCS数据的处理等技术，对其他微波测量也具有参考价值。

（2）《雷达地海杂波测量与建模》分册首先介绍国内外地海面环境的分类和特征，给出地海杂波的基本理论，然后介绍测量、定标和建库的方法。该书用较大的篇幅，重点阐述地海杂波特性与建模。杂波是雷达的重要环境，随着地形、地貌、海况、风力等条件而不同。雷达的杂波抑制，正根据实时的变化，从粗犷走向精细的匹配，该书是现代雷达设计师的重要参考文献。

（3）《雷达目标识别理论》分册是一本理论性较强的专著。以特征、规律及知识的识别认知为指引，奠定该书的知识体系。首先介绍雷达目标识别的物理与数学基础，较为详细地阐述雷达目标特征提取与分类识别、知识辅助的雷达目标识别、基于压缩感知的目标识别等技术。

（4）《雷达目标识别原理与实验技术》分册是一本工程性较强的专著。该书主要针对目标特征提取与分类识别的模式，从工程上阐述了目标识别的方法。重点讨论特征提取技术、空中目标识别技术、地面目标识别技术、舰船目标识别及弹道导弹识别技术。

（七）数字技术的发展，使雷达的设计和评估更加方便，该技术涉及雷达系统设计和使用等。本套丛书遴选了3个分册：

（1）《雷达系统建模与仿真》分册所介绍的是现代雷达设计不可缺少的工具和方法。随着雷达的复杂度增加，用数字仿真的方法来检验设计的效果，可收到事半功倍的效果。该书首先介绍最基本的随机数的产生、统计实验、抽样技术等与雷达仿真有关的基本概念和方法，然后给出雷达目标与杂波模型、雷达系统仿真模型和仿真对系统的性能评价。

（2）《雷达标校技术》分册所介绍的内容是实现雷达精度指标的基础。该书重点介绍常规标校、微光电视角度标校、球载BD/GPS（BD为北斗导航简称）标校、射电星角度标校、基于民航机的雷达精度标校、卫星标校、三角交会标校、雷达自动化标校等技术。

（3）《雷达电子战系统建模与仿真》分册以工程实践为取材背景，介绍雷达电子战系统建模的主要方法、仿真模型设计、仿真系统设计和典型仿真应用实例。该书从雷达电子战系统数学建模和仿真系统设计的实用性出发，着重论述雷达电子战系统基于信号/数据流处理的细粒度建模仿真的核心思想和技术实现途径。

（八）微电子的发展使得现代雷达的接收、发射和处理都发生了巨大的变化。本套丛书遴选出涉及微电子技术与雷达关联最紧密的3个分册：

（1）《雷达信号处理芯片技术》分册主要讲述一款自主架构的数字信号处理（DSP）器件，详细介绍该款雷达信号处理器的架构、存储器、寄存器、指令系统、I/O资源以及相应的开发工具、硬件设计，给雷达设计师使用该处理器提供有益的参考。

（2）《雷达收发组件芯片技术》分册以雷达收发组件用芯片套片的形式，系统介绍发射芯片、接收芯片、幅相控制芯片、波速控制驱动器芯片、电源管理芯片的设计和测试技术及与之相关的平台技术、实验技术和应用技术。

（3）《宽禁带半导体高频及微波功率器件与电路》分册的背景是，宽禁带材料可使微波毫米波功率器件的功率密度比Si和GaAs等同类产品高10倍，可产生开关频率更高、关断电压更高的新一代电力电子器件，将对雷达产生更新换代的影响。分册首先介绍第三代半导体的应用和基本知识，然后详细介绍两大类各种器件的原理、类别特征、进展和应用:SiC 器件有功率二极管、MOSFET、JFET、BJT、IBJT、GTO 等;GaN 器件有 HEMT、MMIC、E 模 HEMT、N 极化 HEMT、功率开关器件与微功率变换等。最后展望固态太赫兹、金刚石等新兴材料器件。

　　本套丛书是国内众多相关研究领域的大专院校、科研院所专家集体智慧的结晶。具体参与单位包括中国电子科技集团公司、中国航天科工集团公司、中国电子科学研究院、南京电子技术研究所、华东电子工程研究所、北京无线电测量研究所、电子科技大学、西安电子科技大学、国防科技大学、北京理工大学、北京航空航天大学、哈尔滨工业大学、西北工业大学等近 30 家。在此对参与编写及审校工作的各单位专家和领导的大力支持表示衷心感谢。

2017 年 9 月

# 前　言

近十年,外辐射源雷达成为雷达探测技术领域的一个热点。相对于传统雷达,外辐射源雷达探测设备自身不配备发射装置,而是利用空中大量存在的电磁波信号,如民用广播、电视发射台辐射的电磁波,实现对目标的探测与定位,具有优良的战场生存能力和反隐身探测潜力。

自2000年开始,在原总装备部雷达探测专业组的指导下,我们开展了外辐射源雷达技术的研究工作。经过多年的不断探索,从基础理论研究、系统总体设计、处理架构分析、科研试验和产品研制,作者积累了一些科研经验。同时,国内外辐射源雷达技术也取得了一些阶段性成果。

我们选择从外辐射源雷达基本工作原理的介绍开始,对典型外辐射源信号的模糊函数特性进行阐述、分析和研究。本书重点从雷达信号处理理论角度,以基于调频广播的外辐射源雷达为主线,全面详细地论述外辐射源雷达的信号处理技术。在本书的后半部分对外辐射源雷达射频数字化接收机的设计技术有较为深入的探讨;同时针对外辐射源雷达的网络化发展前景,对多源协同探测与定位技术进行了专门研究。

本书的写作力求重点突出,也注重论述的系统性和完整性。在重视相关理论研究的同时,与工程实践相结合。

郑恒研究员主要负责全文统稿和第1、2章的编写;王俊教授和江胜利博士对第3、4章的编写做出了较大贡献;顾晓婕博士主要负责第5、7章的撰写;伍小保研究员主要负责第6章的撰写。

在本书的写作过程中,得到了中国电子科技集团公司第三十八研究所和西安电子科技大学雷达信号处理重点实验室等单位许多同志的支持和帮助。对他们提出的宝贵建议和意见,在此深表谢意。

由于作者当前水平有限,书中缺点和错误在所难免,敬请广大读者批评指正。

作者
2017 年 8 月

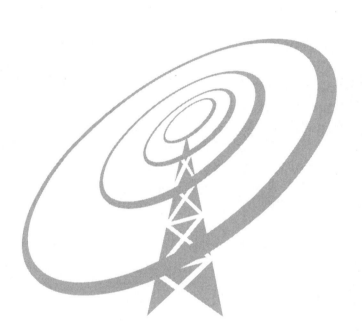

# 目　录

# 第 **1** 章

## 绪论

双基地雷达由于收发站分置,接收站是无源工作,因此具有较好的综合"四抗"(抗干扰、抗反辐射武器、抗隐身目标、抗低空突防)性能。常规的双基地雷达系统中,发射站与接收站之间在时频同步器控制下协同工作,是合作式的双基地雷达。当发射站是非合作的机会照射源时,由于辐射信号不受控制、收发站之间非同步,因此这种双基地雷达统称为外辐射源雷达。

外辐射源雷达是我国对该类雷达的名词定义。在国际上,也有不同的名称,如无源雷达(PR)、无源双多基地雷达(PBR)、无源隐蔽雷达(PCR)、无源相干定位雷达(PCLR)等。

外辐射源是指在系统外部的、不受控制非专门设计的电磁辐射源,中文字义更能够说明该类雷达的技术特点。

在各种外辐射源中,民用广播与电视辐射源的信号形式和发射方式等参数公开,辐射功率和覆盖区域也一般较大。而且大多数民用广播电视的无线电频段较低,一般在米波频段,台站数量多,地域分布广泛。这种低频、分布式发射的特点,在隐身目标探测方面具备一定的先天优势。

低成本和易于隐蔽的特点,同时具有多基地、低频段的反隐身潜力。充分利用此类电磁资源,构成网络化、低成本的区域防空预警系统,对国防建设的发展具有重要而深远的意义。

## 🔲 1.1 外辐射源雷达的发展历程

外辐射源雷达是当前雷达技术研究领域的一个热点。但是,当回顾雷达的发展历程[1]时,就会发现自世界上的第一部雷达开始,外辐射源雷达技术就一直受到业界关注。

### 1.1.1 外辐射源雷达的早期历史

德国专家 H. Kuschel 在《被动雷达 80 年的发展历程》[2] 一文中,将外辐射源雷达的历史溯源到 20 世纪 30 年代。1935 年,英国人 Robert Watson - Watt 爵士建立了一部双基地雷达试验系统(图 1.1)。该试验系统利用设在 Daventry 的 BBC 短波电台,成功探测到了一架飞机[3]。当飞机飞过试验系统时,Robert Watson - Watt 和助手 Arnod Wilkins 在示波器上观察到了信号的波动。这其实就是雷达的雏形。

图 1.1　Daventry 试验系统示意图[3]

第二次世界大战时期,英国在英格兰东南部海岸建立了世界上第一部雷达链——Chain Home 雷达。Chain Home 雷达为主动雷达,辐射功率约为 350kW (后上升到 750kW),工作频段为 20 ~ 30MHz。德国利用 Chain Home 雷达辐射的信号,在英吉利海峡对岸建立了雷达接收站 Klein Heidelberg,探测飞越英吉利海峡的盟军轰炸机。

从 1943 年开始,德国的 Klein Heidelberg 雷达就探测到了进入的飞机目标。可以说,这是世界上首部实战应用的外辐射源雷达。与德国其他主动雷达相比,该外辐射源雷达显现了对抗英国干扰机的优点。1944 年,德国陆续在 Oostvoorne、Boulogne 和 Abbeville 等地装备了 Klein Heidelberg 雷达。图 1.2 为在 Oostvoorne 处的 Klein Heidelberg 雷达。图 1.3 为 Klein Heidelberg 雷达天线,该天线安装在高 40m 的塔上,天线装有 18 个偶极子天线单元,成 3 列 6 行,天线方位波束宽度约为 45°,雷达方位角精度约为 5°。在约为 15m 的高度安装一个辅助天线,用于接收 Chain Home 雷达的辐射信号[4]。

1936 年,随着双工器的发明,操作更为方便的单站单基地雷达开始出现,并逐渐取代双基地雷达的位置,对外辐射源雷达的研究也就暂时告一段落。

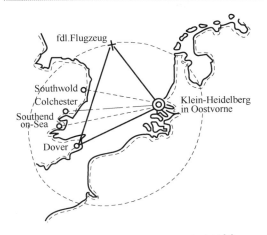

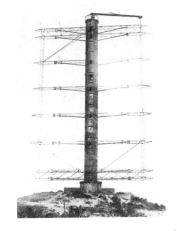

图 1.2　Klein Heidelberg 雷达接收站[4]　　　图 1.3　Klein Heidelberg 雷达天线[4]

## 1.1.2　外辐射源雷达的新起点

从第二次世界大战到 20 世纪 90 年代中期,外辐射源雷达一直发展缓慢。而此时无源被动雷达,如捷克"塔玛拉系统"[5](一种多站被动探测系统),开始崭露头角。无源侦察定位系统通过侦察目标本身发射的电磁波信号,以及多站测量雷达脉冲的到达时间差,侦察、定位和跟踪雷达载机目标。

20 世纪 80 年代,研究工作主要侧重于如何对辐射源进行跟踪和对干扰源进行定位的被动定位技术。在这一时期,双基地雷达技术方面主要采用脉冲追赶技术(图 1.4)。

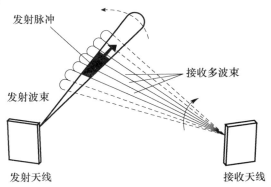

图 1.4　采用脉冲追赶技术的双基地雷达系统[2]

外辐射源雷达研究的真正复兴始于 20 世纪 90 年代。到现今经历了近三十年的高速发展。如图 1.5 所示伦敦大学学院的 Griffith 和 Long 研究了利用水晶宫电视台发射的模拟电视信号进行飞机目标探测的方法。Howland[6] 等利用该模拟电视图像载波信号探测到了 260km 以外的民航飞机[7]，从而验证了基于外辐射源信号被动定位技术的可行性。

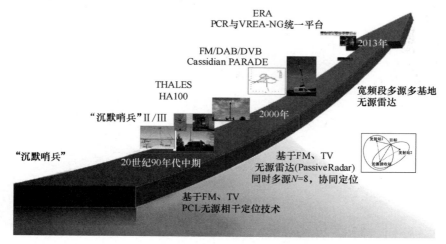

ERA
PCR与VREA-NG统一平台
2013年

FM/DAB/DVB
Cassidian PARADE

THALES
HA100

宽频段多源多基地
无源雷达

"沉默哨兵"Ⅱ/Ⅲ

2000年

"沉默哨兵"

20世纪90年代中期

基于FM、TV
无源雷达(Passive Radar)
同时多源N=8，协同定位

基于FM、TV
PCL无源相干定位技术

图 1.5　国外外辐射源雷达技术发展（见彩图）

特别是 Lockheed Martin 公司公开报道的"沉默哨兵"（Silent Sentry）试验系统（图 1.6），掀起了外辐射雷达的研究热潮[8-11]。在"沉默哨兵"的研究进程中，Lockheed Martin 公司根据美国国土安全等方面的需求变化，又相继发展了"沉默哨兵"Ⅱ、"沉默哨兵"Ⅲ等，"沉默哨兵"系统逐步朝小型化方向转变。小型化外辐射源雷达系统由于受到天线口径的限制，波束宽度很大，无法只利用一个外辐射源进行目标准确测角和定位，所以至少利用三处以上辐射源，通过多个距离和椭圆交叉实现目标定位。

在外辐射源雷达系统中，接收机至少包括参考通道和回波通道两个接收通道。两个通道分别接收辐射源的直达波信号和目标反射的回波信号，信号处理机将直达波信号与回波信号进行相关处理获取目标的位置、速度等信息（图1.7）。这种技术称为无源相干定位（PCL）或被动相参定位技术。

在欧洲，法国 Thales 公司 Homeland Alerter 100 外辐射源雷达系统有着与"沉默哨兵"Ⅲ相似的设计思路。其探测范围为 100km，同时多源工作。此外，欧洲的一些其他公司和研究机构，如 EADS、SELEX、Cassidian、WUT、ERA、NC3A 及 ONERA 等也纷纷加入研究行列，研制了类似的试验系统（图 1.8）。

### 1.1.3　外辐射源雷达的当前研究热点

近年来，外辐射源雷达技术的研究在世界各国受到了极大关注。目前，外辐射源雷达系统可以利用多种外辐射源信号。尤其是各种民用广播通信信号，如高功率的商业广播发射台（如调频广播电台、模拟电视台）的信号。而更大瞬时

图 1.6 1998 年"沉默哨兵"试验设备（见彩图）

参考通道    回波通道

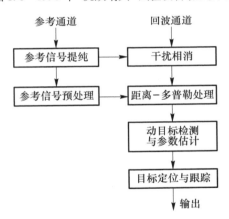

图 1.7 外辐射源雷达信号处理

(a) Thales HA100  (b) SELEX Aulos  (c) ERA PCL

图 1.8 小型化多源定位 PCL 系统（见彩图）

带宽的数字音频广播(DAB)[12,13]、地面数字电视广播(DVB-T)和移动通信 GSM[14,15] 信号、WiMAX 信号、LTE 信号、WiFi 信号,以及导航卫星信号(如 GPS 信号)等,都引起了雷达科技工作者的广泛兴趣。但是面对日益复杂的电磁频谱环境,从原理技术到实用设备的转化,还必须结合具体应用方向解决大量的工程技术问题。

调频广播是世界上应用最为广泛的语音广播系统,其功率较大,发射波束仰角覆盖范围较大,适合对中高空目标探测。不足之处是其信号带宽随着调制信号的变化而起伏,外辐射源雷达的目标距离精度和分辨力也受到限制。通过利用多个不同发射台的信号,以及多源数据融合和跟踪算法来改善系统的定位精度,改善系统检测性能。

DAB 电台在欧洲大部分地区及世界许多地区得到广泛应用。它采用编码正交频分复用(COFDM)信号调制方式,信号的瞬时带宽稳定,直达波对消后不易发散。而瞬时带宽约为 1.5MHz,使得外辐射源雷达系统又可以获得较高的距离分辨力[16]。

目前,DVB-T 已逐步取代了传统的模拟电视。我国的数字电视地面广播(DTTB)标准也应用广泛,覆盖了大多数城市地区。DVB-T 采用 COFDM 信号调制方式,并且带宽更大(约为 7.6MHz)。同时由于 DVB-T 的发射天线波束宽度较窄,通常用于低空慢速小目标的警戒探测。

德国 Cassidian 公司雷达系统概念部开发了一种多波段多基地被动相参定位系统[16]。该系统综合运用了 FM/DAB/DVB 多种外辐射源信号进行目标探测,系统外形及天线形式如图 1.9 所示。

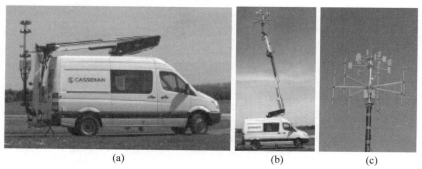

(a)　　　　　　　　　(b)　　　　(c)

图 1.9　Cassidian 公司的多波段外辐射源雷达系统(见彩图)[16]

Cassidian 公司设计的外辐射源雷达全部设备安装于一部中型客车上,其多波段天线阵列安装于可举升的桅杆顶端。雷达可以同时处理多个 FM 广播信号、DAB 网络和 DVB 网络波形信号。天线组实现 360°全方位范围覆盖,并可利用多个 DVB 信号对目标的仰角进行估计。通过任务规划工具软件协助用户选择接收站布设位置,并选择适当的辐射源。采用多辐射源反射信号到达时间差(TDOA)交叉定位方法进行目标定位,如图 1.10 所示。

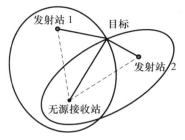

图 1.10 典型的无源雷达多源定位法[16]

在 Cassidian 公司进行的试验中[16],与 ADS – B 信息进行了对比验证。在柏林地区利用 120km 区域内 8 个调频广播电台对民航目标的探测距离可达 150km 以上,定位精度优于 500m。其利用距离接收站约为 80km 的 Brandenburg 的 DVB 网络对民航目标的探测距离可达 50km 以上,定位精度优于 50m。由于 DVB 网络天线波束低仰角覆盖特点,系统对高度在 2500m 以下的目标探测效果较好,对高度在 4000m 以上目标探测效果较差。在德国乌尔姆地区,该试验设备利用 100km 区域以内 8 个 DAB 电台构成的网络辐射信号对一架单发动机小型飞机的探测结果,定位精度可达 100m。

类似的试验系统,还有德国高频物理与雷达技术研究所(FGAN – FHR)的 CORA – COvert 雷达系统[17],如图 1.11 所示。

图 1.11 CORA – COvert 雷达系统[17](见彩图)

波兰华沙科技大学电子系统研究院的 Stanislaw Rzewuski 等介绍了一种利用 WiFi 无线网络信号进行地面移动目标探测的多基地外辐射源雷达系统[18]。尽管此类通信信号用作目标无线电定位并不太理想，然而通过合适的信号处理方法，如杂波滤除、相关处理等，利用无线电通信信号作为辐射源也可对目标进行检测和定位。

在试验中，采用了 3 个发射站和 1 个接收站。WiFi 发射天线工作频率为 2432MHz，发射天线增益约为 8dB 的全向天线；接收站安装于发射天线对面的建筑物上。

接收机接收的回波信号包括很强的发射站直达波信号、地物等固定目标回波信号以及行驶小型汽车的微弱回波信号。采用滤波器滤除固定回波信号后进行谱分析，在基于 3 个发射站各自不同编码的基础上分离出单个发射站对应的回波信号，如图 1.12 所示。

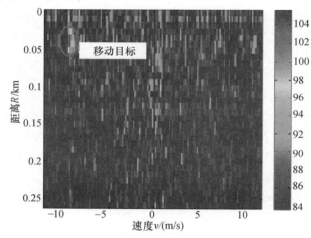

图 1.12　分离出单个发射站的回波信号谱分析结果[18]（见彩图）

但是，由于 3 个辐射源位置较近，系统不能通过多辐射源反射信号 TDOA 交叉定位方法进行目标定位[19]。

澳大利亚阿德莱德大学电工与电子工程学院的 Chow 等[20]给出了利用 GPS 信号进行飞机目标探测的研究和试验。图 1.13 为该试验系统的接收天线，天线由 4 个环形子阵组成，每个子阵包含 8 个天线单元，共包含 32 个天线单元，天线增益约 23dB。系统设计采用接收天线波束扫描来确定目标方向，利用测量 GPS 卫星直达波信号和目标反射信号的 TDOA 信息确定目标距离。处理方法为采用接收机本地产生或从 GPS 卫星信号中截获的伪随机码（PRN）编码信号与接收信号进行相关。

考虑目标速度的影响，系统相参积累时间约为 0.1s，采用单个 GPS 卫星信号，计算结果表明对民航飞机的探测距离仅为 221m。因此，需采用相当大的接

图 1.13　GPS 双基地雷达的 32 单元接收天线[20]（见彩图）

收天线,才能达到较远的探测距离。

## ■ 1.2　外辐射源雷达技术的展望

当前,FM、TV、DAB、DVB、WiFi、GPS 以及 GSM 等多种辐射源信号都可被外辐射源雷达系统利用,只是不同信号源能够达到的性能、用途不同。而且多源、多基地的外辐射源雷达系统正在快速地发展。外辐射源雷达技术的研究和试验成果不断促进雷达技术的进步。

可以想象,随着频谱资源的日益紧张,外辐射源雷达的发展必将受到越来越多的重视。由于其拥有隐蔽性、低能耗和反隐身等优势,在未来的军用和民用领域,外辐射源雷达将逐步推广,可以发挥很好的作用。

技术层面上,外辐射源雷达的未来必然朝着多站多源协同探测、有源无源一体化的方向发展。而在系统架构上,与雷达发展的总趋势相一致,朝着"宽带天线阵面 + 高速光纤传输 + 高性能计算平台"方向发展。（图 1.14）

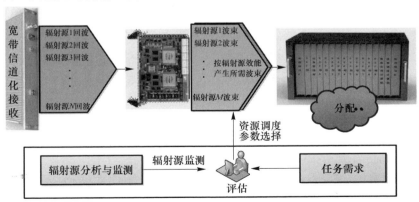

图 1.14　外辐射源雷达多源协同探测一体化处理架构（见彩图）

# 1.3 本书结构

本书主要结合各位作者在外辐射源雷达技术领域的科研工作,对外辐射源雷达的原理、系统架构、信号处理与目标检测等基本方法与技术进行了论述,目的是让读者能够较为系统、全面地理解外辐射源雷达的基本概念与原理,了解该类特殊体制雷达的工作方式、处理方法等,以及其与常规有源雷达(尤其是多基地雷达)的相同和不同之处。

第 1 章绪论,介绍了外辐射源雷达技术的历史和当前的技术发展。

第 2 章介绍外辐射源雷达的基本工作原理。在此类特殊体制的非合作双多基地雷达中,空间同时多波束接收是解决长时信号积累的基础。信号接收至少包括回波通道和参考通道,通过两个通道的相关处理,实现目标回波的时延、方位、多普勒速度参数的测量。

第 3 章典型外辐射源信号分析,分析调频广播、模拟电视和数字电视等典型外辐射源信号的模糊函数特性。对具有更高分辨精度性能的数字电视(DVB – T,中国标准为 DTMB、CMMB)信号,结合信号特征分析,对其性能进行评估分析。

第 4 章外辐射源雷达信号处理技术,从经典雷达信号处理理论出发,以基于调频广播的外辐射源雷达为主线,介绍外辐射源雷达的主要信号处理技术;在匹配滤波技术应用、电视视频失配滤波、直达波对消、长时间积累、复杂频谱背景下的空时频综合反干扰措施、信道均衡和对消性能的关系等方面进行讨论;提出实时信号处理的基本框架。同时,结合试验对外辐射源雷达长时间积累在目标微多普勒特征检测中的应用进行了论述。

第 5 章空间辐射源与移动通信源的利用,通过对空间 GPS 辐射源和地面移动通信信号的分析,讨论此类外辐射源的应用。

第 6 章射频数字化软件化接收机技术,通过对射频数字化接收机技术的综述,介绍外辐射源雷达中的射频数字化接收机的设计方法。

第 7 章多源检测定位与跟踪,结合工程设计,针对多源多基地外辐射源雷达的发展,分析在多源环境下外辐射源雷达协同检测、定位和跟踪技术及应用。

**参考文献**

[1] Howland P. Special Issue on Passive Radar Systems[J]. IEE Proceedings on Radar, Sonar and Navigation, 2005, 152(3): 106 – 223.

[2] Kuschel H. Approaching 80 Years of Passive Radar[C]. The 2013 International Conference on Radar, Adelaide, SA: IEEE, 2013.

[3] Willis N J. Bistatic radar[M]. Norwood, USA: Artech House, 1991.

［4］Price A. Instruments of Darkness – The Struggle for Radar Supremacy［J］. William Kimber and Co. Ltd. , 1967:216 – 218.

［5］贾玉贵. 现代对空情报雷达［M］. 北京：国防工业出版社，2004.

［6］Howland P E. A passive metric radar using a transmitter of opportunity［C］. International Conference on Radar, Paris：IEEE, 1994.

［7］Howland P E. Target tracking using television – based bistatic radar［J］. IEE Proc. Radar Sonar and Navigation, 1999, 146(3)：166 – 174.

［8］Farina A, Kuschel H. Guest editorial special issue on passive radar (Part I)［J］. IEEE Aerospace and Electronic Systems Magazine, 2012, 27(10)：5.

［9］Nordwall B D. Silent Sentry – A new type of radar［J］. Aviation Week & Space Technology, 1998, 149(22)：70 – 71.

［10］Gershanoff H. Transmitter less radar in testing［J］. Journal of Electronic Defense, November, 1998.

［11］Bender B. Surveillance system uses broadcast signals［J］. Journal of Electronic Defense, November, 1998.

［12］Poullin D. On the use of COFDM modulation (DAB, DVB) for passive radar application. Symp［C］. Passive Radar LPI (Low Probability of Intercept) Radio Frequency Sensors, NATO RTO, Warsaw：2001.

［13］Poullin D. Passive detection using digital broadcasters (DAB, DVB) with COFDM modulation［J］. IEE Proc. Radar, Sonar and Navigation, 2005, 152(3)：143 – 152.

［14］Tan D K P, Sun H, Lu Y, Lesturgie M, et al. Passive radar using global system for mobile communication signal：theory, implementation and measurements［J］. IEE Proc. Radar Sonar and Navigation, 2005, 152(3)：116 – 123.

［15］Maio A D, Foglia G, Pasquino N, et al. Measurement and analysis of clutter signal from GSM/DCS – based passive radar［C］. Radar Conference – Surveillance for a Safer World, Bordeaux：IEEE, 2009.

［16］Michael E. Multiband Multistatic Passive Radar System for Airspace Surveillance：A Step towards Mature PCL Implementations ［C］. The 2013 International Conference on Radar, Adelaide, SA：IEEE, 2013.

［17］Kuschel H. Software Defined Passive Radar［C］. European Microwave Week, Rome：Short Courses, 2009.

［18］Stanisław R, Maciej Wielgo, Krzysztof Kulpa, et al. Multistatic Passive Radar Based on WIFI – results of the experiment［C］. The 2013 International Conference on Radar, Adelaide SA：IEEE, 2013.

［19］Christian R. B. , Shengli Zhou and Peter W. Signal extraction using compressed sensing for passive radar with FDM signals［C］. 11th International Conference on Information Fusion, Cologne：IEEE, 2008.

［20］Chow Y P, Matthew T. GPS Bistatic Radar using Phased – array Technique for Aircraft Detection［C］. The 2013 International Conference on Radar, Adelaide SA：IEEE, 2013.

# 第❷章
# 外辐射源雷达基本原理

外辐射源雷达系统实际上是一种特殊体制下的双基地雷达,其发射站为位置已知的广播电视发射台或者其他非合作的无线电发射设备,接收站为外辐射源雷达,接收目标的反射回波。由于必须截获辐射源的发射信号,所以外辐射源雷达至少包括两个信号接收通道,即参考通道和回波通道。

外辐射源雷达的目标到接收站距离无法直接测得,需要借助其他的测量量,通过基于空间几何约束关系解算获得。此类方法包括收发距离和－角度、角度－角度以及双曲线定位等目标定位方法。对收发距离和进行测量时,外辐射源雷达与常规双基地雷达也存在差异,尤其在信号检测方法上有其特殊性。

本章从距离和－角度定位方法出发,详细阐述外辐射源雷达的探测原理、系统组成、关键技术以及主要性能指标。

在分布式外辐射源雷达系统中,通过多个辐射源或接收站的分散式部署,不仅能够提高系统的空域覆盖和目标检测的连续性,而且可通过多基地的距离和曲线(或曲面),对目标位置进行联合定位,提高定位性能。具体内容将在第 7 章详细介绍。

## ◤ 2.1  目标定位原理

外辐射源雷达空间几何关系如图 2.1 所示,辐射源、接收站和目标构成双基地平面。

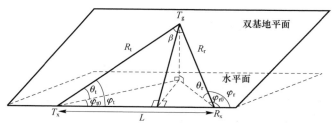

图 2.1  外辐射源雷达空间几何关系

图中:辐射源 $T_x$ 和接收站 $R_x$ 之间的连线称为基线,基线长度用 $L$ 表示;辐射源 $T_x$、接收站 $R_x$ 与目标 $T_g$ 连线之间的夹角为双基地角,用 $\beta$ 表示。$R_t$、$R_r$ 分别为目标到发射站和接收站的距离;$\theta_t$、$\theta_r$ 分别为目标相对于发射站和接收站的俯仰角;$\varphi_{t0}$、$\varphi_{r0}$ 为目标相对于发射站和接收站的方位角;$\varphi_t$、$\varphi_r$ 分别为双基地平面上目标相对于发射站和接收站的立体空间夹角。

$$R_r = \frac{1}{2} \frac{R_s^2 - L^2}{R_s - L\cos\varphi_r} \qquad (2.1)$$

式中:$R_s$ 为双基地雷达距离和,$R_s = R_t + R_r$;$\cos\varphi_r = \cos\theta_r \times \cos\varphi_{r0}$。

## 2.1.1　单源定位原理

由于辐射源是非合作的,外辐射源雷达无法在时间、信号形式上对发射信号进行控制,特别是广播电视发射的连续波信号不存在时间基准。但是,辐射源的精确位置可以获得,接收站和辐射源之间的基线长度、夹角也是可以精确测量的。所以,外辐射源雷达对目标的观测量至少可以由 $R_s = R_t + R_r$ 和 $\varphi_r$ 构成,这一观测子集就可以完成对目标的定位。

双基地探测系统中,目标到辐射源和接收站的距离之和 $R_s$ 构成的等距离和椭圆曲线,如图 2.2 所示。由椭圆与接收天线指向角的交点,便可获得对目标的定位。

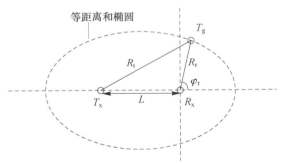

图 2.2　外辐射源雷达目标双基地平面定位原理

## 2.1.2　收发距离和的测量

常规双基地雷达一般采用直接同步法或间接同步法实现两者间的时间频率同步。直接同步法是将发射机的射频编码和时频基准经由数传通信机传递到接收机。间接同步法是由收发两端的原子钟分别给发射机和接收机提供时间、频率和相位相参的基准信号[1]。

外辐射源雷达的辐射源和接收站之间无法建立同步链路,无法采用常规的直接同步法和间接同步法,而是在接收端设计一个辅助的接收通道(本书称为参考通道)截获辐射源的直达波信号 $s_{ref}(t)$，将其与目标回波信号(本书称为回波通道) $s_{echo}(t)$ 进行相关处理，以提取目标回波的相对时延，即

$$\chi(\tau, f_d) = \int_0^{T_0} s_{echo}(t) s_{ref}^*(t-\tau) e^{-j2\pi f_d t} dt \tag{2.2}$$

式中: $T_0$ 为进行相关处理时截取的参考信号时间长度; $f_d$ 为目标运动速度引起的多普勒频移; $\tau$ 为发射信号经目标反射到达接收机与发射信号直接到达雷达接收机的时间差(图2.3),且有

$$\tau = \frac{R_t + R_r - L}{c} \tag{2.3}$$

式中: $c$ 为光速。

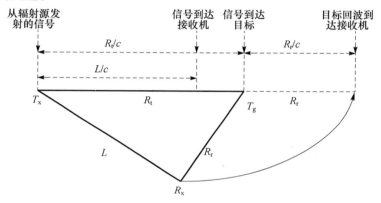

图 2.3　时差关系图

应用式(2.2)和式(2.3)计算距离和时,雷达信号接收和辐射源应在视线平面范围内,以保证发射直达波能到达接收站。当需要基于视线距离之外的外辐射源进行探测时,可以异地部署参考信号截获接收机,抵近辐射源。接收到的直达波信号,再通过通信传输设备,将直达波转发送至接收站。

### 2.1.3　角度测量

由图2.1所给的几何关系可知,目标相对于接收站的视角为

$$\varphi_r = \arccos(\cos\varphi_{r0}\cos\theta_r) \tag{2.4}$$

由式(2.4)可知,当目标仰角较大时,需要同时测量出目标相对于接收站的 $\varphi_{r0}$ 和 $\theta_r$ ,才能精确解算出 $\varphi_r$ ,此时需要外辐射源雷达具备目标三坐标测量能力;当目标仰角较小时, $\varphi_{r0} \approx \varphi_r$ 。仰角测量缺失造成的测距偏差问题将在2.1.4节具体讨论。

如图2.4所示,由于一般外辐射源如调频广播和电视等民用辐射源的发射天线为全向发射,所以雷达接收端采用同时多波束技术,覆盖所需的探测空域。

同时多波束技术兼顾了目标数据率和信号积累驻留时间的要求。

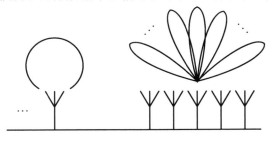

图 2.4  外辐射源雷达全向发射、同时多波束接收工作示意

### 2.1.4  仰角对距离和测量的影响

如图 2.5 所示,如果只获得方位角,在平面空间进行目标的距离测算,获得的目标位置落在等距离和椭圆平面的 $C$ 点($X_i$,$Y_i$)。该点不仅与目标空间实际三维位置有误差,而且到接收站的距离(斜距)也存在偏差:

$$\Delta R = \frac{S^2 - L^2}{2}\left(\frac{1}{S - L\cos\varphi_r} - \frac{1}{S - L\cos\varphi_{r0}}\right) \tag{2.5}$$

偏差的分布与目标高度、距离远近、双基地布站位置相关:

(1)收发基线越短,偏差越小。

(2)目标高度(仰角)越小,误差越小。

(3)目标距离越近,测距偏差越大。

(4)目标处于发射站一侧时的测距偏差大于接收站一侧。

在对于远距离目标,该偏差相对较小。对于高仰角、近程探测系统,测距偏差就必须加以考虑。

### 2.1.5  测量精度

双基地雷达的精度分析方法同样适用于外辐射源雷达。

### 2.1.5.1  距离和测量精度

由式(2.3)可得距离和测量精度为

$$\sigma_{R_s} = \sqrt{\left(\frac{\partial R_s}{\partial \tau}\sigma_\tau\right)^2 + \left(\frac{\partial R_s}{\partial L}\sigma_L\right)^2} = \sqrt{(c\sigma_\tau)^2 + (\sigma_L)^2} \tag{2.6}$$

式中:$\sigma_\tau$、$\sigma_L$ 分别为时间测量精度和基线测量精度;$c$ 为光速。

距离和测量精度包括噪声误差、距离单元采样误差、接收机延迟误差、传播误差、目标闪烁误差、量化误差以及基线测量误差。

噪声误差是仅考虑接收机热噪声引起的时延测量误差,该误差代表距离和

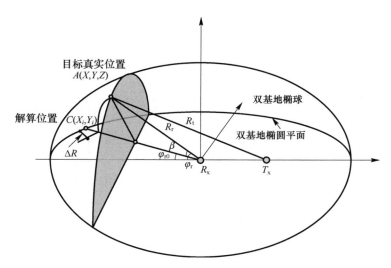

图 2.5　双基地外辐射源雷达的测距偏差问题($\beta$ 为仰角,$\varphi_{r0}$ 为方位角,$\varphi_r$ 为立体角)

测量误差的上限,也称为理论误差,可表示为

$$\sigma_{R_s0} = \frac{c}{\beta \sqrt{2E/N_0}} \tag{2.7}$$

式中:$2E/N_0$ 为匹配滤波器输出端最大信噪比;$E$ 为信号能量;$N_0$ 为噪声功率;$\beta$ 与信号波形相关,为信号带宽的函数,且有

$$\beta = \left( \frac{\int_{-\infty}^{\infty} \omega^2 \mid S(\omega) \mid^2 d\omega}{\int_{-\infty}^{\infty} \mid S(\omega) \mid^2 d\omega} \right)^{0.5} \tag{2.8}$$

式中:$S(\omega)$ 为发射信号的频谱。

　　传播误差主要包括对流层折射、电离层折射和多径效应引起的误差,应根据外辐射源雷达结构以及目标位置,分别考虑辐射源到目标以及目标到接收站的传播误差。

### 2.1.5.2　角度测量精度

　　角度误差包括噪声误差、天线指向误差、目标闪烁误差和量化误差。其中,噪声误差是仅考虑接收机热噪声引起的角度测量误差,该误差代表角度测量误差的上限,也称为理论误差,可表示为

$$\sigma_{\varphi_r,0} = \frac{\lambda}{\gamma \sqrt{2E/N_0}} \tag{2.9}$$

式中:$\lambda$ 为波长;$\gamma$ 为天线的均方根孔径宽度。

若接收站的天线方向图中半功率宽度为 $\Delta\varphi$,当天线口面为等幅分布和余弦分布时,天线的均方根孔径宽度可分别表示为 $\gamma = 0.51\pi\lambda/\Delta\varphi$ 和 $\gamma = 0.69\pi\lambda/\Delta\varphi$。

### 2.1.5.3 接收距离测量精度

对式(2.1)进行全微分,可得

$$\mathrm{d}R_r = \frac{\partial R_r}{\partial R_s}\mathrm{d}s + \frac{\partial R_r}{\partial L}\mathrm{d}L + \frac{\partial R_r}{\partial \varphi_r}\mathrm{d}\varphi_r \qquad (2.10)$$

因此,接收距离测量误差为

$$\sigma_{R_r}^2 = \left(\frac{\partial R_r}{\partial R_s}\right)^2(\sigma_{R_s})^2 + \left(\frac{\partial R_r}{\partial L}\right)^2(\sigma_L)^2 + \left(\frac{\partial R_r}{\partial \varphi_r}\right)^2(\sigma_\varphi)^2 \qquad (2.11)$$

式中

$$\begin{cases} \dfrac{\partial R_r}{\partial R_s} = \dfrac{R_s^2 + L^2 - 2R_s L\cos\varphi_r}{2(R_s - L\cos\varphi_r)^2} \\[3mm] \dfrac{\partial R_r}{\partial L} = \dfrac{(R_s^2 + L^2)\cos\varphi_r - 2LR_s}{2(R_s - L\cos\varphi_r)^2} \\[3mm] \dfrac{\partial R_r}{\partial \varphi_r} = \dfrac{-L(R_s^2 - L^2)\sin\varphi_r}{2(R_s - L\cos\varphi_r)^2} \end{cases} \qquad (2.12)$$

由上述分析可见,当双基地系统中收发站点空间位置一定后,对目标距离 $R_t$ 的精度由距离和测量精度、基线测量精度以及测角精度决定,并且随着距离和、基线长度和方位的不同,在探测定位平面内各处分布各不相同。

## ◤ 2.2 多源分布式定位原理

外辐射源雷达的发展方向必然是构建多源多站、网络化协同的分布式外辐射源雷达探测系统。

分布式外辐射源雷达既可以提高系统的覆盖范围,也可以提高重叠覆盖区域的定位精度。获得多个不同的测量量,综合解得目标在给定坐标系(笛卡儿坐标系、球坐标系或柱状坐标系)内的坐标。

一般性,设 $p_x$、$p_y$ 和 $p_z$ 为目标在给定坐标系下的位置,$c_1, c_2, \cdots, c_N$ 为可以获得的测量量,则目标坐标值与测量量的关系为

$$\begin{cases} c_1 = C_1(p_x, p_y, p_z, p_s) \\ c_2 = C_2(p_x, p_y, p_z, p_s) \\ \qquad\vdots \\ c_N = C_N(p_x, p_y, p_z, p_s) \end{cases} \qquad (2.13)$$

式中：$p_s$表示外辐射源雷达和辐射源的位置信息。

对应$p_x$、$p_y$和$p_z$，设目标在球坐标系下的坐标为$(r,\alpha,\varphi)$，对应目标到主站的距离、方位和仰角。则

$$r_{ij} = \sqrt{(x_{ti} - r\cos\varphi\cos\alpha)^2 + (y_{ti} - r\cos\varphi\sin\alpha)^2 + (z_{ti} - r\sin\varphi)^2}$$
$$+ \sqrt{(x_{rj} - r\cos\varphi\cos\alpha)^2 + (y_{rj} - r\cos\varphi\sin\alpha)^2 + (z_{rj} - r\sin\varphi)^2} \quad (2.14)$$

式中：$r_{ij}$为目标到第$i$个辐射源$(x_{ti}, y_{ti}, z_{ti})$的距离与目标到第$j$个接收站$(x_{ri}, y_{ri}, z_{ri})$的距离之和。

下面以两个不同位置分布的辐射源为例，并简化在一个双基地平面内说明。

如图2.6所示，目标位置$[x, y]$，雷达位置$[x_0, y_0]$，两个辐射源位置（$[x_1, y_1]$、$[x_2, y_2]$）。则目标到雷达的距离为

$$r_0 = \sqrt{(x - x_0)^2 + (y - y_0)^2} \quad (2.15a)$$

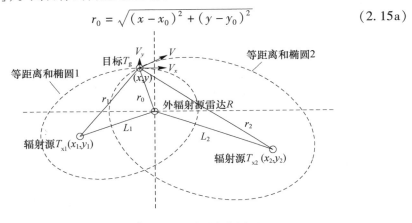

图2.6  $T^2R$距离和椭圆定位原理

目标到辐射源$i(i=1,2)$的距离为

$$r_i = \sqrt{(x - x_i)^2 + (y - y_i)^2} \quad (2.15b)$$

目标到雷达和第$i(i=1,2)$个辐射源的双基地距离和为

$$r_{si} = r_i + r_0 \quad (2.15c)$$

相对于收发双基地系统常用的距离和－角度定位方法，利用接收站采集到的多个外辐射源的距离和进行定位，最大优点是定位精度高。但从图2.6可以看出，单纯使用距离和将存在定位模糊的问题。因此，在此定位过程中使用角度信息解模糊。

对式(2.15)整理化简，可得

$$(x_0 - x_i)x + (y_0 - y_i)y = k_i - r_0 r_{si} \quad (2.16)$$

式中

$$k_i = \frac{1}{2}\left[r_{si}^2 + (x_0^2 + y_0^2) - (x_i^2 + y_i^2)\right] \qquad i = 1,2 \quad (2.17)$$

将 $r_0$ 看作已知量,可得如下矩阵表达式:

$$AX = B \tag{2.18}$$

式中

$$A = \begin{bmatrix} x_0 - x_1 & y_0 - y_1 \\ x_0 - x_2 & y_0 - y_2 \end{bmatrix}, X = \begin{bmatrix} x \\ y \end{bmatrix}, B = \begin{bmatrix} k_1 - r_0 r_{s1} \\ k_2 - r_0 r_{s2} \end{bmatrix}$$

通过最小二乘(LS)求解 $X$,可得

$$X = A^{-1}B \tag{2.19}$$

令

$$(A^{T}A)^{-1}A^{T} = \begin{bmatrix} a_{11} & a_{12} & a_{13} \\ a_{21} & a_{22} & a_{23} \\ a_{31} & a_{32} & a_{33} \end{bmatrix}$$

则得目标估计位置为

$$\begin{cases} x = m_1 - n_1 r_0 \\ y = m_2 - n_2 r_0 \end{cases} \tag{2.20}$$

式中

$$\begin{cases} m_1 = a_{11} k_1 + a_{12} k_2 \\ m_2 = a_{21} k_1 + a_{22} k_2 \end{cases}$$
$$\begin{cases} n_1 = a_{11} r_{s1} + a_{12} r_{s2} \\ n_2 = a_{21} r_{s1} + a_{22} r_{s2} \end{cases}$$

代入 $r_0$ 式(2.15a),可得

$$ar_0^2 - 2br_0 + c = 0 \tag{2.21}$$

式中

$$\begin{cases} a = n_1^2 + n_2^2 - 1 \\ b = (m_1 - x_0)n_1 + (m_2 - y_0)n_2 \\ c = (m_1 - m_0)^2 + (m_2 - y_0)^2 \end{cases} \tag{2.22}$$

从求解得到 $r_0$ 的过程可以看出,解得的 $r_0$ 可能有两个值 $r_{01}$、$r_{02}$。若 $r_{01}$ 和 $r_{02}$ 都小于 0,则取正值作为 $r_0$。若 $r_{01}$ 和 $r_{02}$ 都大于 0,则存在定位模糊问题,需要角度信息去模糊。

将 $r_0$ 代入式(2.15a),可求解目标位置 $[x, y]$。目标方位角为

$$\theta' = \arctan \frac{y - y_0}{x - x_0} \tag{2.23}$$

通过计算不同辐射源 – 雷达间的距离和椭圆交点,可获得目标的坐标位置。

该定位方式是基于信号的到达时间之和（TSOA）与到达角（AOA）的定位技术，引入双基地下多普勒频率 $f_d$ 后，可以进一步提高定位性能，称为 $f_d$ – TSOA – AOA 联合定位。

# 📐 2.3 外辐射源雷达方程

## 2.3.1 噪声背景下外辐射源雷达距离方程

外辐射源雷达的探测威力可由双基地雷达距离积方程表示：

$$(R_t R_r)_{max} = \sqrt{\frac{P_t T_c G_t G_r \lambda^2 \sigma F_t F_r}{(4\pi)^3 k T_s D_0 C_B L_t L_r}} \tag{2.24}$$

式中：$R_t R_r$ 为双基地雷达距离积；$P_t$ 为辐射源发射功率；$T_c$ 为单次积累时间；$G_t$ 为发射天线功率增益；$G_r$ 为接收天线功率增益；$\sigma$ 为雷达目标双基地截面积；$F_t$ 为从发射天线到目标路径的方向图传播因子；$F_r$ 为从目标到接收天线路径的方向图传播因子；$k$ 为玻耳兹曼常量，$k = 1.38054 \times 10^{-23}\,\mathrm{J/K}$；$T_s$ 为接收系统噪声温度；$D_0$ 为检测因子（也称可见度系数）；$C_B$ 为带宽修正因子；$L_t$ 为发射机输出功率与实际传到天线端功率之比，即发射损耗；$L_r$ 为回波接收和处理检测的总损耗。

$P_t T_c$ 体现了外辐射源雷达长时间积累的特点。大多数外辐射源是连续波发射，外辐射源雷达单次相参积累长度为 $T_c$，理论上积累总能量可以表述为功率与时间的乘积。而实际信号是起伏的，尤其在经过载波调制后，辐射信号的瞬时带宽、功率强度发生变化，无法准确测量和计算各种辐射源的非平稳性，一般只能够采用经验统计的积累损失来表述，并可以将其归集到信号处理损失中。

检测因子为

$$D_0 = E_r/N_0 = P_t T_c/k T_s \tag{2.25}$$

式中：$E_r$ 为单次检测处理获得的目标回波能量；$N_0$ 为单位带宽噪声功率；$E_r$ 和 $N_0$ 都是在滤波器输出端的测量值。

系统噪声温度可表示为

$$T_s \approx T_a + T_0(L_r F_n - 1) \tag{2.26}$$

式中：$L_r$ 为回波接收和处理检测的总损耗；$F_n$ 为接收机自身噪声系数；$T_0 = 290\mathrm{K}$；$T_a$ 为接收天线输出端噪声温度，且有

$$T_a = (0.876 \times T_a' - 254)/L_a + T_0 \tag{2.27}$$

式中：$T_a'$ 为天线噪声温度；$L_a$ 为天线损耗。

在典型的低频频段，如 87～108MHz 调频广播频段，天线噪声较强。天线噪声主要由太阳噪声和银河系噪声引起，分别来源于太阳和银河系中心区域。文

献[2]对米波频段的天线噪声有较详细的描述。在调频广播频段,天线噪声温度取决于接收天线波瓣内各种噪声源的噪声温度,当波束内充满相同温度的噪声源时,天线噪声温度与天线增益和波束宽度无关。如果各噪声源的温度不同,则合成的天线噪声温度就是各种噪声源温度的空间角度加权平均。

太阳相对于雷达观测点的张角约为 0.53°,在甚高频(VHF)频段 100MHz 左右内,太阳宁静时在该角度内的等效噪声温度约为 106K,在爆发后数小时内噪声温度约为 107K。

宇宙噪声分布如图 2.7 所示,其中主要为银河系噪声。银河系中心的噪声最强,最强区域相对于雷达观测点的张角约为 3°×3°。图中等温线数值为 200MHz 频率噪声温度,箭头标示区域数值已按照公式 $T_F = T_{200}(200/F_{\mathrm{MHz}})^{2.5}$ 换算到 100MHz 频率对应的噪声温度。当接收波束指向太阳、银河系中心噪声最大区域时,背景噪声将比设计噪声(全空域平均噪声)高。

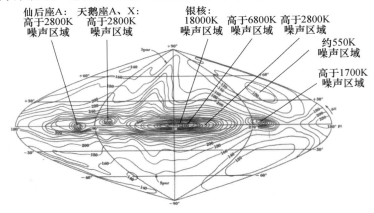

图 2.7　宇宙噪声分布(100MHz)

传播因子 $F_t$ 和 $F_r$ 的定义是目标位置处的场强与自由空间中发射天线和接收天线波束最大增益方向上,距雷达同样距离处的场强之比。这两个因子说明目标不在波束最大值方向上的情况($G_t$ 和 $G_r$ 是最大值方向上的增益)以及自由空间中不存在的各种传播增益和传播损耗。

当目标一定时,对于一个固定参数的外辐射源雷达系统,定义常数

$$k_{\mathrm{b}} = \frac{P_t T_c G_t G_r \lambda^2 \sigma F_t F_r}{(4\pi)^3 k T_s C_B L_t L_r} \qquad (2.28)$$

则式(2.24)可表示为

$$(R_t R_r)^2_{\max} = \frac{k_{\mathrm{b}}}{D_0} \qquad (2.29)$$

式(2.29)表明,对一定的接收信噪比,外辐射源雷达探测目标的辐射源和

接收站的距离乘积为一常数。对应检测信噪比的目标位置为卡西尼卵形线。对不同的信噪比可得到一组卡西尼卵形线。随着基线的增大，等信噪比卵形线逐渐收缩，卵形线可能会演变成双扭线，最终断裂为围绕发射站和接收站的两个部分。

由图 2.2 可知，外辐射源雷达测量的距离和表示目标位于一个焦点为发射站和接收站的椭球面上。双基地平面与椭球面相交构成等距离和椭圆，称为距离等值线[1]。因此，外辐射源雷达的距离等值线和等信噪比曲线不共线，距离等值线上的每个目标位置的信噪比是变化的。

### 2.3.2 干扰环境下外辐射源雷达方程

由于调频广播和电视等典型的外辐射源发射信号为连续波信号，因此外辐射源雷达的回波通道中存在较强的直达波干扰。

在实际环境中，其他辐射源的频率有时会非常接近（如调频广播允许中心频率间隔只有 200kHz），甚至完全相同，如单频网。在当前有限的频谱资源条件下，这种干扰情况更加常见。这些形成了外辐射源雷达中的同频或邻频干扰[2]。

类似于有源干扰背景下的单基地雷达方程[3]，直达波干扰和同频/邻频干扰对外辐射源雷达检测性能的影响，可以用等效噪声功率谱密度表示。

设干扰辐射源的发射峰值功率、天线增益以及发射损耗因子分别为 $P_{tj}$、$G_{tj}$ 和 $L_{tj}$，工作波长为 $\lambda_j$，干扰辐射源到接收站的距离为 $R_d$，干扰信号的极化匹配因子为 $\delta_j$，干扰辐射源到接收站的方向图传播因子为 $F_{tj}$，接收站天线在干扰方向的增益和方向图传播因子分别为 $G_{rj}$ 和 $F_{rj}$，干扰信号带宽为 $B_j$，接收站的接收带宽为 $B_n$，则接收站接收到干扰信号的功率谱密度为

$$N_{rj} = \frac{P_{rj}}{B_n} = \frac{P_{tj}G_{tj}G_{rj}\lambda_j^2 F_{tj}F_{rj}}{(4\pi)^2 R_{Lj}^2 \delta_j L_{tj} B_j} \qquad (2.30)$$

若直达波干扰（或同频/邻频干扰）的对消比为 $L_c$，则干扰功率在外辐射源雷达接收机输入端的等效噪声温度为

$$T_j = \frac{N_{rj}}{k} = \frac{P_{tj}G_{tj}G_{rj}\lambda_j^2 F_{tj}^2 F_{rj}^2}{(4\pi)^2 k R_{Lj}^2 \delta_j L_{tj} B_j L_c} \qquad (2.31)$$

这样干扰环境下的外辐射源雷达方程为

$$(R_t R_r)_{max} = \sqrt{\frac{P_t T_c G_t G_r \lambda^2 \sigma F_t^2 F_r^2}{(4\pi)^3 k T_s' D_{0j} C_B L_t L_R}} \qquad (2.32)$$

式中：$T_s'$ 为系统噪声温度，$T_s' = T_s + T_j$；$D_{0j}$ 为用信号比表示的干扰环境下检测因子。

## 2.4 外辐射源雷达的系统设计

### 2.4.1 系统架构与工作流程设计

外辐射源雷达在架构上分为数字接收阵列和数字处理两部分,两者之间通过光纤进行大数据量的传输,如图 2.8 所示。数字接收阵列包括天馈分系统(左边)和接收分系统(右边);数字处理则包括信号处理分系统、数据处理分系统、终端分系统以及监控分系统。

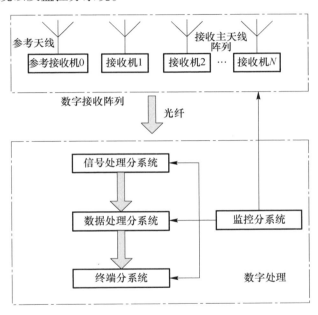

图 2.8 外辐射源雷达系统架构

系统工作时,首先对外部电磁环境进行频谱分析,获得辐射源的频率、方位、强度以及极化等参数。基于系统本身的威力以及精度等战术技术指标,结合各辐射源和接收站的几何布站情况,确定可用的辐射源及系统工作频率。

参考天线和接收主天线分别将接收到的直达波信号和目标回波信号送至接收机,经过滤波、放大以及 AD 采样,将射频信号转换成基带信号,经光纤传输到信号处理分系统。

由于采用数字阵列架构,每个接收通道所需的幅相数据等参数均独立可控,因此可在信号处理中同时形成多个波束覆盖探测区域。根据需求,系统可以在每个波束内设置相应的辐射源、相干积累时间以及处理方式等参数。

外辐射源雷达基本信号处理流程如图 2.9 所示,主要包括数字波束形成(DBF)、直达波对消、距离 – 多普勒处理、恒虚警检测、点迹凝聚以及角度测量。经信号处理所得目标的点迹信息送数据处理分系统,在其中完成航迹处理和目标关联,并可根据目标的运动特征和微多普勒特征对目标进行分类,最后将处理结果送人机交互的终端分系统,形成目标信息和目标态势信息。

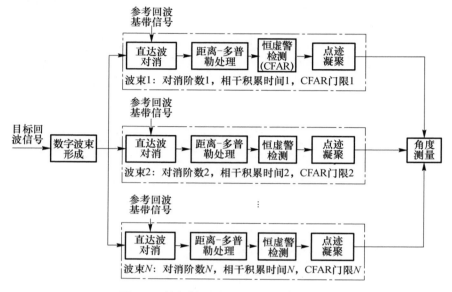

图 2.9 外辐射源雷达基本信号处理流程

## 2.4.2 参数设计

外辐射源雷达包括天馈分系统、接收分系统、信号处理分系统、数据处理分系统等,为确保各分系统功能的实现,需要根据功能指标要求,对各分系统参数进行设计。

天馈分系统的主要参数包括工作频段、极化形式、天线增益、波束宽度、副瓣电平、扫描范围和天线孔径。

接收分系统的主要参数包括工作频段、同时工作频点数、接收机形式(射频直接采样或模拟变频超外差接收机)、信号带宽、噪声系数、A/D 位数、动态范围、通道间幅度/相位一致性、通道间隔离度、时钟的相位噪声。

信号处理分系统的主要参数包括距离处理量程、数据率、同时波束数量、同时工作频点数、抗干扰能力(如同时形成的自适应零点数、直达波对消阶数)点迹处理能力。

数据处理分系统的主要参数包括录取方式、数据率、距离录取范围、目标处理能力(如最大处理点迹数、目标航迹数以及航迹处理能力等)、测量精度和目标分类正确率。

## 📐 2.5　外辐射源雷达关键技术

### 2.5.1　动目标相干检测技术

匹配滤波器实现信号处理输出端信噪比最大。外辐射源雷达的发射波形并不是为了进行目标探测而设计的,其信号波形具有很强的随机性。在接收端难以独立产生与发射信号完全相干的匹配滤波器系数。需要获取辐射源信号作为参考,将参考信号与目标回波按式(2.2)做相关处理,以获得目标回波的时延和多普勒参数。外辐射源雷达匹配滤波基本原理如图 2.10 所示。

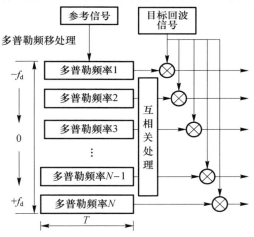

图 2.10　外辐射源雷达匹配滤波基本原理

通过将参考通道与回波通道做广义相关处理,还可以沿多普勒轴将动目标与直达波以及地物杂波分离。式(2.2)的离散形式为

$$y(l,p) = \sum_{i=0}^{N} s_{\text{echo}}(i\Delta T) s_{\text{ref}}^{*}(i\Delta T + l\Delta T) e^{\text{j}2\pi pi/N} \qquad (2.33)$$

式中:$s_{\text{echo}}$ 为回波信号;$s_{\text{ref}}^{*}$ 为参考信号的共轭;$\Delta T$ 为采样间隔;$N$ 为对参考信号的采样点数;$T_0 = N\Delta T$,为相关处理长度。

式(2.33)的处理流程如图 2.11 所示,图中各抽头延迟线的输出表示不同距离单元的多普勒分布。

由于民用调频广播以及电视的发射增益较低,常需要秒级的积累时间以满足威力需求。若直接按照式(2.33)进行距离 – 多普勒两维相关处理,运算量较

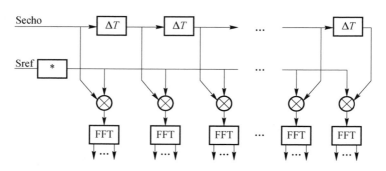

图 2.11　离散域距离－多普勒处理流程

大,难以满足实时处理的要求,需要根据辐射源的信号特点,采取快速算法实现运动目标的检测。

## 2.5.2　直达波干扰抑制技术

由于民用调频广播和电视等常用外辐射源发射信号为连续波,回波通道除接收到目标回波信号,还将接收到较强的直达波,即 $s_{\text{echo}}(t)$ 可表示为

$$s_{\text{echo}}(t) = as(t - \tau_s)\,\text{e}^{\text{j}2\pi(f_0 + f_d)t} + bs(t - \tau_d)\,\text{e}^{\text{j}2\pi f_0 t} + c(t) + n(t) \qquad (2.34)$$

式中:$s(t)$ 为辐射源发射信号;等式右侧依次为目标回波、直达波、地物杂波以及干扰信号;$\tau_s$、$\tau_d$ 为目标回波和直达波到达时间。

在实际应用中,直达波信号强度通常比目标回波强 60 ~ 140dB。经过距离－多普勒处理后,直达波仍然具有高的距离和多普勒副瓣,这些副瓣会遮盖目标回波信号,因此应从系统角度出发,采用空域、时域以及频域多种信号处理方法,结合接收站的优化部署,减小直达波干扰对目标检测的影响。(图 2.12)

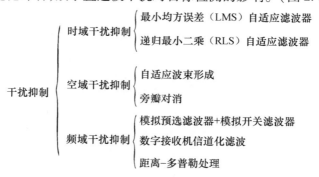

图 2.12　外辐射源雷达干扰抑制方法

## 2.5.3　射频数字化接收技术

由于直达波强度比目标回波大 60 ~ 140dB,因此在保证接收机灵敏度的同

时,还需要优化接收机的动态设计。

　　随着技术的发展,接收机从传统零中频接收机、低中频接收机、超外差接收机发展到当前的射频直接采样数字化接收机。射频直接采样数字化接收机具有系统简洁、多频点并行工作、软件可重构以及可靠性高等优点。

　　考虑到调频广播电视等辐射源位于 VHF/UHF 频段,信号载频相对较低。随着模/数(A/D)变换器件水平的飞速发展,目前的 A/D 变换器件水平完全支持在该频段实现高采样率和高分辨率的射频直接数字化接收。在进行外辐射源射频数字化接收机设计时,应当重点考虑频域的多级滤波、时钟优化和内部干扰等因素。

## 参考文献

[1] Skolnik M I. 雷达手册:第 2 版[M]. 王军,林强,等译. 北京:电子工业出版社, 2003.

[2] 吴剑旗. 先进米波雷达技术[M]. 北京:电子工业出版社,2015.

[3] 王小谟,匡永胜,陈忠先. 监视雷达技术[M]. 北京:电子工业出版社,2008.

# 第 ❸ 章

# 典型外辐射源信号分析

外辐射源信号一般是指空中广泛存在的各种民用电磁波信号,如调频广播信号、模拟电视信号、数字音频广播电视信号、卫星导航 GPS 信号、地面移动通信 GSM/CDMA/LTE 基站信号等[1]。

各种辐射源信号的形式千差万别,从照射的功率强度到信号的调制形式都存在较大差异。目前,基于调频广播信号和模拟/数字电视信号的外辐射源雷达技术相对较为成熟。特别是米波波段具备反隐身的优势,这使得在 VHF 频段和UHF 频段的调频广播和模拟/数字电视广播信号备受关注(表 3.1)。

表 3.1　国内调频广播和地面电视频谱资源

| 频率范围/MHz | 应用 |
| --- | --- |
| 87.0 ~ 108.0 | 调频广播 |
| 48.5 ~ 72.5,76.0 ~ 92.0 | VHF 电视频道 1 ~ 5 |
| 167.0 ~ 223.0 | VHF 电视频道 6 ~ 12 |
| 470.0 ~ 566.0 | UHF 电视频道 13 ~ 24 |
| 606.0 ~ 958.0 | UHF 电视频道 25 ~ 68 |

本章主要介绍调频广播和模拟/数字电视两类辐射源的信号特性。

因为利用外辐射源的信号进行目标探测,所以在了解各种外辐射源信号的结构和调制方式的基础上,必须着重研究外辐射源信号模糊函数的特性[2]。对常规雷达而言,波形设计是确保雷达信号的模糊函数特性符合系统设计要求的关键。而外辐射源雷达直接利用空间已经存在的电磁辐射信号,只能通过对辐射信号模糊函数特性的分析,针对性设计,以适应这些外辐射源信号的调制形式。这是外辐射源雷达设计的关键。

模糊函数是雷达信号的一种时间–频率联合函数的表述方法。它描述了雷达信号本身的分辨特性和模糊度,是影响雷达系统测量精度和性能的重要因素。在外辐射源雷达系统中,外辐射源信号的模糊函数特性也决定了信号处理、航迹处理流程和系统性能。因此,有必要从雷达信号理论的角度,对外辐射源信号进行分析,做出适应性设计。

下面以分辨两个不同的目标为例（图 3.1），简要推导模糊函数的一般表达式。

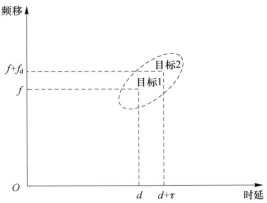

图 3.1 目标在频域 – 时域分辨示意图

发射信号 $s_t(t)$ 的复信号形式为

$$s_t(t) = u(t)\mathrm{e}^{\mathrm{j}2\pi f_0 t} \tag{3.1}$$

式中：$f_0$ 为载频；$u(t)$ 为基带信号。则上述两个目标的回波信号分别为

$$s_{r1}(t) = u(t-d)\mathrm{e}^{\mathrm{j}2\pi(f_0+f)(t-d)} \tag{3.2}$$

$$s_{r2}(t) = u(t-(d+\tau))\mathrm{e}^{\mathrm{j}2\pi(f_0+(f+f_d))(t-(d+\tau))} \tag{3.3}$$

式中：$f_d$ 为多普勒频差；$d$ 为目标 1 的时延；$\tau$ 为目标 2 相对目标 1 的时延差。

据此，以最小均方差为最佳分辨准则，给出目标回波均方差的表达式，即

$$
\begin{aligned}
\varepsilon^2 &= \int_{-\infty}^{+\infty} |u(t-d)\mathrm{e}^{\mathrm{j}2\pi(f_0+f)(t-d)} - u(t-(d+\tau))\mathrm{e}^{\mathrm{j}2\pi(f_0+(f+f_d))(t-(d+\tau))}|^2 \mathrm{d}t \\
&= \int_{-\infty}^{+\infty} |u(t-d)|^2 \mathrm{d}t + \int_{-\infty}^{+\infty} |u(t-(d+\tau))|^2 \mathrm{d}t \\
&\quad - 2\mathrm{Re}\int_{-\infty}^{+\infty} u^*(t-d)u(t-(d+\tau))\mathrm{e}^{\mathrm{j}2\pi(f_d(t-d)-(f_0+f+f_d)\tau)}\mathrm{d}t
\end{aligned} \tag{3.4}
$$

进行变量代换，令 $t' = t-(d+\tau)$，用 $E$ 表示 $\int_{-\infty}^{+\infty} |u(t-(d+\tau))|^2\mathrm{d}t$ 和 $\int_{-\infty}^{+\infty} |u(t-d)|^2\mathrm{d}t$，对式（3.4）进行化简，可得

$$\varepsilon^2 = 2\left\{ E - \mathrm{Re}\left(\mathrm{e}^{-\mathrm{j}2\pi(f_0+f)\tau}\int_{-\infty}^{+\infty} u(t')u^*(t'+\tau)\mathrm{e}^{\mathrm{j}2\pi f_d t'}\mathrm{d}t'\right)\right\} \tag{3.5}$$

上式中的积分项即为模糊函数的表达式：

$$\chi(\tau, f_d) = \int_{-\infty}^{+\infty} u(t) u^*(t+\tau) e^{j2\pi f_d t} dt \qquad (3.6)$$

模糊函数是分析信号波形和雷达能够达到性能的有力工具。在没有噪声的情形下,最优滤波器的输出为模糊图的再现。当然,由于目标回波时延与频移可能存在偏移,导致输出的结果可能不是模糊图的峰值点。

式(3.6)表达的模糊函数是一个两维函数,两个自变量轴分别为时间轴和频率轴。因为在雷达信号理论中,时间对应距离,频率对应多普勒,所以这两个自变量轴又称为距离轴和多普勒轴。

一般要求信号的模糊函数图接近为图钉状,在距离轴和多普勒轴不希望存在多个峰或高的副瓣。而外辐射源信号的调制模式,可能使信号的模糊函数产生不必要的额外副峰,如时分码分传输方式、电视信道上的场和行同步信号。模拟电视信号的模糊函数,就会因其行同步脉冲高重频而呈现距离维模糊,这类信号适合于多普勒测量,但不利于时域的距离测量。

## 🔳 3.1 调频广播

### 3.1.1 调频广播电台

调频电台信号调制主要分为单声道和立体声两种体制。一般情况,调频广播电台的频率为 87~108MHz,中国的频率间隔为 100kHz,美国的频率间隔为 200kHz。调频广播频率及功率如表 3.2 所列。

表 3.2 调频广播频率及功率

| 参数<br>国家 | 频率范围/MHz | 频率间隔/kHz | 功率/kW |
|---|---|---|---|
| 中国 | 87~108 | 100 | 0.1~20 |
| 美国 | 87.5~107.9 | 200 | 0.1~10 |

调频广播发射系统基本设备包括发射机、多工器、主馈线、功分器、发射天线组等,如图 3.2 所示。典型的调频广播发射机功率为 100W 到数十千瓦。发射天线一般是水平极化或垂直极化,也有少量圆极化。

为实现全向覆盖,调频广播和电视的发射天线一般使用多组天线单元。天线安装在发射塔上,一般采用 4 面 4 层排布(图 3.3)或 4 面 6 层排布。在广播通信行业中,天线增益一般采用相对半波偶极子的功率增益定义天线单元增益(dBd),而雷达行业一般采用相对无方向天线的功率比定义天线单元增益(dBi)。以调频广播常见的双偶天线单元为例,其增益在频带内为 7.5dBd(即 9.65dBi)。

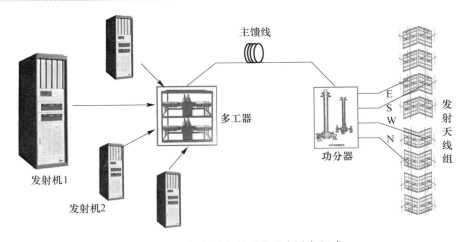

图 3.2  调频广播发射系统基本设备组成

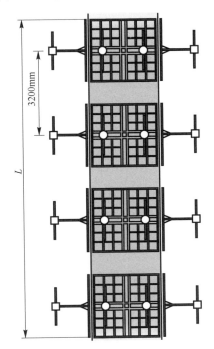

图 3.3  典型双偶天线单元的 4 面 4 层排布

## 3.1.2  调频广播信号

典型调频广播信号的一般表达式为

$$x_{\mathrm{FM}} = A \times \mathrm{e}^{\mathrm{j}(\omega_c t + M\int a(t)\,\mathrm{d}t)} \tag{3.7}$$

式中:$A$ 为信号幅度,体现了调频广播信号的恒模特性;$\omega_c$ 为电台信号的载频,而瞬时频率 $\omega_c + Ma(t)$ 则受调制信号 $a(t)$ 的直接影响;$M$ 为调制度。

根据相应广播电视行业的技术标准(GB/T 4311—2000《米波调频广播技术规范》),对调频广播信号调制的通用要求如下:

(1) 100% 调制时的频偏为 ±75kHz;音频信号最大频率为 15kHz。

(2) 基带信号频率范围限制在直流到 99kHz;

(3) 发射天线为水平/垂直极化;载频最大频偏 $\Delta f_{max} = \pm 2$kHz。

(4) 立体声 38kHz 的副载波抑制不小于 20dB。

(5) 19kHz 导频信号调制度 10%,频偏差小于 ±2Hz,相位偏差为 ±5°。

图 3.4 给出了调频广播信号的时域和频域波形。

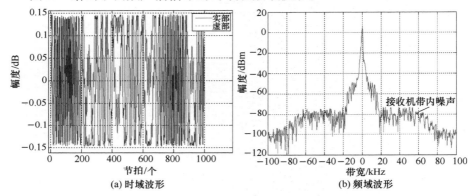

图 3.4　调频广播信号的时域和频域波形(见彩图)

在对调频广播信号一般性描述基础上,仍需进一步分析信号的具体调制过程和信号构成的影响。

目前,FM 调频广播基本上是立体声制式,中国和美国、日本等国家的 FM 立体声采用导频制式。图 3.5 是典型调频立体声广播信号调制过程。左声道信号 $L$ 和右声道信号 $R$ 经各自的预加重在矩阵电路中形成和信号 $M = (L + R)/2$ 及差信号 $S = (L - R)/2$。差信号 $S$ 经平衡调制器对副载波进行抑制 38kHz 载波的双边带调幅。38kHz 二分频后的 19kHz 作为导频信号,与和信号 $M$、信号 $S$ 构成复合信号,通过主载波进行调频,形成调频立体声广播的发射信号[3]。

图 3.6 是立体声调频广播的信号频谱分布。在复合信号中,和信号、差信号的调制度最大为 ±75kHz 调制度的 90%,而 19kHz 导频的调制度为 8% ~ 10%。

虽然调频广播基带信号的差通道分量能够达到 53kHz,但并非各个分量都同时达到图 3.6 所标示的最大调制度。根据式(3.7),信号的瞬时频率 $\omega_c + Ma(t)$ 受音频信号 $a(t)$ 的调制影响,实际各个瞬时信号频谱是变化起伏的。图 3.7 是两个广播电台播出不同节目信号(音频信号不同)时,而表现的信号频谱的差异。

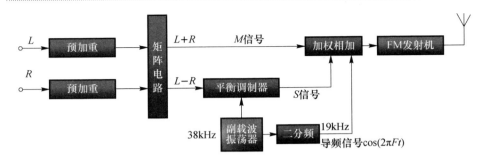

图 3.5 典型调频立体声广播信号调制过程(见彩图)

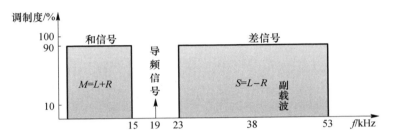

图 3.6 立体声调频广播的信号频谱分布

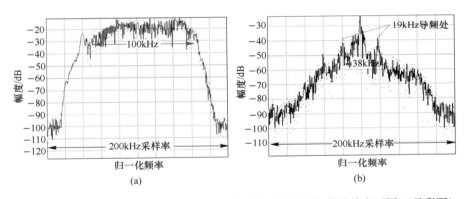

图 3.7 不同音频信号调制的调频广播频谱(调制节目不同,信号带宽不同)(见彩图)

设主信道信号为 $s_1(t)$,副信道信号调制前为 $s_2(t)$,副载波的二分频为 $F(F = 19\text{kHz})$,未调载波电压 $u_c = U_c \cos\omega_c t$,发射机调频之前的复合信号即调制信号为 $k_{f1}s_1(t) + k_{f2}s_2(t)\cos(2\pi2Ft) + k_{f3}\cos(2\pi Ft)$,其中 $k_{f1}$、$k_{f2}$、$k_{f3}$ 为比例常数。则根据频率调制的定义,调频信号的瞬时角频率为

$$\omega(t) = \omega_c + \Delta\omega(t) = \omega_c + k_{f1}s_1(t) + k_{f2}s_2(t)\cos(2\pi2Ft) + k_{f3}\cos(2\pi Ft)$$

$$(3.8)$$

调频信号的瞬时相位 $\varphi(t)$ 是瞬时角频率 $\omega(t)$ 对时间的积分,即

$$\varphi(t) = \int_0^t \omega(\tau)\mathrm{d}\tau + \varphi_0 \tag{3.9}$$

式中：$\varphi_0$ 为信号的起始相位。

为分析方便，不妨设 $\varphi_0 = 0$，则式（3.9）变为

$$\begin{aligned}
\varphi(t) &= \int_0^t \omega(\tau)\mathrm{d}\tau \\
&= \omega_c t + \int_0^t k_{f1}s_1(\tau) + k_{f2}s_2(\tau)\cos(2\pi 2F\tau)\mathrm{d}\tau + m_f\sin(2\pi Ft) \\
&\triangleq \omega_c t + \varphi_1(t) + m_f\sin(2\pi Ft)
\end{aligned} \tag{3.10}$$

式中：$m_f$ 为调频指数 $\dfrac{k_{f3}}{2\pi F}$；$\varphi_1(t)$ 为

$$\varphi_1(t) = \int_0^t k_{f1}s_1(\tau) + k_{f2}s_2(\tau)\cos(2\pi 2F\tau)\mathrm{d}\tau$$

雷达信号处理常采用复信号的形式，在基频进行处理。去除载频后，采用复信号表示的调频立体声广播信号为

$$u_{FM}(t) = U_c\exp\{\mathrm{j}[\varphi_1(t) + m_f\sin(2\pi Ft)]\} \tag{3.11}$$

因为式（3.11）中 $\mathrm{e}^{jm_f\sin 2\pi Ft}$ 是周期为 $1/F$ 的周期性时间函数，它可能对外辐射源雷达的工作产生影响，有必要进一步分析。可以将它展开成傅里叶级数，其基波频率为 $F$，即

$$\mathrm{e}^{jm_f\sin 2\pi Ft} = \sum_{n=-\infty}^{\infty} \mathrm{J}_n(m_f)\mathrm{e}^{jn2\pi Ft} \tag{3.12}$$

式中：$\mathrm{J}_n(m_f)$ 为宗数为 $m_f$ 的 $n$ 阶第一类贝塞尔函数，它可以用无穷级数表示，即

$$\mathrm{J}_n(m_f) = \sum_{m=0}^{\infty} \frac{(-1)^n\left(\dfrac{m_f}{2}\right)^{n+2m}}{m!(n+m)!} \tag{3.13}$$

将式（3.13）代入式（3.11），可得

$$u_{FM}(t) = U_c\sum_{n=-\infty}^{\infty} \mathrm{J}_n(m_f)\exp\{\mathrm{j}[\varphi_1(t) + n2\pi Ft]\} \tag{3.14}$$

设 $\mathrm{e}^{j\varphi_1(t)}$ 的频谱为 $U_1(f)$，则 $u_{FM}(t)$ 的频谱 $U_{FM}(f)$ 由 $U_1(f)$ 以 $F$ 为周期多重搬移叠加得到，即

$$U_{FM}(f) = U_c\sum_{n=-\infty}^{\infty} \mathrm{J}_n(m_f)U_1(f+nF) \tag{3.15}$$

以上是导频信号给信号的频谱带来的影响。如式（3.8）所示，副信道信号同样也有导频信号影响。下面分析副信道信号对频谱的影响。

观察信号 $\varphi_1(t) = \int_0^t k_{f1}s_1(\tau) + k_{f2}s_2(\tau)\cos(2\pi2F\tau)\mathrm{d}\tau$，在调频立体声广播中，副信道信号 $s_2(\tau)$ 的带宽 $B \ll 2F$，所以副信道信号 $s_2(\tau)$ 相对于 $\cos(2\pi2Ft)$ 而言是慢变化的，可以认为在信号 $\cos(2\pi2Ft)$ 的一个周期 $T(T=1/2F)$ 中副信道信号 $s_2(\tau)$ 几乎不变，有

$$\int_0^T k_{f2}s_2(\tau)\cos(2\pi2F\tau)\mathrm{d}\tau \approx k_{f2}s_2(T)\int_0^T \cos(2\pi2F\tau)\mathrm{d}\tau = 0 \quad (3.16)$$

令 $t = NT + t', t' < T$，则有

$$
\begin{aligned}
\varphi_1(t) &= \int_0^t \left[ k_{f1}s_1(\tau) + k_{f2}s_2(\tau)\cos(2\pi2F\tau) \right]\mathrm{d}\tau \\
&= \int_0^t k_{f1}s_1(\tau)\mathrm{d}\tau + \sum_{n=0}^{N-1}\int_{nT}^{(n+1)T} k_{f2}s_2(\tau)\cos(2\pi2F\tau)\mathrm{d}\tau + \int_{NT}^t k_{f2}s_2(\tau)\cos(2\pi2F\tau)\mathrm{d}\tau \\
&\approx \int_0^t k_{f1}s_1(\tau)\mathrm{d}\tau + k_{f2}s_2(t)\int_{NT}^t \cos(2\pi2F\tau)\mathrm{d}\tau \\
&= \int_0^t k_{f1}s_1(\tau)\mathrm{d}\tau + k_{f2}s_2(t)\int_0^t \cos(2\pi2F\tau)\mathrm{d}\tau \\
&= \int_0^t k_{f1}s_1(\tau)\mathrm{d}\tau + m_{\mathrm{b}}(t)\sin(2\pi2Ft) \quad\quad\quad\quad\quad (3.17)
\end{aligned}
$$

式中

$$m_{\mathrm{b}}(t) = \frac{k_{f2}s_2(t)}{4\pi F}$$

依然考虑 $s_2(t)$ 相对于 $2F$ 的窄带特性，在一段较短的时间内，如一个周期，$s_2(t)$ 几乎不变。在该段时间内依照上面类似的方法，$\mathrm{e}^{jm_{\mathrm{b}}(t)\sin4\pi Ft}$ 可以将它展开成傅里叶级数，其基波频率为 $2F$，即

$$\mathrm{e}^{jm_{\mathrm{b}}(t)\sin4\pi Ft} \approx \sum_{n=-\infty}^{\infty} \mathrm{J}_n\left[ m_{\mathrm{b}}(NT) \right]\mathrm{e}^{jn4\pi Ft} \qquad t \in \left[ NT,(N+1)T \right] \quad (3.18)$$

因此信号 $\mathrm{e}^{jm_{\mathrm{b}}(t)\sin4\pi Ft}$ 在不同的时间段上都可以近似看成若干个单频信号的和，并在不同的时间段上单频信号系数有所不同。因此，信号 $\mathrm{e}^{jm_{\mathrm{b}}(t)\sin4\pi Ft}$ 可看成由若干个幅度调制的单频信号组成。

设 $\mathrm{e}^{j\int_0^t k_{f1}s_1(\tau)\mathrm{d}\tau}$ 的频谱为 $U_2(f)$，则 $\mathrm{e}^{j\varphi_1(t)}$ 的频谱 $U_1(f)$ 在不同的时间段上可看成由 $U_2(f)$ 以 $2F$ 为周期多重搬移叠加得到，即

$$U_1(f,t) \approx \sum_{n=-\infty}^{\infty} \mathrm{J}_n\left[ m_{\mathrm{b}}(NT) \right]U_2(f+nF) \qquad t \in \left[ NT,(N+1)T \right]$$

$$(3.19)$$

从整个频谱上看，$U_1(f)$ 由 $U_2(f)$ 频谱展宽后以 $2F$ 为周期多重搬移叠加而成。

由式(3.15)和式(3.18)可推得 $U_{FM}(f)$ 和 $U_2(f)$ 的关系，即

$$U_{FM}(f,t) = U_c \sum_{n=-\infty}^{+\infty} \sum_{m=-\infty}^{+\infty} J_n(m_f) J_m[m_b(NT)] U_2(f+mF),$$
$$t \in [NT,(N+1)T] \tag{3.20}$$

综上所述可知，导频信号使得原信号的频谱展宽后以 $F$ 为周期拓展。

模糊函数是研究信号分辨力的有力工具。下面分析导频信号对模糊函数图距离切面的影响。

对信号 $u_{FM}(t)$，从分辨两个时延为 $\tau$、频移差为 $\xi$ 的目标回波出发，推导其距离 – 速度二维分辨力时，得到模糊函数为[9]

$$\chi(\tau,\xi) = \int_{-\infty}^{+\infty} u_{FM}(t) u_{FM}(t+\tau) e^{j2\pi\xi t} dt \tag{3.21}$$

模糊函数也可以由频域表示为

$$\chi(\tau,\xi) = \int_{-\infty}^{+\infty} U_{FM}(f) U_{FM}(f-\xi) e^{-j2\pi f\tau} df \tag{3.22}$$

考虑到 $U_{FM}(f)$ 的频谱特性，易知 $|\chi(\tau,\xi)|$ 在 $\tau=0$ 附近的时延切面、$\xi=nF$ 的多普勒切面会出现相关峰，所以信号 $u_{FM}(t)$ 的模糊函数 $|\chi(\tau,\xi)|$ 在 $\tau=0$ 附近的时延切面上成呈以 $F$ 为周期的梳齿形。实际的 $F$ 高达 19kHz 而动目标多普勒频率的检测范围一般只有几百赫，远小于 $F$，所以两侧的梳齿对动目标检测没有影响，主要是多普勒维切面对实际检测影响较大。下面以零多普勒切面为例，分析信号模糊函数图多普勒切面沿距离分布的情况。

$$\chi_{u_{FM}}(\tau,0) = R_{u_{FM}}(\tau) = \int_{-\infty}^{+\infty} u_{FM}(t) u_{FM}(t+\tau) dt$$

$$= \int_{-\infty}^{+\infty} \exp[j\varphi_1(t) - \varphi_1(t+\tau)] \times \exp(jm_f\sin2\pi Ft)$$

$$\times \exp[-jm_f\sin2\pi F(t+\tau)] dt$$

$$= \int_{-\infty}^{+\infty} \exp[j\varphi_1(t) - \varphi_1(t+\tau)] \times \exp[j2m_f\sin\pi f\tau$$

$$\cdot \cos2\pi F(t+\tau/2)] dt \tag{3.23}$$

式中：$\exp[j2m_f\sin\pi f\tau \cdot \cos2\pi F(t+\tau/2)]$ 为周期 $F$ 的周期性时间函数，可以将它展开成傅里叶级数，其基波角频率为 $2\pi F$，即

$$\exp[j2m_f\sin\pi f\tau\cos2\pi F(t+\tau/2)] = \sum_{n=-\infty}^{+\infty} J_n(m'_f) \exp\left[j2\pi F\left(t+\tau/2+\frac{1}{4F}\right)\right]$$

$$\tag{3.24}$$

其中：$m'_f = 2m_f \sin \pi F \tau$。

所以有

$$
\begin{aligned}
\chi_{u_{FM}}(\tau, 0) &= \sum_{n=-\infty}^{+\infty} \{ J_n(m'_f) \exp[j(n\pi F\tau + n\pi/2)] \\
&\quad \times \int_{-\infty}^{+\infty} \exp[j\varphi_1(t) - j\varphi_1(t+\tau)] \times \exp(j2\pi nFt)\,dt \} \\
&= \sum_{n=-\infty}^{+\infty} J_n(m'_f) \times \exp[j(n\pi F\tau + n\pi/2)] \times \chi_\varphi(\tau, nF) \quad (3.25)
\end{aligned}
$$

对于任意多普勒通道 $\xi$ 的也有相似的结果：

$$
\chi_{u_{FM}}(\tau, \xi) = \sum_{n=-\infty}^{+\infty} J_n(m'_f) \times \exp[j(n\pi F\tau + n\pi/2)] \times \chi_\varphi(\tau, nF + \xi)
$$

$$(3.26)$$

式中：$\chi_\varphi(\tau, \xi)$ 为信号 $e^{j\varphi_1(t)}$ 的模糊函数。

由上述公式可以看出：加入导频信号后，广播信号的模糊函数图的每个多普勒切面由没有导频信号的模糊函数图的多个多普勒切面加权叠加而成。这种叠加对广播信号的自模糊函数图的副瓣影响很小，主要对模糊函数图的相关峰区域有影响。分析信号 $u_{FM}(t)$ 的自模糊函数图相关峰所在的多普勒切面，注意到在 $\tau$ 属于相关峰区域，有 $|\chi_\varphi(\tau, 0)| \gg |\chi_\varphi(\tau, nF)|$，则有

$$
|\chi_{u_{FM}}(\tau, 0)| \approx |J_0(2m_f \sin \pi F \tau)| \times |\chi_\varphi(\tau, 0)| \quad (3.27)
$$

式中：$J_0(2m_f \sin \pi F \tau)$ 以周期 $1/F$ 出现高峰，并且该周期与 $m_f$ 无关。根据实测调频立体声广播信号数据分析，本节所定义的 $m_f$ 的取值范围为 $0.5 \sim 5$。仅以 $m_f = 0.65$ 为例，则函数 $J_0(2m_f \sin \pi F \tau)$ 以周期 $1/F(\approx 5T_s)$ 其中 $T_s$ 为采样周期出现尖峰，如图 3.8 所示。$m_f$ 大小，对检测结果影响不同。如果调频立体声广播信号带宽较窄（$m_f$ 较小），这时 $|\chi_\varphi(\tau, 0)|$ 的相关峰较宽以至宽度大于 $5T_s$，则 $|\chi_{u_{FM}}(\tau, 0)|$ 在相关峰的位置将会出现多峰；如果带宽较宽（$m_f$ 较大），$|\chi_\varphi(\tau, 0)|$ 相关峰的宽度小于 $5T_s$，则 $|\chi_{u_{FM}}(\tau, 0)|$ 在相关峰的位置不会出现多峰。

综上所述，对带宽较窄的调频立体声广播信号而言，影响目标检测的是导频信号在模糊函数图的多普勒切面产生多峰状相关峰。在距离多普勒二维平面进行目标检测时，动目标的相关峰将呈现多峰，尤其给多目标检测带来困难。

从上面分析可以看出：如果调频信号的带宽较宽，满足条件 $B > F$，则相关峰宽度小于 $1/F$，多峰中的边峰远低于主峰的高度；如果调频信号的带宽较窄，满足条件 $B < F$，相关峰将出现多峰，则应该滤除导频信号。

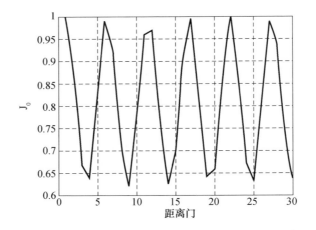

图 3.8 $m_f = 0.65$ 时 $J_0(2m_f \sin\pi F\tau)$ 的函数图

此时,结合式(3.15)知:导频信号使得信号的频谱产生搬移、叠加,并且 $U_1(f + nF)$ 与 $U_1[f + (n+1)F]$ 不会产生重叠。因此,可以构造一个窄带低通滤波器,其传输函数幅频特性为

$$H(f) = \begin{cases} 1 & |f| \leqslant B/2 \\ 0 & \text{其他} \end{cases} \tag{3.28}$$

将调频立体声广播信号通过上述滤波器,即可滤除广播信号中的导频信号,消除其模糊函数中相关峰的多峰现象。

### 3.1.3 调频广播信号模糊函数

图 3.9 是实测数据的典型调频广播信号模糊函数图。底部坐标轴分别对应距离(时延)维和速度(多普勒频率)维。从图 3.9 ~ 图 3.10 可以看出,稳定的调频广播信号模糊函数的图形具有类似图钉形状。

根据经典的分辨率理论,雷达探测系统的距离和速度分辨力主要由其信号的瞬时带宽和相干积累时间确定。但是,广播信号随节目内容不同存在较大差异,起伏变化较大。一般情况下,音乐节目的调频广播信号瞬时带宽在 100kHz 以内。图 3.11 是实测信号的单边频谱,红色曲线是频谱的均值曲线,其 3dB 带宽不超过 80kHz。

对该组数据进行模糊函数分析,得到模糊函数对数值 $20\lg(|\chi_\varphi(\tau, f_d)|)$ 如图 3.12 所示。由于复杂的调制特性,在多普勒维会有一系列杂谱扩展,而且随着调制信号的变化,这种杂波的数量、位置和强度都会不同。多普勒杂谱相对主瓣在 -15dB 以上(本组数据为 -20dB)。当有近程的强回波时,多普勒杂谱可

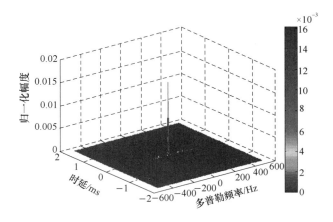

图 3.9 调频广播信号模糊函数图(见彩图)

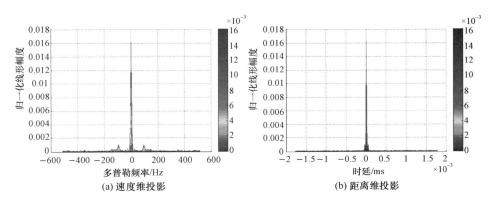

(a) 速度维投影                    (b) 距离维投影

图 3.10 调频广播信号模糊函数速度维 – 距离维投影图(见彩图)

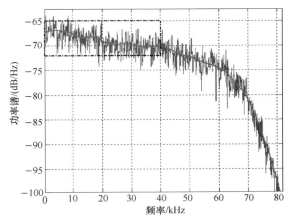

图 3.11 一段实测的调频广播信号单边频谱(见彩图)

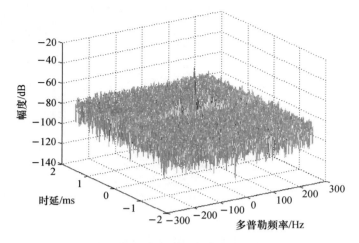

图 3.12 实测的调频广播信号模糊函数图(见彩图)

能会正好掩盖邻近距离的相同速度单元内的小目标回波。所以在信号处理对各距离单元进行积累时,必须采用相应加权处理,以抑制多普勒副瓣。

对该模糊函数图的 $20\lg(|\chi_\varphi(\tau,0)|)$ 和 $20\lg(|\chi_\varphi(0,f_d)|)$ 切面进行分析。图 3.13(a)是模糊函数图在零多普勒通道的投影,即调频立体声广播信号的自相关函数。图 3.13(b)是模糊函数图的零距离附近的切面及其杂散。

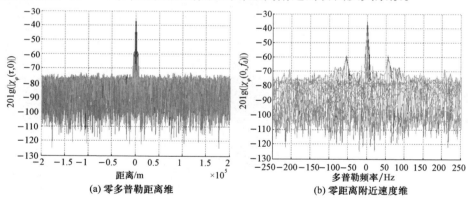

(a) 零多普勒距离维

(b) 零距离附近速度维

图 3.13 调频广播信号模糊图投影(见彩图)

对零多普勒通道做切片,如图 3.14 是该组信号的自相关曲线。可以看出,这些多普勒杂散并非完全在零距离上,而是存在时延扩散的。从该组数据的瞬时带宽估计和相关曲线中分析得到,其距离分辨力约为 1800m。

调频广播的语音、谈话节目信号瞬时带宽会变得很低,甚至只有"导频"分量。当调制的信号瞬时带宽较小,正如前节理论分析的结果,会产生如图 3.15 所示的导频信号对调制谱的周期延拓。

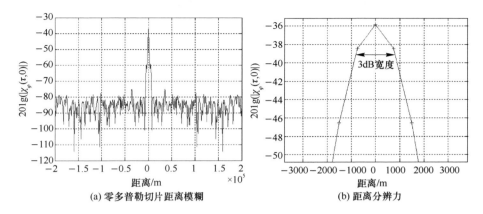

(a) 零多普勒切片距离模糊      (b) 距离分辨力

图 3.14 频广播信号模糊图零多普勒切片

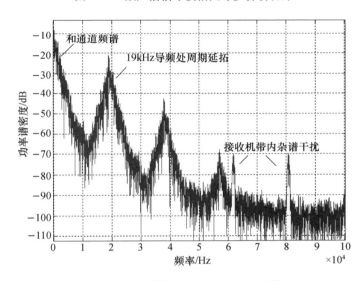

图 3.15 信号带宽小于 19kHz 时频谱

图 3.16、图 3.17 是在距离 – 速度两维平面下,当瞬时带宽较窄时的调频广播信号模糊函数。尤其是在距离维,副瓣展宽到 100ms 以上时,距离分辨力严重恶化。

调频广播信号会根据调制的广播信号而不断变化,信号的瞬时带宽是不稳定的。同时,辐射源信号的快速起伏变化,会使直达波对消器无法得到稳定的对消性能。

目标距离分辨是由信号本身的瞬时带宽决定的。基于调频广播信号的外辐射源雷达的目标距离分辨力是不断变化的随机量,一般难以给出一个确定值。从一些试验结果来看,调频广播信号的双基地距离分辨力大多数情况下会大于

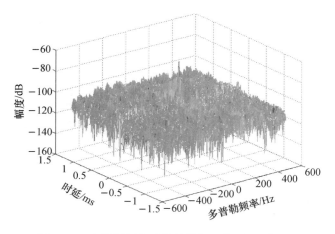

图 3.16　窄带调频广播信号模糊函数图（见彩图）

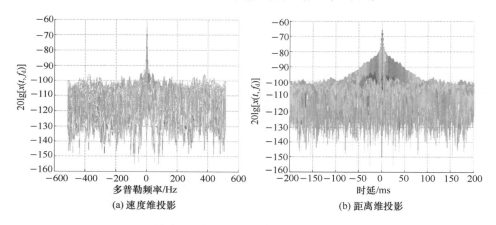

(a) 速度维投影　　　　　　　　　　　(b) 距离维投影

图 3.17　调频广播信号（窄带）模糊函数频率维 – 时间维投影图（见彩图）

2km，相当于等效的信号带宽在 75kHz 以下。

为了检测低可观测目标，外辐射源雷达常采用长时积累技术。长时间积累，一般认为其速度分辨力较高。而对于同一距离单元中速度稳定的目标，其速度的分辨力是由雷达的相参积累时间决定的。

雷达信号的长时间积累技术是现代雷达的一项关键技术。有效的雷达信号长时间积累可大大提高雷达性能。另外，长时间积累获得多普勒分辨力，获得的信息可以为目标识别、成像、地面动目标检测等诸多应用提供先验信息。

图 3.18 是在距离维和速度维的实测空中民航飞机回波。该组数据的外辐射源电台频率为 87.6MHz，对应波长为 3.42m，基带信号采样率为 261.25kHz。当积累采样数为 100k，对应时间积累长度为 $100000/261250 = 0.383(s)$ 时，飞机回波在距离和速度维的切片如图 3.18(a)和(b)所示。

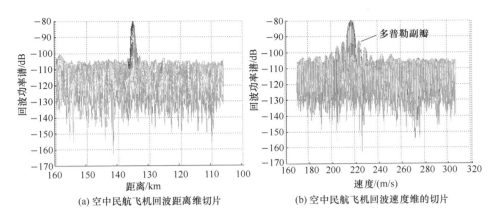

(a) 空中民航飞机回波距离维切片　　　　(b) 空中民航飞机回波速度维的切片

图 3.18　在距离维和速度维的实测空中民航飞机回波(见彩图)

对实际民航飞机回波的分析,其回波 −3dB 功率点的宽度对应距离分辨力小于 2km,而双基地速度分辨力小于 5m/s。此时的分辨力都是指双基地条件下延时和多普勒频率转换的分辨力。当相关长度加长 1 倍,即 0.766s 时。速度分辨力小于 3m/s,明显提升,如图 3.19 所示。

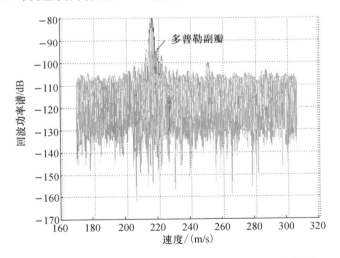

图 3.19　速度维的实测目标回波(0.766s 积累)(见彩图)

长时间积累能够得到较理想的速度分辨力,而且目标速度的测量精度也相应提高。但是,对运动目标的分辨力受到目标运动和距离单元跨越、多普勒跨越和波束跨越的限制。

检测前聚焦(FBD)长时间相参积累新技术,可显著提高长时间相参积累下跨距离、跨多普勒和跨波束目标的有效探测能力。

# ◤ 3.2　模　拟　电　视

模拟电视信号包括图像和伴音两个部分。其中,伴音信号采用调频方式,与单声道调频广播信号相同,主要差异是其特有的复杂视频信号。

## 3.2.1　电视图像信号

电视系统为完成图像信号的传输和重现原图像,除必须传送图像信号这一主体信号之外,还必须传送复合同步信号、复合消隐信号、槽脉冲和前后均衡脉冲等信号(这些信号属于辅助信号)。以上主体信号与辅助信号统称为全电视信号。黑白电视信号与彩色电视信号的图像信号是兼容的,只是色度信号的区别。

图像信号主要具有如下特点:

(1)含直流,即图像载频处能量最大。图像信号的背景亮度是由零频直流分量决定的。它的平均值总在零值以上或零值以下的一定范围内变化,不会同时跨越零值的上下两个区域,这一特征又称为单极性含直流。

由于任意图像景物总是有一定的背景亮度,这就构成了模拟电视信号的直流分量。即使是活动图像,由于动作缓慢,图像信号中也有一个频率几乎为零的频率分量。所以,零频(直流)就是图像信号频带的低频段,即图像载频附近,能量最大。

(2)对于一般活动图像,相邻两行信号具有较强的相关性。即相邻两行图像信号差别很小,可认为是周期性信号。

将以上图像信号、复合同步、复合消隐、槽脉冲和均衡脉冲等叠加,即构成了全电视信号,其波形如图 3.20 所示。我国现行电视标准规定:以同步信号顶的幅值电平为 100% ;则黑色电平和消隐电平的相对幅度为 75% ,白色电平的相对幅度为 10% ~12.5% ,图像信号电平介于白色与黑色电平之间。各脉冲的宽度:行同步为 $4.7\mu s$ ;场同步为 $160\mu s$ ;均衡脉冲为 $2.35\mu s$ ;槽脉冲为 $4.7\mu s$ ;场消隐脉冲为 $1612\mu s$ ;行消隐脉冲为 $12\mu s$ 。

图 3.21 和图 3.22 分别为实际的全电视信号和图像信号的频谱图。图 3.21 中,标记 1 为图像信号的频谱,标记 2 为色度副杂波的频谱,标记 3 为伴音信号的频谱。

前面分析可知,同步加白信号是指电视的行同步脉冲信号、行消隐信号(黑色电平)及白色电平,对于此种波形可以看作一组复杂的脉冲串。这种脉冲串的周期性(以 $64\mu s$ 的行周期为主)导致其模糊图时延轴上每隔 $64\mu s$ 就出现一个模糊峰,从而导致最大不模糊距离仅为 9.6km。

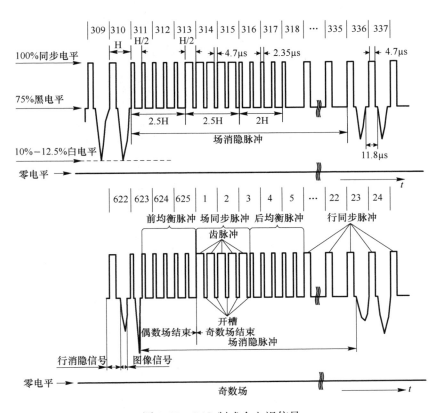

图 3.20　PAL 制式全电视信号

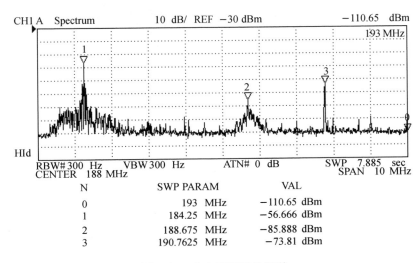

图 3.21　全电视信号的频谱

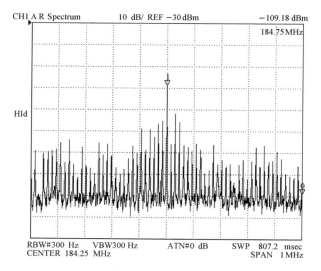

图 3.22　图像信号的频谱

## 3.2.2　实测电视图像信号

图 3.23 为图像信号的频谱函数图和时域图。从图 3.23(a) 可以看出,虽然电视信号标称的图像带宽为 6MHz,但是其绝大部分的能量集中在中心频率附近。从图 3.23(b) 可以看出,模拟电视图像信号是以 64μs 为周期的周期信号。

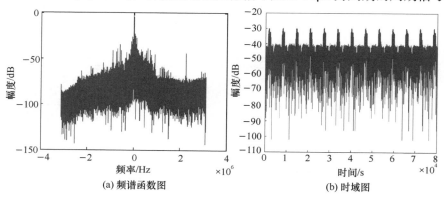

<table>
<tr><td>(a) 频谱函数图</td><td>(b) 时域图</td></tr>
</table>

图 3.23　实测电视图像信号

图 3.24 是实测电视图像信号模糊函数图。从图中可以看出,其在时延维上具有很高副瓣。特别是每隔 64μs 的时延处,有一个与主瓣一样高的模糊副瓣。导致利用电视图像信号脉冲重复周期为 19.2km(双基地收发距离和,对应单程距离为 9.6km)。

为了抑制这些模糊距离副瓣,可以考虑失配滤波技术进行处理。图 3.25 是

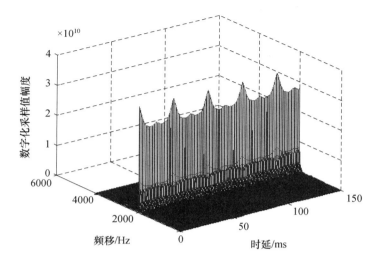

图 3.24　实测电视图像信号模糊函数图（见彩图）

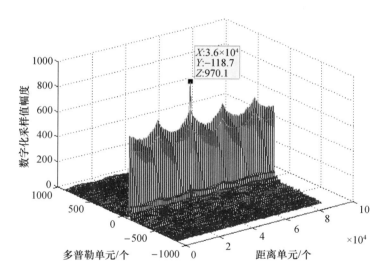

图 3.25　失配以后距离－多普勒二维输出结果（见彩图）

利用失配滤波以后的距离－多普勒二维输出结果。从图中可以看出,模糊副瓣得到抑制,明显看到目标的主瓣。但是利用失配滤波会带来较大的处理损失。图 3.26 是分别利用失配滤波和匹配滤波以后在距离维上的输出结果。

从以上分析可以看出,模拟电视的伴音信号具有类似理想的图钉状模糊函数,适合用做外辐射源雷达的机会照射源信号。但是,伴音信号的发射功率只占据整个模拟电视系统发射功率中的较小一部分。

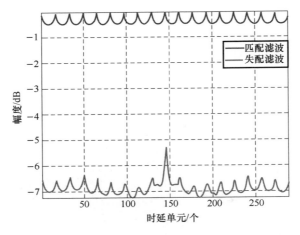

图 3.26　匹配滤波和失配滤波输出结果对比(见彩图)

利用失配滤波技术虽然能够抑制图像信号的距离模糊,但是会产生比较大的失配信噪比损失。本节中为了更加深入地了解模拟电视信号的特点,给出了实测模拟电视图像信号失配滤波结果,本书将在后续章节更加详细地阐述失配滤波技术。

## 3.3　OFDM 调制的数字广播电视

随着数字调制逐渐取代模拟调制,基于正交频分复用(OFDM)调制辐射源信号的外辐射源雷达系统也成为研究热点[5-8]。

目前,采用 OFDM 技术的广播电视和通信系统主要有 DVB、DAB、WiFi 和 LTE 等。文献[9,10]从 OFDM 信号的伪随机特性的角度,认为 OFDM 信号更易形成近似理想的"图钉形"模糊函数,并且从 OFDM 信号中设计保护间隔和训练序列(包括时域导频和频域导频)能够有效地对抗多径衰落的角度,认为外辐射源雷达利用时可以获得信号同步信息、信道估计和均衡变得简单。

但是,基于 OFDM 调制的外辐射源主要存在一些特殊问题:

(1) OFDM 中大量的训练序列,如导频信号、PN 序列等,这些序列在时域或频域中周期或随机插入。而且不同制式的数字电视和广播信号,这些序列存在较大差异。复杂的导频序列会在模糊函数中产生大量副峰,在原本就存在模糊性帧结构中,对目标检测处理造成困难。

(2) 单频网(SFN)是数字广播电视的必然发展趋势,能够提升广播行业频谱利用率和扩大覆盖面积。但是,SFN 中所有发射机采用同一发射频率。当然,SFN 又提供了一种分布式多输入多输出(MIMO)结构的优点[11]。虽然 SFN 中一般采用空时分组编码(STBC)结构[12],发射信号帧头部分相互正交,从而保证获得不同发射站相互正交的信道信息。利用空时编码和直达波提纯和杂波相消(见本书后续章节)等方法,能够改善定位模糊,但是外辐射源雷达接收回波中各辐射源信号互相干扰,如何应对复杂的信号环境,仍是需要进一步研究的问题。

(3)目前数字广播电视更多倾向采用多载波系统。如我国的数字电视地面广播(DTTB)系统中多载波有 3780 个子载波,相邻子载波仅相差 2kHz。对于雷达来说,运动目标引起的多普勒和载频频偏在同一个数量级上。后续的匹配处理时,对于高速目标必然会出现失配。

## 3.3.1　数字广播电视的种类

数字广播电视是一个复杂的系统工程。将来,数字广播电视不仅是实现简单的一两个数字广播电视发射台的小区域覆盖,而是将形成一个广泛的网络化的系统。数字节目的制作、传输、播出也都是通过计算机网络(图 3.27)进行的。

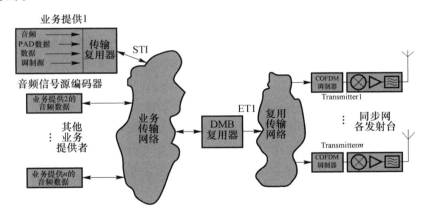

图 3.27　数字电视网络(见彩图)

我国的数字广播电视信号都是延续原来 VHF 和 UHF 频段电视频道资源。目前出现的多种数字广播电视的一些术语和词汇比较如下:

数字电视地面广播:对所有地面数字电视广播的统称。

地面数字多媒体广播(DTMB):国标的标准名称。国家标准是 GB 20600—2006《数字电视地面广播传输系统帧结构、信道编码和调制》。频段范围为 48.5 ~ 862MHz。

中国移动多媒体广播(CMMB):主要供 7 英寸(1 英寸 = 2.54cm)以下小屏幕、小尺寸、移动便携的手持式终端,发送广播电视节目与信息服务等业务。

CMMB 广播信道物理层带宽包括 8MHz 和 2MHz 两种选项。

数字音频广播（DAB）：由于市场和用户等原因，带宽 1.53MHz 的 DAB 在我国布站较少。

### 3.3.2　地面数字多媒体广播

数字电视地面广播系统，发送端完成从 MPEG – TS 传送码流到地面电视信道传输信号的转换。输入数据码流经过扰码器（随机化）、前向纠错（FEC）编码，然后进行比特流到符号流的星座映射，再进行交织后形成基本数据块。基本数据块与系统信息组合（复用）后并经过帧体数据处理形成帧体，帧体与相应的帧头（PN 序列）复接为信号帧（组帧），经过基带后处理形成输出信号（8MHz 带宽内），如图 3.28 所示。该信号经变频形成射频信号（48.5～862MHz 频段范围内）。

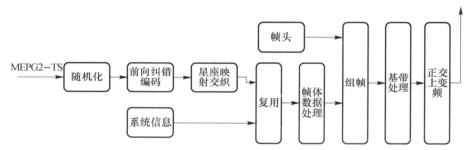

图 3.28　数字电视地面广播典型发射调制流程

模拟电视信号存在大量的高重频的同步脉冲，带内能量分布不均匀，目标探测的性能受到限制。而数字电视信号不存在此类问题。由于其瞬时带宽的优势，相对模拟制式的广播电视信号，可以得到较好的目标距离分辨力和定位精度。

图 3.29 是实测的数字电视地面广播信号频谱。

2007 年 8 月 1 日，我国也颁布了数字电视地面广播传输系统帧结构、信道编码和调制的强制性规范（GB 20600—2006《数字电视地面广播传输系统帧结构、信道编码和调制技术要求》）。我国数字电视地面广播标准与欧洲的 DVB – T 在符号保护间隔充填方法、调制方式、同步技术等方面存在不同。

DVB – T 中规定了散布导频和连续导频，采用 OFDM 调制方式。调制导频的数据是从一个事先规定的伪随机序列发生器中生成的伪随机序列，是已知的长伪随机序列，具有最佳的自相关性。OFDM 调制发射是采用在 8M 带宽内分成多载波方式，且导频序列在时域上是伪随机、非等间隔分布。

DTMB 采用了时域同步正交频分复用（TDS – OFDM）调制技术，可以实现高

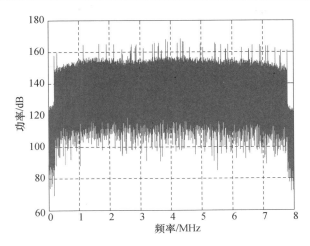

图 3.29 数字电视地面广播信号频谱

达(4bit/s)/Hz 的频谱利用率。因此,在 8MHz 的带宽下,每个频道有效净荷 33Mbit/s 传输码率。OFDM 符号中除了承载数据的有效子载波外,其他子载波用来承载:连续导频、散布导频和 TPS 主要用于帧同步、时间同步、信道估计和传输参数识别等功能,导频平均功率比 TPS 平均功率高 2.5dB,如图 3.30 所示。

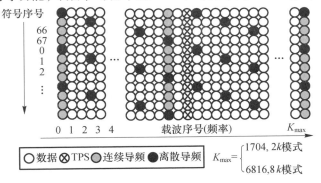

图 3.30 DVB－T 系统帧结构

TDS－OFDM 的同步头采用了伪随机序列,在每个 OFDM 保护间隔周期性地插入时域正交编码的帧同步序列。国标 DTMB 将输入的 MPEG 的 TS 码流经过信道编码处理后映射成 3780 点的星座,再采用 IDFT 将星座变换成长度为 3780 的帧体(500μs)。

数据帧结构是一种四层结构,如图 3.31 所示。其中,数据帧结构的基本单元为信号帧,信号帧由帧头和帧体两部分组成。超帧定义为一组信号帧。分帧定义为一组超帧。帧结构的顶层称为日帧(CDF)。信号结构是周期的,并与自然时间保持同步。

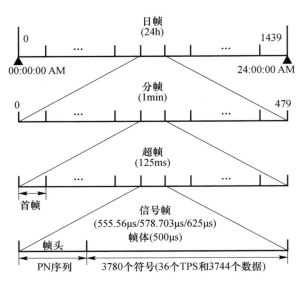

图 3.31 DTTB 的四层复帧结构

在 OFDM 的保护间隔,插入长度为 420(或 595、945)的 PN 序列作为帧头,称为 PN420(或 PN595、PN945)模式。帧头与帧体组合成时间长度为 555.56μs(或 578.7μs、625μs)的信号帧,信号帧的基带符号率为 7.56MS/s,如图 3.32 ~ 图 3.34 所示。

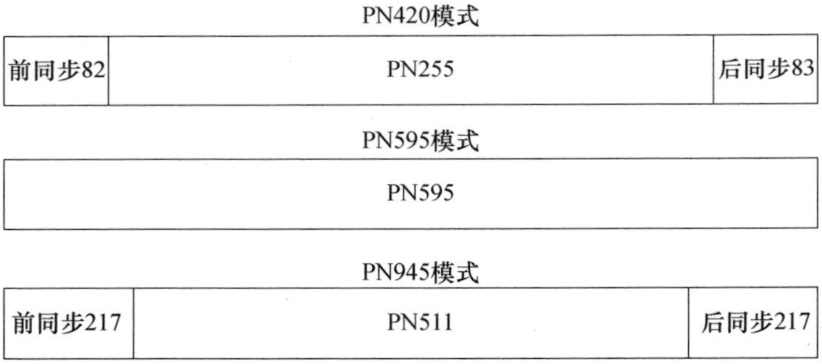

**PN420模式**

| 前同步82 | PN255 | 后同步83 |
|---|---|---|

**PN595模式**

| PN595 |
|---|

**PN945模式**

| 前同步217 | PN511 | 后同步217 |
|---|---|---|

图 3.32 不同模式的帧头

有限长单位冲激响应(FIR)低通滤波器进行频域整形,再将基带信号进行上变频调制到 RF 载波。用 $C$ 个子载波将帧数据调制到射频,各子载波细节如图 3.35 ~ 图 3.37 所示。单载波时,子载波数量 $C=1$、PN595 帧头长度为 78.703μs;复载波时,载波数量 $C=3780$,PN420 或 PN945 帧头长度为 55.56μs 或 125μs。两种模式的基带信号带宽为 7.56MHz,相应的距离分辨力为 $300/(2×7.56)=19.84(m)$。

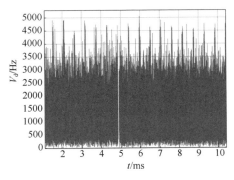

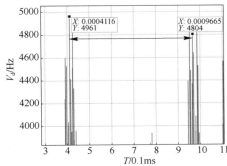

图 3.33　实测信号时域上的重复导频信号　　　图 3.34　20 时域上 0.555ms 间隔

单载波与复载波的模糊函数有一定差异,主要体现在由帧头、帧体的 TPS (帧体前 36 个字符)、帧体的 TS 包头引起的副峰。单载波,帧头副峰归一化功率 $P_{帧头} = -17.3dB$,帧头周期 $T_{head} = 125ms/216 = 578.7\mu s$。PN420 或 PN945,帧头副峰 $P_{帧头}$ 为 $-20dB$ 或 $-14dB$,帧头周期 $T_{head}$ 为 $555.56\mu s$ 或 $625\mu s$。

单载波的帧头副峰会出现在 $578.7\mu s$ 处,且帧体中的 TPS 副峰也与其同样周期,位置相同,但功率较低,$P_{TPS} = 20lg(36/3744) \approx -40(dB)$。

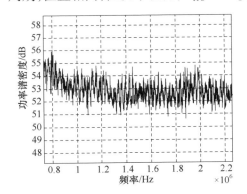

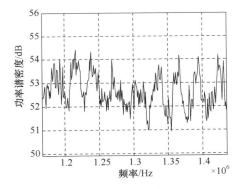

图 3.35　频域上多载频调制　　　　　　　图 3.36　频域上各子载波细节

### 3.3.3　中国移动多媒体广播信号

中国移动多媒体广播信号(CMMB)[13]广播信道物理层带宽包括 8MHz 和 2MHz 两种选项。采用 OFDM 的多载波调制方式,每个 OFDM 符号的有效子载波中除离散导频和连续导频外的子载波为数据子载波。OFDM 符号子载波在不同物理层带宽下的取值各不同:当 B = 8MHz 时,子载波数为 4096(图 3.38);当 $B = 2MHz$ 时,子载波数为 1024。信号带宽分别为 7.512MHz 和 1.536MHz(图 3.39)。目前大多数 CMMB 广播采用的是 8MHz。

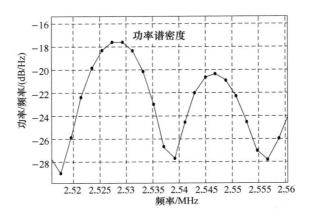

图 3.37　频域上 2kHz 子载波间隔

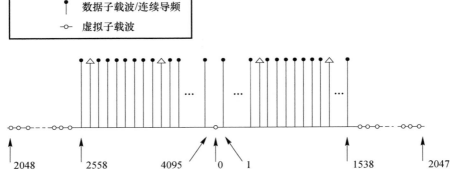

图 3.38　CMMB 广播 OFDM 符号子载波结构(8MHz)

DTMB 和 CMMB 的具体信号调制与编码方式可参看相关文献。

多种数字广播电视的标准有一定差异,本章不对每种数字电视信号的模糊函数展开讨论,而是从 OFDM 调制一般性特点的角度进行理论分析,再具体到广泛应用的 DTMB 信号,结合实测数据进行讨论。

### 3.3.4　OFDM 信号的一般数学表述[14]

OFDM 信号属于多载波调制的一种,其主要思想是将信道分成若干相互正

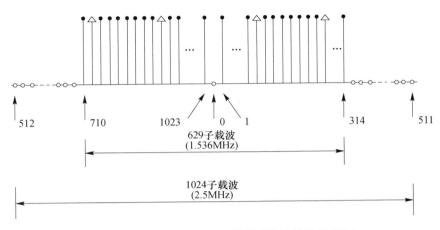

图 3.39　CMMB 广播 OFDM 符号子载波结构(2MHz)

交的子载频(图 3.40),从而将高速数据信号转换成并行的低速子数据流,调制到每个子载频上进行传输。因此其基本信号是在频域形成的,第 $n$ 个符号块的频域形式可表示为

$$\boldsymbol{S}_n = (S_n(0), \cdots, S_n(k), \cdots, S_n(N_c - 1))^{\mathrm{T}} \qquad (3.29)$$

式中:$\boldsymbol{S}_n$ 为 QAM 调制或 QPSK 调制的符号;$N_c$ 为子载频个数(包含用户和导频数据)。

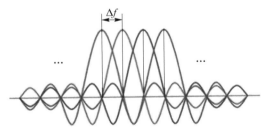

图 3.40　OFDM 正交子载波(见彩图)

将式(3.29)进行快速傅里叶逆变换(IFFT)变换得到时域数据,即

$$s_n(i) = \sum_{k=0}^{N_c-1} S_n(k)\exp\left(\mathrm{j}\frac{2\pi ik}{N_c}\right) \quad i = 0, 1, \cdots, N_c - 1 \qquad (3.30)$$

OFDM 信号设计保护间隔和训练序列(包括时域导频和频域导频),能够有

效地对抗多径衰落,使得同步、信道估计和均衡变得简单。

但是不同于单载波系统,多载波系统对载频偏移(CFO)很敏感。OFDM 系统作为多载波的一种,也对 CFO 很敏感。CFO 通常会引起子载波间不再正交,造成载波间干扰(ICI),接收信号信噪比下降。

另外,OFDM 中通常使用训练序列来获取信道状态信息,如导频信号、PN 序列等。这些训练序列通常是在时域或频域周期地插入。OFDM 本身的信号特性是有利于同步、信道估计和信道均衡。但是在外辐射源雷达中无法直接获取这些信息,无法合理地利用、处理这些信息,继而这些周期性的训练序列造成模糊函数中的副峰,影响目标检测。

本节针对外辐射源雷达中训练序列未知的问题,利用循环平稳特性来估计周期性的训练序列—导频,利用导频的先验信息得到导频的位置信息。

在得到训练序列之后,就可以应用基于训练序列的频偏估计、直达波提纯方法和杂波相消方法。相比常规的数字电视外辐射源雷达信号处理方法,本节方法实现了在外辐射源信号调制参数特性未知情况下的目标检测。

### 3.3.5 OFDM 调制信号模糊函数中的训练序列估计[14]

本节考虑如何估计导频信息。模糊函数中的副峰是由导频的周期性造成的。因此可以利用循环平稳特性推导模糊函数中副峰的产生规律并提出训练序列的估计方法。

模糊函数一般作为判定特定信号作为雷达照射源探测目标好坏的一个标准,式(3.6)可以表示为

$$| \chi_{ss*}(\tau, f_d) | = \left| \int_{-\infty}^{\infty} s(t) s^*(t + \tau) e^{-j2\pi f_d t} dt \right| \quad (3.31)$$

式中:$s(t)$ 为源信号;$\tau$ 为信号的时延;$f_d$ 为目标多普勒。

经过速率 $1/T$ 的采样之后,将式(3.31)写成离散的形式,即

$$| \chi_{xx*}(d, \alpha) | = \lim_{N \to \infty} \sum_{n=0}^{N-1} s(n) s^*(n + d) e^{-j2\pi\alpha n} \quad (3.32)$$

式中:$d$ 为采样后的归一化时延;$\alpha$ 为归一化多普勒,$\alpha \in (-0.5, 0.5)$。

根据信号模糊函数的要求,理想情况下模糊函数应该呈现出理想的图钉状,从而得到高分力的距离—多普勒信息。但是实际的 OFDM 信号模糊函数,除了在零时延和零多普勒位置包含主峰之外,还在其他特定位置包含多个副峰。

文献[15]证实了 OFDM 模糊函数中的副峰是由导频和循环前缀的周期性产生的。考虑到循环前缀相对于数据长度比较短(占有用数据长度的 1/4、1/8、1/16 或 1/32),并且容易受到多径的影响,副峰强度比较弱,无法准确地估计和利用[16],因此下面主要讨论导频引起的副峰。

一般的 OFDM 信号导频数据,按照导频分配形式可分为时域导频、频域导频两类,如图 3.41 所示。其中,块状导频分配方法就是将一个 OFDM 符号的所有子载波都分配成导频。即在时域将整个 OFDM 符号作为导频,称为时域导频。这种导频分配比较合适于慢信道变化(在一个帧符号内信道是恒定的)。当信道变化快时,使用梳状导频在频域插入导频,称为频域导频。每个 OFDM 符号内部分子载波作为导频子载波,这种导频分配适合快变信道(在一个帧符号内是变化的)。

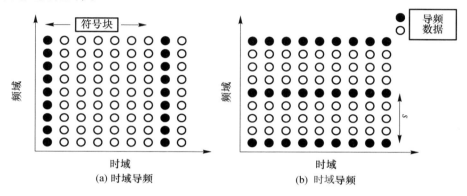

图 3.41　OFDM 中的导频

这些导频位置的数据都是一样的,并且信号强度高于数据载波,因此是有益于信道参数估计的。但是,在外辐射源雷达系统无法获得这些导频位置,因此无法用于改善目标探测性能。并且在未知的环境下,这些包含导频的 OFDM 信号通常会给雷达目标探测带来影响。文献[15]仿真分析了时域导频和频域导频分别造成频域周期性和时域周期性副峰,但是没有具体地推导。因此下面以这两类典型的导频信号为例,分析模糊函数中副峰位置的产生规律,并考虑是否能够为雷达所用。

### 3.3.5.1　周期频域导频产生时域模糊函数

首先分析常见的频域导频。为了分析导频和数据符号在模糊函数上的差异,把导频和数据符号分开表示,OFDM 发送信号为

$$
\begin{aligned}
s(t) &= \sum_{m} \sum_{i=-\infty}^{\infty} s_i(m) g(t-iT) \mathrm{e}^{\mathrm{j}\frac{2\pi m}{T}(t-iT)} \\
&= \sum_{m_{\mathrm{c}} \notin I(m_{\mathrm{p}})} \sum_{i=-\infty}^{\infty} d_i(m_{\mathrm{c}}) g(t-iT) \mathrm{e}^{\mathrm{j}\frac{2\pi m_{\mathrm{c}}}{T_{\mathrm{u}}}(t-iT)} \\
&\quad + \sum_{m_{\mathrm{p}} \in I(m_{\mathrm{p}})} \sum_{i=-\infty}^{\infty} p_i(m_{\mathrm{p}}) g(t-iT) \mathrm{e}^{\mathrm{j}\frac{2\pi m_{\mathrm{p}}}{T_{\mathrm{cp}}}(t-iT)}
\end{aligned}
\tag{3.33}
$$

式中:$m$、$m_c$、$m_p$ 分别是子载波总个数、数据子载波和导频子载波,满足 $m = m_c + m_p$;$I(m_p)$ 表示序号集合;$T$、$T_u$、$T_{cp}$ 分别为符号持续时间、有用符号持续时间和循环前缀持续时间,满足 $T = T_u + T_{cp}$;$d_i(m_c)$ 和 $p_i(m_p)$ 分别为数据符号和导频;$g(t)$ 为脉冲成形函数。

因为频域导频信号在频域满足周期性,并且所有的导频值都相等,所以导频可写为

$$p(m) = p(m + qL) \qquad q = 0, \cdots, N_c/L - 1 \qquad (3.34)$$

式中:$L$ 为导频周期。

经过以速率 $P/T$($P$ 为过采样系数)的采样之后,式(3.33)可以写成离散形式,即

$$s(n) = \sum_{m_c} \sum_{i=-\infty}^{\infty} d_i(m_c) g(n - iP) e^{\frac{j2\pi m_c}{M}(n-iP)}$$
$$+ \sum_{m_p} \sum_{i=-\infty}^{\infty} p_i(m_p) g(n - iP) e^{\frac{j2\pi m_p}{M}(n-iP)} \qquad (3.35)$$

式中

$$s(n) = s(t)|_{n = tP/T}, d(n - iP) = d(t - iT)_{n = tP/T}, p(n - iP) = p(t - iP)|_{n = tP/T}$$

计算式(3.35)信号的模糊函数,并根据二阶循环自相关和模糊函数的等价性,可得

$$\chi_{ss^*}(\alpha, d) = \lim_{n \to \infty} \sum_{n=0}^{N-1} s(n) s^*(n + d) e^{-j2\pi\alpha n}$$
$$= \sum_{i=-\infty}^{\infty} s_i^2 \lim_{n \to \infty} \sum_{n=0}^{N-1} e^{-j2\pi\alpha n} g(n - iP) g^*(n + d - iP) \sum_{m=0}^{N_c-1} e^{-\frac{j2\pi md}{MP}}$$
$$= \sum_{i=-\infty}^{\infty} s_i^2 G_g^i(d) \lim_{n \to \infty} \sum_{n=0}^{N-1} e^{-j2\pi n(\alpha - i/P)} \sum_{m=0}^{N_c-1} e^{-\frac{j2\pi md}{MP}}$$
$$= C G_g^i(d) \delta(2\pi(\alpha - i/P)) \sum_{i=-\infty}^{\infty} s_i^2 \qquad (3.36)$$

式中

$$G_g^i(d) = \lim_{N \to \infty} \sum_{n=0}^{N-1} g(n) g^*(n + d) e^{-j2\pi ni/P}; C = \sum_{m=0}^{N_c-1} e^{-\frac{j2\pi md}{MP}}$$

可以看到,如果不存在周期导频和循环前缀,模糊函数 $|\chi_{ss^*}(k, d)|$ 的最大值将会出现在 $d = 0, \alpha = i/P$($i$ 为整数)。

当存在周期性频域导频时,式(3.36)导频部分的模糊函数又可写为

$$R_{pp^*}(m_p, d) = G_g^i(d) \delta(2\pi(a - i/P)) \sum_{i=-\infty}^{\infty} s_i^2 \sum_{m=0}^{N_c-1} e^{-\frac{j2\pi md}{MP}}$$

$$= CG_{\mathrm{g}}^i(d)\delta(2\pi(a-i/P))\Big(\sigma_{dd*}^2 + \sum_{m_{\mathrm{p}1}}\sum_{m_{\mathrm{p}2}} p_{\mathrm{m}1}p_{\mathrm{m}2}^*\Big) \quad (3.37)$$

式(3.34)代入(3.37),可得

$$R_{pp*}(m_{\mathrm{p}},d) = CG_{\mathrm{g}}^i(d)\delta(2\pi(a-i/P))\Big(\sigma_{dd*}^2 + \sum_q p(m_1+qL)p^*(m_1+qL)\Big)$$

$$= CG_{\mathrm{g}}^i(d)\delta(2\pi(a-i/P))\mathrm{e}^{-\mathrm{j}2\pi m_1 q/L}\big(\sigma_{dd*}^2 + R_{pp*}^q(0)\delta(d-q/L)\big)$$

$$(3.38)$$

式中

$$R_{pp*}^q(0) = \lim_{Q\to\infty}\sum_{q=0}^{Q-1} p(m_1+qL)p^*(m_1+qL)\mathrm{e}^{\mathrm{j}2\pi m_1 q/L}$$

因此,当存在周期导频的时候,周期会出现在 $d=q/L$ 和 $a=i/P(q,i$ 为整数)。

假设 OFDM 中,一个符号有 $N_{\mathrm{c}}=1024$ 个子载波,并且符号个数 $N_0=2$,归一化时延和多普勒分别为 $n_{\mathrm{d}}=40,\alpha=0$。图 3.42 分析了 OFDM 信号中没有加入导频时的模糊函数,可以看到此时的模糊函数基本呈现出理想的图钉形结构。图 3.43 示出频域导频以间隔 $P=4$ 加入到 OFDM 中的模糊函数,可以看到副峰出现在 $d=iN_{\mathrm{c}}/P(i=0,1/4,1/2,\cdots,N_0)$。

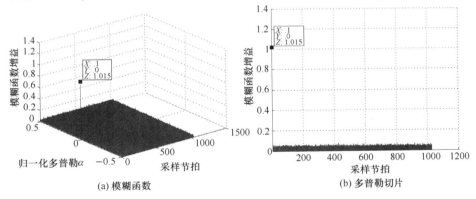

(a) 模糊函数　　　　　　　(b) 多普勒切片

图 3.42　没有导频时的模糊函数

### 3.3.5.2　周期时域导频产生频域模糊函数

当存在时域导频时,也就是 $s(n)=s(n+iQ)$,其中 $Q$ 为时域导频周期。将时域数据和时域导频分开写,可得

$$s(n) = \sum_{i=-\infty}^{\infty} s_i(n)g(n-iP)$$

$$= \sum_{n_{\mathrm{c}}\notin I(n_{\mathrm{p}})}^{\infty} s_i(n_{\mathrm{c}})g(n_{\mathrm{c}}-iP) + \sum_{n_{\mathrm{c}}\in I(n_{\mathrm{p}})}^{\infty} s_i(n_{\mathrm{p}})g(n_{\mathrm{p}}-iP) \quad (3.39)$$

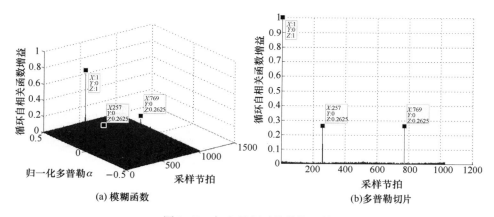

(a) 模糊函数　　　　　　　　　　　(b) 多普勒切片

图 3.43　加入导频时的模糊函数

计算信号（式(3.39)）的模糊函数，可得

$$
\begin{aligned}
\chi_{ss^*}(\alpha,d) &= \lim_{n \to \infty} \sum_{n=0}^{N-1} s(n)s^*(n+d)\mathrm{e}^{-\mathrm{j}2\pi\alpha n} \\
&= \lim_{n \to \infty} \sum_{n=0}^{N-1} s(n-iP)s^*(n+d-iP)\mathrm{e}^{-\mathrm{j}2\pi\alpha n} \\
&= G_{\mathrm{g}}^i(d)\delta(2\pi(\alpha-i/P))\sigma_{ss^*}^2 \\
&= G_{\mathrm{g}}^i(d)\delta(2\pi(\alpha-i/P))\Big(\sigma_{dd^*}^2 + \sum_l p(n_1+lQ)p^*(n_1+lQ)\Big) \\
&= G_{\mathrm{g}}^i(d)\delta(2\pi(\alpha-i/P))(\sigma_{dd^*}^2 + R_{pp^*}^l(0)\delta(2\pi(\alpha-l/Q)))
\end{aligned}
$$

$$(3.40)$$

因此可以看到，当出现时域导频时，模糊函数出现在 $d=0,\alpha=i/P+l/Q$（$i$、$l$ 为整数）。

图 3.44 示出时域导频以间隔 $P=4$ 加入到 OFDM 中的模糊函数，可以看到副峰出现在 $d=0,\alpha=l/4(l=0,\pm1,\pm2)$。

从而可以看到，副峰是由于 OFDM 信号中导频的周期性造成的。其中频域导频在时域产生副峰，时域导频在多普勒域内产生副峰。

因此在信号同步后，去除导频也是消除副峰的一个解决办法。并且在实际 OFDM 信号中，第一个导频一般出现在第一个载波上[17]。

因此，结合此先验知识，利用上述方法中得到的导频周期信息就可以确定导频位置。利用导频信息得到杂波信道信息，继而实现直达波重构和杂波相消。在估计目标参数时，可以通过移除循环前缀，并执行频域均衡得到没有副峰的模糊函数，继而实现理想的目标探测。

下面以 DTTB 信号为例，讨论如何利用信号信息实现杂波信道参数估计、直达波重构和杂波相消。

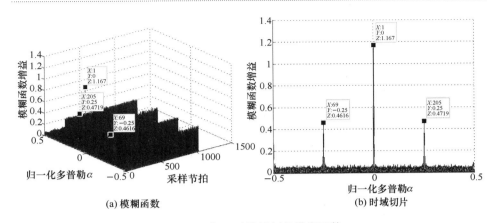

(a) 模糊函数　　　　　　　　　(b) 时域切片

图 3.44　加入时域导频的模糊函数

### 3.3.6　基于中国 DTTB 信号的直达波提纯和杂波相消[18]

利用 OFDM 中的保护间隔机制,能够有效地抑制多径干扰,并能够得到信道状态信息和频偏 CFO 信息,从而能够快速地实现信号均衡。

中国 DTTB 信号借鉴欧洲的 DVB – T 中的 CP – OFDM 调制技术,并利用 PN 序列良好的自相关特性,用 PN 序列代替 DVB – T 中的 CP 形成(TDS – OFDM)调制,不需要额外的导频信号,能以更少的频谱获得更快的信道估计、频偏估计和均衡性能[19 – 21],如图 3.45 所示。

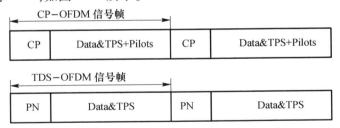

图 3.45　CP – OFDM 和 TDS – OFDM 信号帧结构比较

如图 3.46 所示,DTTB 信号帧由帧头和帧体组成,帧头采用 I 路和 Q 路相同的 4QAM 调制,帧体是要传送的信息。为适应不同应用需求,国标定义了模式 1(PN420)、模式 2(PN595)、模式 3(PN945)三种可选帧头模式。

帧头模式 1 采用的 PN 序列为循环扩展的 8 阶 m 序列,长度为 420 个符号,由一个前同步、一个 PN255 序列和一个后同步构成。

帧头模式 2 采用 10 阶最大长度的伪随机二进制序列截短而成,帧头信号长度为 595 个符号,是长度为 1023 的 m 序列的前 595 个码片。

帧头模式 3 采用 PN 序列为循环扩展的 9 阶 m 序列,帧头信号长度为 945

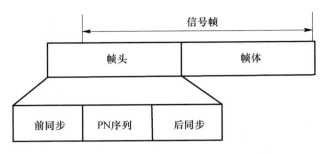

图 3.46　DTTB 信号帧结构

个符号,由一个前同步、一个 PN511 序列和一个后同步构成。

　　DTTB 信号支持单载波模式和多载波模式,帧头模式 1 和帧头模式 3 适用于多载波模式,平均功率是帧体信号平均功率的 2 倍。帧头模式 2 适用于单载波模式,平均功率与帧体相同。选用不同的载波模式根据不同的多径环境,单载波适用于平坦衰落信道,多载波适用于频域选择性信道[22,23]。

### 3.3.6.1　DTTB 信道状态信息(CSI)和载频偏移二维估计方法

　　信号之所以能获得比 DVB - T 更快的信道估计和均衡,在于帧头部分 PN 序列的良好自相关特性。设 $\{c(n)\}_{n=0}^{N_p-1}$ 是由 $m$ 序列产生的 PN 序列,理想情况下它的自相关函数满足:

$$R_c(k) = \sum_{n=0}^{N_p-1} c(n+k)c^*(n) = \begin{cases} N_p & k=0 \\ -1 & 1 \leqslant k < N_p \end{cases} \qquad (3.41)$$

式中:$(\cdot)^*$ 为复共轭;$N_p$ 为 PN 序列长度。

　　但是,由于 DTTB 照射源对 CFO 很敏感,造成基于 PN 序列的一维时延估计性能下降。因此,在接收信号中考虑 CFO 影响,外辐射源雷达中的典型接收信号[24]模型变为

$$y(n) = \sum_{l=0}^{N_p-1} h_1(l)x(n-l)e^{j2\pi n\xi_1} + \sum_{l=1}^{N_p-1} h_2(l)x(n-l)e^{j2\pi n(\xi_1+\xi_{ld})} + w(n)$$

$$\qquad (3.42)$$

式中:$x(n)$、$h(l)$ 和 $w(n)$ 分别为直达波信号(假设直达波信号时延为 0)、多径衰落信道中的单位冲击响应(假设时延参数在一个 OFDM 符号间隔内不变)和加性高斯白噪声。

　　设 $\Delta f$ 为子载波频率间隔,$\Delta f_1$ 和 $\Delta f_{ld}$ 分别为 CFO 和多普勒频偏,则 $\xi_1 = \Delta f_1/\Delta f$ 和 $\xi_{ld} = \Delta f_{ld}/\Delta f$ 分别表示归一化 CFO 和多普勒频偏。为了避免频偏模糊,假设满足 $\xi_1 \in (-0.5,0.5)$,$(\xi_1+\xi_{ld}) \in (-0.5,0.5)$。

　　由于目标信号是发射站到目标的反射信号,相对直达波时延较大,不会出现

在首帧信号的帧头部分,式(3.42)可进一步写为

$$y(n) = \sum_{l=0}^{N_p-1} h_1(l) x(n-l) e^{j2\pi n \xi_1} + w'(n) \qquad (3.43)$$

式中

$$w'(n) = \sum_{l=1}^{N_p-1} h_2(l) x(n-l) e^{j2\pi n(\xi_1+\xi_{1d})} + w(n)$$

建立本地 PN 序列和接收数据 $y(n)$ 的模糊函数,自相关矩阵可表示为

$$\boldsymbol{R}_{yc}(k,\xi_e) = \sum_{n=0}^{N_p-1} y(n+k) c^*(n) e^{-j2\pi(n+k)\xi_e}$$

$$= \sum_{n=0}^{N_p-1} \sum_{l=0}^{L-1} h_1(l) x(n+k-l) c^*(n) e^{j2\pi(n+k)(\xi_1-\xi_e)}$$

$$+ \sum_{n=0}^{N_p-1} w(n+k) c^*(n) e^{-j2\pi(n+k)\xi_e} \qquad (3.44)$$

式中:$\xi_e$ 是 CFO 搜索范围。把 $\boldsymbol{x}(n) = \boldsymbol{c}(n)$ 代入式(3.44),由式(3.41)可得

$$\boldsymbol{R}_{yc}(k,\xi_e) = \sum_{n=0}^{N_p-1} \sum_{l=0}^{N_p-1} h_1(l) c(n+k-l) c^*(n) e^{j2\pi(n+k)(\xi_1-\xi_e)} + R_{cw'}(k,\xi_e)$$

$$= \begin{cases} h_1(k) \sum_{n=0}^{N_p-1} |c(n)|^2 + R_{cw'}(k,\xi_e) & l=k \text{ 且 } \xi_e = \xi_1 \\ R_{cw'}(k,\xi_e) & l \neq k \text{ 或 } \xi_e \neq \xi_1 \end{cases} \qquad (3.45)$$

式中

$$R_{cw'}(k,\xi_e) = \sum_{n=0}^{N_p-1} w(n+k) c^*(n) e^{-j2\pi(n+k)\xi_e}$$

由式(3.45)看出,最大值出现在 $l=k$ 且 $\xi_e = \xi_1$ 时。因为直达波的延时为 0,所以 $|h(0)| = \max_l |h(l)|$,并且 $\Delta f = 0$ 时出现最大的 $\boldsymbol{R}_{yc}(0)$。CFO 补偿之后,最大相关峰变为

$$\boldsymbol{R}_{yc}(0) = \boldsymbol{h}_1(0) \sum_{n=0}^{N_p-1} |c(n)|^2 = \boldsymbol{h}_1(0) \qquad (3.46)$$

可以看到,利用 PN 序列的相关性,可在峰值位置确定 CSI 和 CFO 信息。另外,需要注意的是:在多径相对稀疏的情况下,可用式(3.45)批处理的方法直接估计 CSI 和 CFO;在多径较多的环境下,多个相对小的峰值可能会掩盖最大峰值[20]。在这种情况下,可用顺次估计最大峰值,得到 CSI 和 CFO 值,并用迭代相消方法依次消除每个杂波[25]。下面分析一般的利用 OFDM 信号特性和信道状

态信息的直达波重构和杂波相消方法。

### 3.3.6.2 直达波重构和杂波相消

DTTB 信号帧由帧头和帧体部分组成,因此以信号帧为单元分段估计 CSI、CFO 和直达波,提高信道慢时变情况下的估计精度。具体步骤如下:

(1) 对 CFO 进行补偿。当估计 CFO $\hat{\xi}_1 = \xi_1$ 时,接收信号变为

$$
\boldsymbol{y}_1(n) = \boldsymbol{y}(n) e^{-j2\pi n \xi_1}
$$

$$
= \sum_{l=0}^{N_p-1} \boldsymbol{h}_1(l) \boldsymbol{x}(n-l) + \sum_{l=1}^{N_p-1} \boldsymbol{h}_2(l) \boldsymbol{x}(n-l) e^{j2\pi n \xi_{1d}} + \boldsymbol{w}(n) e^{-j2\pi n \xi_1}
$$

$$(3.47)$$

(2) 对首个信号帧 $\boldsymbol{y}_1$ 和 $\hat{\boldsymbol{h}}_1$ 分别进行 $N$ 点 FFT,相除得到频域直达波,然后 $N$ 点 IFFT 得到其时域形式,即

$$
\{\tilde{\boldsymbol{s}}_1\}_{n=0}^{N-1} = \mathrm{IFFT}\left[\frac{\mathrm{FFT}_N(\{\boldsymbol{y}_1\}_{n=0}^{N-1})}{\mathrm{FFT}_N(\{\hat{\boldsymbol{h}}_1\}_{n=0}^{M-1})}\right]
$$

$$(3.48)$$

式中: $\hat{\boldsymbol{h}}_1$ 为 $\boldsymbol{h}_1$ 的估计; $N$ 为信号帧长度。

(3) 重复步骤(2)估计 $\tilde{\boldsymbol{s}}_k (k = 1, \cdots, N_0, N_0$ 是符号块个数),恢复直达波 $\tilde{\boldsymbol{s}} = [\tilde{\boldsymbol{s}}_1, \tilde{\boldsymbol{s}}_2, \cdots, \tilde{\boldsymbol{s}}_{N0}]$。

(4) 直达波恢复之后,用估计的 $\hat{h}_1(l)$ 和 $\hat{s}(n)$ 进行杂波相消,即

$$
\hat{y}_1(n) = y_1(n) - \sum_{l=0}^{L-1} \hat{h}_1(l) \hat{s}(n-l)
$$

$$(3.49)$$

式中: $\hat{y}_1(n)$ 为相消的剩余目标回波信号和噪声的混合。

应该注意,利用少量 PN 序列的自相关特性,并没有办法得到目标回波信号的信道脉冲响应。因为杂波信噪比比较高,在得到直达波 $\hat{s}_2$ 的频域形式之后,利用调制解调信号的硬判决或软判决,也能获得误码率比较低的直达波信号。在式(3.49)中估计的 $\hat{h}_1(n)$ 和 $\hat{s}(n)$ 都不包含目标回波信号信息,因此剩余的是目标回波信号和噪声的混合信号。

### 3.3.7 DTMB 实测信号时频特性

使用图 3.47 数字化接收机对合肥当地的 43 频道(合肥公共数字电视)进行采集分析,其频率范围 750~758MHz。发射机总功率为 1kW。

为了进一步了解数字电视信号的频谱稳定性,对采集数据分析了数字电视

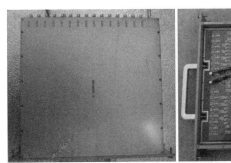

图 3.47　750MHz 多通道数字电视信号接收机前端及数字化分机（见彩图）

信号的瞬时带宽变化情况,选择 10 个时间点,计算各点瞬时带宽变化情况。数字电视信号瞬时带宽计算结果如图 3.48 所示。

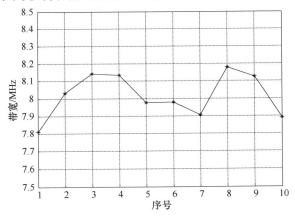

图 3.48　数字电视信号瞬时带宽

可以看到,DTMB 信号的瞬时带宽较宽且稳定,在理论上可以获得更高的距离分辨力以及高性能、高稳定度的杂波对消性能(图 3.49)。

但是,数字电视信号的调制复杂性使得其模糊函数是相对复杂的。我们主要对不同时频区间的模糊函数进行了比较。图 3.50 是较大区域(时延维 ±1.2ms、多普勒频率维 ±4000Hz)的模糊函数图投影。

由图 3.50 可见,存在大量的同步导频信号的副峰干扰。具有频移的副峰电平中,大于 3600Hz 的 DTMB 固定导频最大副峰小于 −15dB(相对主峰);在 893Hz 及其谐波处的副峰小于 −27.5dB。图 3.51 是该区域各副峰的频率分布。

根据分析,当目标速度在 2 倍声速( −600 ~ 600m/s )以内时,仍然会受到一系列副峰及其谐波的影响。通过识别出目标回波中谐波副峰,是缓解目标模糊

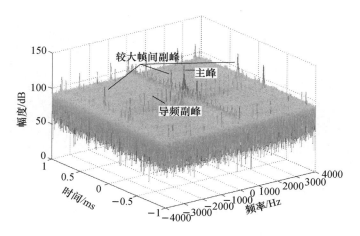

图 3.49　DTMB 实测信号模糊函数(见彩图)

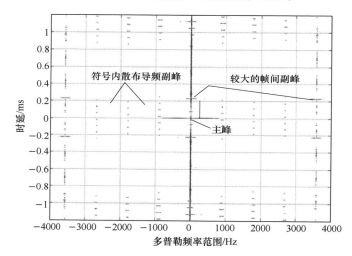

图 3.50　时延维 ± 1.2ms 和多普勒频率维 ± 4000Hz 的模糊函数

的一种手段,但是在多目标环境,尤其是目标间回波的大小差异和信号起伏,会造成错判和漏警。

　　图 3.52 将坐标轴转换为距离和速度,观察近距离低速区的模糊函数特性。

　　缩小到 - 400 ~ 400m/s 速度区域范围,导频副峰在频率上等间隔距离 893Hz,相当于速度间隔 178.6m/s(波长 0.4m)。并且离散副峰干扰是倾斜的,通过逐帧观测,副峰在频道内沿距离缓慢移动。零速距离上主要副峰是 224μs 有效数据帧的副峰影响目标探测。

　　针对各种导频扩散副峰,必须通过先验知识在信号处理时予以提取填零,或者采用"模板"方式逐帧在相应区域剔除。

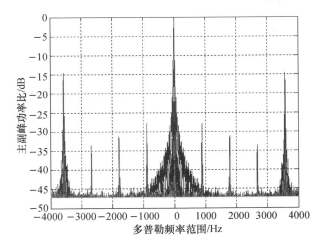

图 3.51　副峰的频率分布（见彩图）

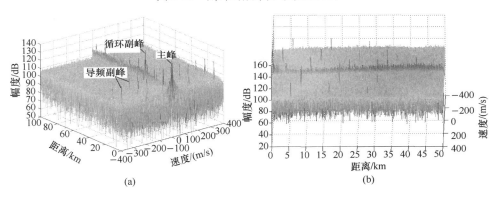

图 3.52　模糊函数（±400m/s,0～100km）（见彩图）

## 3.3.8　DTMB 实测信号直达波对消

为了更好地分析实际环境下的数字电视信号自适应对消的效果,对连续采集的 10 组数据进行了对消试验,如图 3.53 和图 3.54 所示。

针对高采样率的数字电视信号,由于信号本身的稳定性,收敛处理速度相对较快。数字电视信号的对消比更加稳定,这与理论分析相符。数字电视信号的平均对消比为 43dB,多组数据的对消比归一化均方误差为 3.56%。

采用实际接收的信号来分析目标回波、直达波和地物杂波信号。虽然目标回波和杂波位于不同的多普勒单元,但是杂波较强,即使是杂波的副瓣也高于目标回波的主瓣。所以在进行多普勒脉压前必须进行杂波抑制,在抑制杂波主瓣的同时压低副瓣,使剩余杂波的副瓣低于信号回波的主瓣。

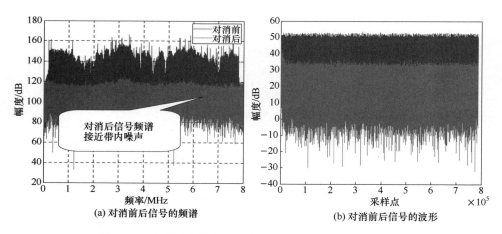

(a) 对消前后信号的频谱      (b) 对消前后信号的波形

图 3.53    试验系统数字电视波段直达波对消结果(见彩图)

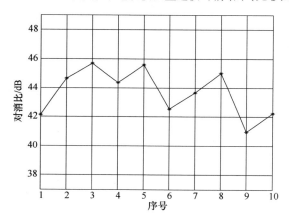

图 3.54    数字电视信号对消比

    由图 3.55 可见,虽然多普勒零通道上地物杂波很强,对消抑制了近区的地物杂波,在对消器对应的距离范围上留下了一条"沟"。该区域主要覆盖一定范围的强地物杂波和直达波多径。对消明显降低了杂波副瓣电平,能够检测到目标回波,如图 3.56 所示。

    在外辐射源雷达的接收信号中除包含目标回波信号,还包含直达波和多径,因此外辐射源雷达信号处理的关键是基于参考信号的杂波相消能力。

    另外,OFDM – SFN 外辐射源雷达系统的技术难点在于多个基站同时发送同频信号,接收目标回波信号是各基站的直达波和多径的叠加信号(信道和信号的卷积),极有可能产生大时延扩展(如最大时延阶数 $L$ 大于超过保护间隔长度),使得杂波相消运算量急剧增加。并且在 SFN 中,多径信号成倍增加,直达波的提取也更加困难。

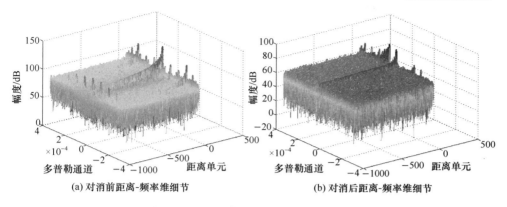

(a) 对消前距离-频率维细节　　　　　(b) 对消后距离-频率维细节

图 3.55　DTMB 信号相关副峰图(见彩图)

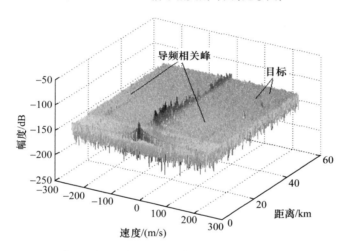

图 3.56　实测目标通道对消后剩余副峰与目标回波图(见彩图)

## 参考文献

[1] Aaron E. Analysis of an LTE Waveform for Radar Applications[C]. 2014 IEEE Radar Conference Proceedings, Cincinnati, OH: IEEE, 2014.

[2] Baker C J, Griffiths H D, Papoutsis I. Passive coherent location radar systems. Part 2: Waveform properties[J]. IEE Proceedings – Radar, Sonar and Navigation, 2005, 152(3): 160 – 168.

[3] 曾兴雯, 刘乃安, 陈健. 高频电路原理与分析[M]. 西安: 西安电子科技大学出版社, 2001.

[4] 赵洪立, 王俊, 保铮. 副载波对调频广播信号频谱和模糊函数图的影响[J]. 电子学报, 2004, 32(3): 458 – 471.

［5］卢开旺，杨杰，张良俊. 基于 OFDM 信号的外辐射源雷达杂波信道估计［J］. 现代雷达，2014，36（3）：23－27.

［6］高志文，陶然，单涛. DVB－T 辐射源雷达信号模糊函数的副峰分析与抑制［J］. 电子学报，2008，36（3）：505－509.

［7］Radmard M，Bastani M，Behnia F，et al. Advantages of the DVB－T signal for passive radar applications［C］. 2010 International Radar symposium，Vilnius，Lithuania：IEEE，2010.

［8］Radmard M，Behnia F，Bastani M. Cross ambiguity function analysis of the '8k－mode' DVB－T for passive radar application［C］. 2010 IEEE Radar Conference，Washington DC：IEEE，2010.

［9］Saini R，Cherniakov M. DTV signal ambiguity function analysis for radar application［J］. IEE Proceedings Radar，Sonar and Navigation. 2005，152（3）：133－142.

［10］万显荣，岑博，程丰，等. 基于 CMMB 的外辐射源雷达信号模糊函数分析与处理［J］. 电子与信息学报，2011，33（10）：2489－2493.

［11］Kulpa K，Malanowski M. The concept of simple MIMO PCL radar［C］. European Radar Conference，Amsterdam：IEEE，2008.

［12］Wang J T，Song J，Wang J，et al. A general SFN structure with transmit diversity for TDS－OFDM system［J］. IEEE Transactions on Broadcasting，2006，52（2）：245－251.

［13］中国人民共和国广播电影电视行业标准移动多媒体广播第 1 部分：广播信道帧结构信道编码和调制 CY/T 220.1－2006［S］. 北京：国家广播电影电视总局，2006.

［14］张各各. 基于盲方法的外辐射源雷达目标探测研究［D］. 西安：西安电子科技大学，2013.

［15］Harms H A，Davis L M，Palmer J. Understanding the signal structure in DVB－T signals for passive radar detection［C］. IEEE Radar Conference，Washington，DC：IEEE，2010.

［16］Hou－Shin C，Wen G，Daut D G. Spectrum sensing for OFDM systems employing pilot tones ［J］. IEEE Transactions on Wireless Communications，2009，8（12）：5862－5870.

［17］Coleri S，Ergen M，Puri A，et al. Channel estimation techniques based on pilot arrangement in OFDM systems［J］. IEEE Transactions on Broadcasting，2002，48（3）：223－229.

［18］张各各，王俊，刘玉春. 一种基于中国 DTTB 照射源的外辐射源雷达快速杂波相消算法 ［J］. 电子与信息学报，2013，35（1）：36－40.

［19］Wang J，Yang Z X，Pan C Y，et al. Iterative padding subtraction of the PN sequence for the TDS－OFDM over broadcast channels［J］. IEEE Transactions on Consumer Electronics，2005，51（4）：1148－1152.

［20］Tang S，Peng K，Gong K，et al. Robust frame synchronization for Chinese DTTB system［J］. IEEE Transactions on Broadcasting，2008，54（1）：152－158.

［21］石峰，胡登鹏，王晨，等. 一种基于 PN 序列加权前导的自适应 OFDM 符号同步算法 ［J］. 电子与信息学报，2011，33（5）：1166－1171.

［22］数字电视地面广播传输系统帧结构，信道编码和调制［S］. 北京：中国国家标准出版社，2006.

［23］Wang Z, Ma X, Giannakis G B. OFDM or single – carrier block transmissions［J］. IEEE Transactions on Communications, 2004, 52(3)：380 – 394.

［24］Griffiths H D, Baker C J. Passive coherent location radar systems. Part 1：Performance prediction［J］. IEE Proceedings – Radar, Sonar and Navigation, 2005, 152(3), 153 – 159.

［25］马逸新, 姜永权. 一种循环前缀为 PN 序列的 OFDM 信道估计算法［J］. 信息技术, 2006, 30(9), 48 – 51.

# 第 ❹ 章
# 外辐射源雷达信号处理技术

外辐射源雷达为了实现目标检测,采用无源相干处理技术。对目标回波信号的相干接收的关键是相干基准信号(参考信号)。常规有源雷达的发射样本是确定和已知的。而对于外辐射源的发射信号,有两条途径获得相干基准信号:一是直接由发射台利用电缆、光纤或其他手段获得发射样本信号;二是利用一个附加的接收天线直接接收空间传播的发射信号。前者基准信号纯度好,能够实现良好的相干接收,但实现方式受到客观因素限制。后者的实现方法虽然简单,但是空间开路接收的多径信号以及电磁干扰环境造成整体性能的恶化。

本章主要介绍外辐射源雷达信号处理的基本原理、功能以及工程实现的实际问题。4.1 节阐述无源相干处理的信号模型,分析匹配滤波处理的性能,从结果可以看出实现无源相干处理必须包括直达波抑制和距离 – 多普勒处理两个主要过程。4.2 节到 4.4 节,从时域、空域和接收机的频率域,讨论直达波抑制技术 。4.5 节从理论层面上分析目标信道与参考信道一致性对直达波对消性能的影响。4.6 节详细讨论距离 – 多普勒处理的工程实现方法。4.7 节针对模拟电视图像信号的距离模糊问题,讨论失配滤波处理。4.8 节结合外辐射源雷达长时积累的优势,探讨在目标微多普勒特征检测方面的应用。4.9 节和 4.10 节简要介绍实时信号处理的硬件实现。

外辐射源雷达面临的干扰与实际环境紧密相关,单一的处理方法有时很难实现有效干扰抑制。本章将从时域、频域以及空域三个维度,系统阐述外辐射源雷达干扰抑制技术,给出不同干扰抑制方法的应用背景,并对干扰抑制效果进行仿真分析。

## ▌ 4.1 匹配滤波模型

外辐射源雷达主要利用参考信号与目标回波进行相关处理,实现目标检测和参数测量。因此,系统中除用以接收目标回波(同时伴有直达波和杂波)的天线和接收装置外(称为目标回波通道),还设有独立的辅助天线以及对应的接收通道,用以接收外辐射源的直达波作为参考信号(称为参考通道)。

目标回波通道和参考通道的基带信号经数字化后可表示为[1]

$$\begin{cases} s_{\text{ref}}(n) = \gamma_0 s(n) + n_1 \\ s_{\text{echo}}(n) = \beta_0 s(n) + \beta_1 s(n-t_1) e^{-jf_{d1}t} + n_2 \end{cases} \tag{4.1}$$

式中:$s(n)$为发射信号;$s_{\text{ref}}$、$s_{\text{echo}}$分别为参考信号和回波信号;$\beta_0$、$\beta_1$分别为回波通道接收到的目标复振幅和直达波的复振幅(一般情况下$\beta_0 \ll \beta_1$);$\gamma_0$为参考通道接收到的直达波信号的复振幅;$t_1$、$f_{d1}$分别为目标的时延和多普勒频率;$n_1$和$n_2$分别为参考通道和回波通道的噪声。

将参考通道信号与目标回波信号的两维相关处理,估计出目标的距离和以及多普勒频移,即

$$|M(\tau, f_{\text{d}})|^2 = \left| \frac{1}{N} \sum_{n=1}^{N} s_{\text{echo}}^{*}(n) s_{\text{ref}}(n+\tau) e^{-jf_d n} \right|^2 \tag{4.2}$$

式中:$N$为有效采样点数,$N = BT$($B$、$T$分别为信号带宽和相干积累时间)。

式(4.2)实质上是以直达波信号构建了匹配滤波器系数,对目标回波进行匹配滤波的过程。将滤波结果以时延和多普勒两维变量进行表示,输出即回波与发射信号的互相关函数。

下面,以常用的民用调频广播信号为例,分析式(4.2)所得到的滤波性能。

为简便分析,暂不考虑两个通道内独立同分布的噪声$n_1$和$n_2$的影响。

调频广播信号具有较短的自相关时间,研究[1]表明 FM 信号在大于 1ms 的相关时间就近似理想的噪声源。因此可假设 FM 发射信号是具有零均值、方差为$\sigma_s^2$的高斯白噪声,则其模糊函数具有如下特性:

$$E\{\chi(\tau, f_{\text{d}})\} = \frac{1}{N} \sum_{n=1}^{N} E\{s(n)s^{*}(n+\tau) e^{-jf_d n}\}$$

$$= \begin{cases} \sigma_s^2 & (\tau, f_{\text{d}}) = (0,0) \\ 0 & \text{其他} \end{cases} \tag{4.3}$$

$$E\{|\chi(\tau, f_{\text{d}})|^2\} = \begin{cases} \left[1 + \dfrac{1}{N}\right]\sigma_s^4 & (\tau, f_{\text{d}}) = (0,0) \\ \dfrac{1}{N}\sigma_s^4 & \text{其他} \end{cases} \tag{4.4}$$

由式(4.2)~式(4.4)可得

$$E\{|M(\tau, f_{\text{d}})|^2\} = |a|^2 E\{|\chi(\tau, f_{\text{d}})|^2\} + |b|^2 E\{|\chi(\tau-t_1, f_{\text{d}}-f_{d1})|^2\}$$

$$
= \begin{cases}
\left[ \mid a \mid^2 + \dfrac{\mid a \mid^2 + \mid b \mid^2}{N} \right] \sigma_s^4 & (\tau, f_d) = (0,0) \\[3mm]
\left[ \mid b \mid^2 + \dfrac{\mid a \mid^2 + \mid b \mid^2}{N} \right] \sigma_s^4 & (\tau, f_d) = (t_1, f_{d1}) \\[3mm]
\dfrac{\mid a \mid^2 + \mid b \mid^2}{N} \sigma_s^4 & \text{其他}
\end{cases}
\tag{4.5}
$$

式中：$a = \gamma_0 \beta_0^*$；$b = \gamma_0 \beta_1^* \mathrm{e}^{-\mathrm{j} f_{d1} \tau}$。

对式(4.5)进行归一化处理，可得

$$
E\{ \mid M_1(\tau, f_d) \mid^2 \} = E\left\{ \mid M(\tau, f_d) \mid^2 \Big/ \left( \left[ \mid a \mid^2 + \dfrac{\mid a \mid^2 + \mid b \mid^2}{N} \right] \sigma_s^4 \right) \right\}
$$

$$
= \begin{cases}
1 & , (\tau, f_d) = (0,0) \\[3mm]
\left( \mid b \mid^2 + \dfrac{\mid a \mid^2 + \mid b \mid^2}{N} \right) \Big/ \left( \mid a \mid^2 + \dfrac{\mid a \mid^2 + \mid b \mid^2}{N} \right) & , (\tau, f_d) = (t_1, f_{d1}) \\[3mm]
\left( \dfrac{\mid a \mid^2 + \mid b \mid^2}{N} \right) \Big/ \left( \mid a \mid^2 + \dfrac{\mid a \mid^2 + \mid b \mid^2}{N} \right) & , \text{其他}
\end{cases}
$$

$$
\tag{4.6}
$$

由 $\beta_0 \ll \beta_1$ 可得 $\mid a \mid^2 \ll \mid b \mid^2$，且由于 FM 广播辐射源全向发射，发射天线增益较低，因此采用长的相干积累时间，即 $N$ 很大，则式(4.6)的副瓣电平和直达波处的峰值分别为

$$
E\{ \mid M_1(\tau, f_d) \mid^2 \} \approx \frac{1}{N+1} \approx \frac{1}{T \times B} ((\tau, f_d) \neq (0,0), (\tau, f_d) \neq (\tau_1, f_{d1}))
$$

$$
\tag{4.7}
$$

$$
E\{ \mid M_1(\tau_1, f_{d1}) \mid^2 \} = \frac{\mid b \mid^2}{\mid a \mid^2} + \frac{1}{T \times B} \approx \frac{\mid \beta_1 \mid^2}{\mid \beta_0 \mid^2}
\tag{4.8}
$$

式中：$\mid \beta_1 \mid^2 / \mid \beta_0 \mid^2$ 表示目标回波与直达波功率比(SDR)。

式(4.6)～式(4.8)表明：目标回波经过匹配滤波处理后，在距离－多普勒二维平面上的峰值与积累时间以及 SDR 有关，当积累时间足够大时，峰值大小便趋于 SDR，因此外辐射源雷达目标检测的关键主要在于提高 SDR，即尽量抑制目标探测通道内的直达波干扰功率。

## ◪ 4.2 时域直达波及干扰抑制技术

基于参考通道和目标回波通道强相关特性，时域自适应滤波处理是外辐射源雷达抑制强直达波的主要措施之一。图 4.1 给出了自适应对消器的原理框

图,图中 $\boldsymbol{x}(n)$ 表示第 $n$ 时刻参考通道输入信号矢量,$\boldsymbol{\omega}(n)$ 表示自适应滤波器的权矢量,$\boldsymbol{d}(n)$ 表示回波通道的输入信号矢量,$\boldsymbol{e}(n)$ 表示误差矢量,$y(n)$ 表示滤波器输出,$M$ 表示滤波器阶数。则有

$$\begin{cases} \boldsymbol{x}(n) = \left[ x(n), x(n-1), \cdots, x(n-M+1) \right]^{\mathrm{T}} \\ \boldsymbol{\omega}(n) = \left[ \omega(n), \omega(n-1), \cdots, \omega(n-M+1) \right]^{\mathrm{T}} \\ \boldsymbol{d}(n) = \left[ d(n), d(n-1), \cdots, d(n-M+1) \right]^{\mathrm{T}} \\ \boldsymbol{e}(n) = \left[ e(n), e(n-1), \cdots, e(n-M+1) \right]^{\mathrm{T}} \\ \boldsymbol{y}(n) = \left[ y(n), y(n-1), \cdots, y(n-M+1) \right]^{\mathrm{T}} \end{cases} \tag{4.9}$$

自适应滤波器的输出信号 $\boldsymbol{y}(n)$ 是对期望信号 $\boldsymbol{d}(n)$ 进行估计,滤波器系数受误差信号 $\boldsymbol{e}(n)$ 的控制并自行调整,使 $\boldsymbol{y}(n)$ 的估计值等于所期望的响应$\boldsymbol{d}(n)$,从而实现对直达波的抑制。

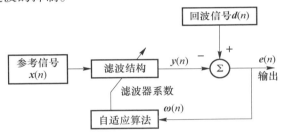

图 4.1　自适应对消器原理框图

LMS 算法和递归最小二乘(RLS)算法都是经典的自适应滤波算法。其中,LMS 算法是使滤波器的输出信号与期望信号之间的均方误差最小,而 RLS 算法是使估计误差的加权平均和最小。LMS 运算量与对消阶数成比例,具有计算量小、结构简单易于实现的优点。缺点是收敛速度慢。在直达波及多径干扰信号变化相对较大的环境下,基于平稳假设的维纳滤波器不再适用,跟踪性能差的LMS 滤波器、NLMS 滤波器也不再适用,需要采用跟踪性能更好的自适应滤波算法,如 RLS 算法。

## 4.2.1　LMS 对消器

对于图 4.2 所示的横向自适应滤波器[2],滤波器设计的最小均方误差准则是使期望响应 $\boldsymbol{d}(n)$ 和滤波器输出信号 $y(n) = \boldsymbol{\omega}(n)^{\mathrm{H}} \boldsymbol{x}(n)$ 之间误差的均方值 $E\left[ \left| e(n) \right|^2 \right]$ 最小。

令 $e(n) = d(n) - \boldsymbol{\omega}^{\mathrm{H}} \boldsymbol{x}(n)$,表示滤波器在 $n$ 时刻的估计误差,定义均方误差

$$J(n) = E\left\{ \left| e(n) \right|^2 \right\} = E\left\{ \left| d(n) - \boldsymbol{\omega}^{\mathrm{H}} \boldsymbol{x}(n) \right|^2 \right\} \tag{4.10}$$

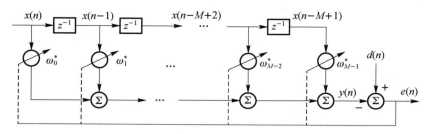

图 4.2　自适应横向滤波器原理

为代价函数,代价函数相对于滤波器权系数的梯度矢量可表示为

$$\nabla \boldsymbol{J}(n) = \left[ \frac{\partial J(n)}{\partial \omega_0(n)}, \frac{\partial J(n)}{\partial \omega_1(n)}, \cdots, \frac{\partial J(n)}{\partial \omega_M(n)} \right]^{\mathrm{T}}$$
$$= -2r + 2\boldsymbol{R}\boldsymbol{\omega}(n) \tag{4.11}$$

式中

$$\boldsymbol{R} = E\{\boldsymbol{x}(n)\boldsymbol{x}^{\mathrm{H}}(n)\}, \boldsymbol{r} = E\{\boldsymbol{x}(n)d^*(n)\}$$

用瞬时值代替式中的数学期望项,可得梯度矢量的估计值为

$$\hat{\nabla}\boldsymbol{J}(n) = -2[\boldsymbol{x}(n)d^*(n) - \boldsymbol{x}(n)\boldsymbol{x}^{\mathrm{H}}(n)\boldsymbol{\omega}(n)] \tag{4.12}$$

式中:$\hat{\nabla}\boldsymbol{J}(n)$ 为瞬时梯度。

广泛使用的自适应算法形式为下降算法,其权矢量的更新形式为

$$\boldsymbol{\omega}(n) = \boldsymbol{\omega}(n-1) + \mu(n)\boldsymbol{v}(n) \tag{4.13}$$

式中:$\boldsymbol{\omega}(n)$ 为第 $n$ 次迭代(第 $n$ 时刻)的权矢量;$\mu(n)$ 为第 $n$ 时刻的更新步长;$\boldsymbol{v}(n)$ 为第 $n$ 时刻的更新方向。

LMS 算法的下降算法采用最陡下降法,即更新方向矢量 $\boldsymbol{v}(n)$ 取第 $n-1$ 次迭代的代价函数 $J[\boldsymbol{\omega}(n-1)]$ 的负梯度。最陡下降法的统一形式为

$$\boldsymbol{\omega}(n) = \boldsymbol{\omega}(n-1) - \frac{1}{2}\mu(n)\nabla\boldsymbol{J}(n-1) \tag{4.14}$$

LMS 算法是用瞬时梯度矢量 $\hat{\nabla}\boldsymbol{J}(n-1)$ 代替真实梯度矢量 $\nabla\boldsymbol{J}(n-1)$,即

$$\boldsymbol{\omega}(n) = \boldsymbol{\omega}(n-1) + \mu(n)e^*(n)\boldsymbol{x}(n) \tag{4.15}$$

式中

$$e(n) = d(n) - \boldsymbol{\omega}^{\mathrm{H}}(n-1)\boldsymbol{x}(n)_\circ$$

式(4.15)所给算法即 LMS 算法,是 Widrow 在 20 世纪 60 年代初提出的。LMS 算法的计算流程如下:

(1) 初始化:$n = 0, \omega(0) = 0$。

(2) 更新,$n = 1, 2, \cdots$,时刻;

$$\begin{cases} e(n) = d(n) - \boldsymbol{\omega}^{\mathrm{H}}(n-1)\boldsymbol{x}(n) \\ \boldsymbol{\omega}(n) = \boldsymbol{\omega}(n-1) + \mu(n)e^*(n)\boldsymbol{x}(n) \end{cases} \tag{4.16}$$

基本 LMS 算法中,步长 $\mu(n)$ 为常数。由于 LMS 算法采用反馈的形式,存在稳定性问题,稳定性能取决于自适应步长参数 $\mu(n)$ 和输入信号矢量 $x(n)$ 的自相关矩阵 $\boldsymbol{R}$ 两个因素。为了使 LMS 算法收敛,必须使步长参数 $\mu(n)$ 满足

$$0 < \mu(n) < \frac{2}{\lambda_{\max}} \tag{4.17}$$

式中:$\lambda_{\max}$ 为自相关矩阵 $\boldsymbol{R}$ 的最大特征值。

步长 $\mu(n)$ 的大小决定算法的收敛速度和达到稳态的失调量的大小。对于常数的 $\mu(n)$ 值来说,收敛速度和失调量是一对矛盾:要想得到较快的收敛速度可选用大的 $\mu(n)$ 值,这将导致较大的失调量;如果要满足失调量的要求,则收敛速度将受到制约。因此,要根据实际情况来选择步长 $\mu(n)$。在实际应用中常采用归一化最小均方误差(NLMS)算法缩短自适应收敛过程,增加对消比。

NLMS 算法是将式固定步长 $\mu(n)$ 改成变步长 $\mu(n)$,其中

$$\mu(n) = \frac{1}{x^{\mathrm{H}}(n)x(n)} \tag{4.18}$$

则可得到 NLMS 算法为

$$\boldsymbol{\omega}(n) = \boldsymbol{\omega}(n-1) + \frac{1}{\boldsymbol{x}^{\mathrm{H}}(n)\boldsymbol{x}(n)}e^*(n)x(n) \tag{4.19}$$

式(4.19)中,步长 $\mu(n)$ 会使瞬时平方误差的变化量出现负值。为了控制失调量,考虑到基于瞬时平方误差的导数不等于均方误差求导数值,所以对归一化 LMS 滤波算法的更新迭代公式进行修改,增加两个参数即步长 $u$ 和 $\gamma$,得到改进的可变步长最小均方误差(VSSLMS)算法公式为

$$\boldsymbol{\omega}(n) = \boldsymbol{\omega}(n-1) + \frac{u}{\gamma + \boldsymbol{x}^{\mathrm{H}}(n)\boldsymbol{x}(n)}e^*(n)\boldsymbol{x}(n) \tag{4.20}$$

式中:步长 $u$ 是为了控制失调量;$\gamma$ 参数是为避免 $\boldsymbol{x}^{\mathrm{H}}(n)\boldsymbol{x}(n)$ 过小导致步长值太大而设置的。

此算法在大的误差范围内有快速收敛性,在小的误差范围内有较小的失调量,提高了对时变系统的跟踪性能且有较小的稳态失调量。但是,该算法易受独立噪声的影响。

为了解决收敛速度和稳态误差的矛盾,文献[2]提出标准可变步长最小均方误差(MVSSLMS)算法,该算法用 $e(n)$ 和 $e(n-1)$ 互相关的时间均值估计 $p(n)$ 的平方来控制步长更新,可使算法不受独立噪声的影响。迭代步长为

$$\begin{cases} p(n) = \beta p(n-1) + (1-\beta)e(n)e(n-1) \\ \mu(n+1) = \alpha\mu(n) + \gamma p^2(n) \end{cases} \tag{4.21}$$

式中:$\beta$ 用来控制收敛时间,$0 < \beta < 1$。$\mu(0) = \mu_{\max}$,$p(0) = \mu(0)$ 可以保证在自适应初始阶段有较快的收敛速率。

MVSSLMS 算法基本遵循的步长调整原则:在初始收敛阶段或未知系统参数发生变化时,自适应滤波器的权值与最优权值 $W^*$ 相差较大,故选取较大的步长 $\mu$,以便有较快的收敛速度和对时变系统的跟踪速度;而在算法接近收敛或收敛后,此时滤波器的权值接近最优权值 $W^*$,不管主输入端干扰信号有多大,都保持很小的调整步长 $\mu$,以求达到很小的稳态失调量。根据这一步长调整原则和上述各种变步长算法的优、缺点,文献[3]提出相对误差变步长最小均方误差(RESSLMS)算法,该算法在标准 LMS 算法的权系数更新中引入时变步长,根据归一化的当前误差 $e(n)$ 和上一步误差 $e(n-1)$ 的互相关来调节步长,该算法能有效地逼近最佳权系数值,不受独立噪声的影响。

RESSLMS 算法的步长更新表达式为

$$u(n+1) = \left( \gamma + \frac{\beta |e(n)| |e(n-1)|}{d^2(n)} \right) \times u_{\max} \qquad (4.22)$$

且

$$u(n+1) = \begin{cases} \alpha u_{\max} & u(n+1) > \alpha u_{\max} \\ u_{\min} & u(n+1) < u_{\min} \\ u(n+1) & \text{其他} \end{cases} \qquad (4.23)$$

式中:$0 < \alpha, \gamma < 1, \beta > 0$;$u_{\max}$ 和 $u_{\min}$ 的取值参照 VSSLMS 算法。

权系数递推公式为

$$W(n+1) = W(n) + u(n)e(n)X(n) \qquad (4.24)$$

上述几类变步长 LMS 自适应杂波对消算法中,直达波自适应对消滤波器的阶数均与杂波距离相关。当对消器阶数与杂波距离、收发基线相匹配时,对消性能能够保障。一般情况下,阶数通常取需要对消的最远距离杂波采样点数 2 倍以上。

相同的杂波距离、收发基线时,不同类型外辐射源的信号带宽差异很大,信号带宽与分辨距离单元数相关。信号带宽越大时,距离采样率也会越高。自适应对消滤波器的阶数的增加,使自适应对消的运算量大幅上升。

## 4.2.2 对消性能分析

### 4.2.2.1 LMS 算法对消性能

图 4.3 给出调频广播信号的 LMS 自适应滤波前后频谱图。分析结果表明,对消前杂波谱功率为 50dB 左右,而对消后剩余在 20dB 左右。

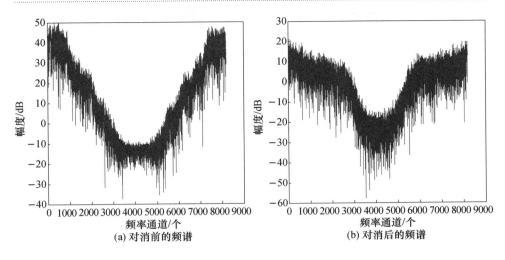

(a) 对消前的频谱      (b) 对消后的频谱

图 4.3   LMS 自适应滤波前后频谱图对比

## 4.2.2.2   LMS 算法与归一化 LMS 算法比较

对采集的大量数据进行分析和处理,可以看出非归一化 LMS 自适应滤波与改进的归一化 LMS 自适应滤波对直达波和多径的对消比是不同的。图 4.4 表示非归一化 LMS 自适应滤波的处理结果,其目标信杂比约为 9dB。图 4.5 表示改进的归一化 LMS 自适应滤波的处理结果,其目标信杂比约为 15dB。所以采用改进的归一化 LMS 自适应滤波与非归一化处理相比,对直达波和多径的抑制强 6dB 左右。

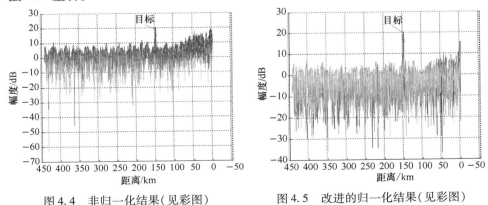

图 4.4   非归一化结果(见彩图)      图 4.5   改进的归一化结果(见彩图)

## 4.2.3   基于 RLS 算法的直达波抑制技术

LMS 运算量与对消阶数的一次方成正比,具有结构简单和运算量低的特点。缺点是收敛速度慢。当外辐射源直达波信号及多径干扰幅度的快速变化时,需要采用跟踪收敛速度快的自适应滤波算法。

### 4.2.3.1　RLS 算法原理

与一般的最小二乘方法的代价函数不同,RLS 算法中常用的是一种指数加权的最小二乘方法,即

$$J(n) = \sum_{i=0}^{n} \lambda^{n-i} \mid \varepsilon(i) \mid^2 \tag{4.25}$$

式中:加权因子 $0 < \lambda < 1$ 通常称作遗忘因子,其作用是对离 $n$ 时刻越近的误差加比较大的权重,而对离 $n$ 时刻比较远的误差加比较小的权重。换句话说, $\lambda$ 对各个时刻的误差具有一定的遗忘作用,故称为遗忘因子。从这个意义上讲, $\lambda = 1$ 相当于各个时刻的误差"一视同仁",即无任何遗忘功能。此时,指数加权的最小二乘方法退化为一般的最小二乘方法。反之,若 $\lambda = 0$ ,则只有现时刻的误差起作用,而过去时刻的误差完全被遗忘,不起任何作用。在非平稳环境中,为了跟踪变化的系统,这两个极端的遗忘因子值都是不合适的。

由于都是横向滤波器,具有相同的结构,因此 RLS 算法的估计误差类似于 LMS 算法,定义为

$$\varepsilon(i) = d(i) - \boldsymbol{\omega}^{\mathrm{H}}(n)\boldsymbol{X}(i) \tag{4.26}$$

对于任意时刻 $i < n$ 而言,估计误差的绝对值 $\mid d(i) - \boldsymbol{\omega}^{\mathrm{H}}(n)\boldsymbol{X}(i) \mid$ 总是比 $\mid d(i) - \boldsymbol{\omega}^{\mathrm{H}}(i)\boldsymbol{X}(i) \mid$ 小,故使用上述代价函数。加权误差估计平方和的完整表达式为

$$J(n) = \sum_{i=0}^{n} \lambda^{n-i} \mid d(i) - \boldsymbol{\omega}^{\mathrm{H}}(n)\boldsymbol{X}(i) \mid^2 \tag{4.27}$$

它是 $\boldsymbol{\omega}(n)$ 的函数,由 $\dfrac{\partial J(n)}{\partial \boldsymbol{\omega}} = 0$ ,易得 $\boldsymbol{R}(n)\boldsymbol{\omega}(n) = \boldsymbol{r}(n)$ ,则

$$\boldsymbol{\omega}(n) = \boldsymbol{R}^{-1}(n)\boldsymbol{r}(n) \tag{4.28}$$

式中

$$\boldsymbol{R}(n) = \sum_{i=0}^{n} \lambda^{n-i} \boldsymbol{X}(i)\boldsymbol{X}^{\mathrm{H}}(i), \boldsymbol{r}(n) = \sum_{i=0}^{n} \lambda^{n-i} \boldsymbol{X}(i)d^*(i)$$

根据定义,易得递推估计公式:

$$\boldsymbol{R}(n) = \lambda\boldsymbol{R}(n-1) + \boldsymbol{X}(n)\boldsymbol{X}^{\mathrm{H}}(n) \tag{4.29}$$

$$\boldsymbol{r}(n) = \lambda\boldsymbol{r}(n-1) + \boldsymbol{X}(n)d^*(n) \tag{4.30}$$

对式(4.29)的逆矩阵使用矩阵求逆引理,又可得逆矩阵 $\boldsymbol{P}(n) = \boldsymbol{R}^{-1}(n)$ 的递推公式:

$$\boldsymbol{P}(n) = \frac{1}{\lambda}\Big[\boldsymbol{P}(n-1) - \frac{\boldsymbol{P}(n-1)\boldsymbol{X}(n)\boldsymbol{X}^{\mathrm{H}}(n)\boldsymbol{P}(n-1)}{\lambda + \boldsymbol{X}^{\mathrm{H}}(n)\boldsymbol{P}(n-1)\boldsymbol{X}(n)}\Big]$$

$$= \frac{1}{\lambda}\big[\boldsymbol{P}(n-1) - \boldsymbol{k}(n)\boldsymbol{X}^{\mathrm{H}}(n)\boldsymbol{P}(n-1)\big] \tag{4.31}$$

式中:$\boldsymbol{k}(n)$ 为增益矢量,且有

$$\boldsymbol{k}(n) = \frac{\boldsymbol{P}(n-1)\boldsymbol{X}(n)}{\lambda + \boldsymbol{X}^{\mathrm{H}}(n)\boldsymbol{P}(n-1)\boldsymbol{X}(n)} \tag{4.32}$$

可以证明

$$\boldsymbol{P}(n)\boldsymbol{X}(n) = \frac{1}{\lambda}\big[\boldsymbol{P}(n-1)\boldsymbol{X}(n) - \boldsymbol{k}(n)\boldsymbol{X}^{\mathrm{H}}(n)\boldsymbol{P}(n-1)\boldsymbol{X}(n)\big]$$

$$= \frac{1}{\lambda}\Big[\boldsymbol{P}(n-1)\boldsymbol{X}(n) - \frac{\boldsymbol{P}(n-1)\boldsymbol{X}(n)}{\lambda + \boldsymbol{X}^{\mathrm{H}}(n)\boldsymbol{P}(n-1)\boldsymbol{X}(n)}\boldsymbol{X}^{\mathrm{H}}(n)\boldsymbol{P}(n-1)\boldsymbol{X}(n)\Big]$$

$$= \boldsymbol{k}(n) \tag{4.33}$$

另一方面,有

$$\boldsymbol{\omega}(n) = \boldsymbol{R}^{-1}(n)\boldsymbol{r}(n) = \boldsymbol{P}(n)\boldsymbol{r}(n)$$

$$= \frac{1}{\lambda}\big[\boldsymbol{P}(n-1) - \boldsymbol{k}(n)\boldsymbol{X}^{\mathrm{H}}(n)\boldsymbol{P}(n-1)\big]\big[\lambda\boldsymbol{r}(n-1) + d^{*}(n)\boldsymbol{X}(n)\big]$$

$$= \boldsymbol{P}(n-1)\boldsymbol{r}(n-1) + \frac{1}{\lambda}d^{*}(n)\big[\boldsymbol{P}(n-1)\boldsymbol{X}(n) - \boldsymbol{k}(n)\boldsymbol{X}^{\mathrm{H}}(n)\boldsymbol{P}(n-1)\boldsymbol{X}(n)\big]$$

$$- \boldsymbol{k}(n)\boldsymbol{X}^{\mathrm{H}}(n)\boldsymbol{P}(n-1)\boldsymbol{r}(n-1) \tag{4.34}$$

代入式(4.28)后,式(4.34)可写为

$$\boldsymbol{\omega}(n) = \boldsymbol{\omega}(n-1) + d^{*}(n)\boldsymbol{k}(n) - \boldsymbol{k}(n)\boldsymbol{X}^{\mathrm{H}}(n)\boldsymbol{\omega}(n-1) \tag{4.35}$$

经化简后,可得

$$\boldsymbol{\omega}(n) = \boldsymbol{\omega}(n-1) + \boldsymbol{k}(n)e^{*}(n) \tag{4.36}$$

式中:$e(n)$ 为先验估计误差,且有

$$e(n) = d(n) - \boldsymbol{X}^{\mathrm{T}}(n)\boldsymbol{\omega}^{*}(n-1) = d(n) - \boldsymbol{\omega}^{\mathrm{H}}(n-1)\boldsymbol{X}(n)$$

综上所述,可以得到 RLS 直接算法流程如下:

(1) 初始化:

$$\boldsymbol{\omega}(0) = \boldsymbol{0}, \boldsymbol{P}(0) = \delta^{-1}\boldsymbol{I}$$

式中:$\delta$ 其中是一个很小的值。

（2）更新：$n = 1, 2, \cdots$

$$e(n) = d(n) - \boldsymbol{\omega}^{\mathrm{H}}(n-1)\boldsymbol{X}(n)$$

$$\boldsymbol{k}(n) = \frac{\boldsymbol{P}(n-1)\boldsymbol{X}(n)}{\lambda + \boldsymbol{X}^{\mathrm{H}}(n)\boldsymbol{P}(n-1)\boldsymbol{X}(n)}$$

$$\boldsymbol{P}(n) = \frac{1}{\lambda}\left[\boldsymbol{P}(n-1) - \boldsymbol{k}(n)\boldsymbol{X}^{\mathrm{H}}(n)\boldsymbol{P}(n-1)\right]$$

$$\boldsymbol{\omega}(n) = \boldsymbol{\omega}(n-1) + \boldsymbol{k}(n)e^{*}(n)$$

RLS 算法的应用需要初始值 $\boldsymbol{P}(0) = \boldsymbol{R}^{-1}(0)$，在非平稳情况下，相关矩阵的表达式变为

$$\boldsymbol{R}(n) = \sum_{i=1}^{n} \lambda^{n-i}\boldsymbol{X}(i)\boldsymbol{X}^{\mathrm{H}}(i) + \boldsymbol{R}(0) \tag{4.37}$$

由于 $\lambda$ 的遗忘作用，自然希望 $\boldsymbol{R}(0)$ 在式中起的作用很少。考虑到这一点，一般用很小的单位矩阵来近似 $\boldsymbol{R}(0)$，即

$$\boldsymbol{R}(0) = \delta\boldsymbol{I} \tag{4.38}$$

式中：$\delta$ 是小的正数。

因此，$\boldsymbol{P}(0)$ 的初始值为

$$\boldsymbol{P}(0) = \delta^{-1}\boldsymbol{I} \tag{4.39}$$

式中：$\delta$ 是小的正数。

$\delta$ 值越小，$\boldsymbol{R}(0)$ 相关矩阵初始值 $\boldsymbol{R}(0)$ 在 $R(n)$ 的计算中所占的比例越小，这是人们所希望的；反之，$\boldsymbol{R}(0)$ 的作用就会突现出来，这是应该避免的。$\delta$ 的典型取值为 0.01 或更小。一般情况下，$\delta$ 取 0.01 与 0.001 时，RLS 算法给出的结果并没有明显的区别，但是取 $\delta = 1$ 将严重影响 RLS 算法的收敛速度以及收敛结果，这一点是 RLS 算法应该避免的。

### 4.2.3.2　RLS 算法性能

LMS 算法用误差输出的瞬时功率 $|\varepsilon_k|^2$ 的梯度来近似代替均方误差 $E[|\varepsilon_k|^2]$ 的梯度，而 RLS 算法是使一段时间内误差输出信号的平均功率达到最小。这种更为近似的代替使得 RLS 算法在对消性能方面优于 LMS 算法。RLS 算法的收敛速度快，但是 RLS 算法涉及矩阵求逆，计算量较大，一般为 $O(L^2N)$，其中，$L$ 为滤波器长度，$N$ 为数据长度。

通过对 LMS 算法和 RLS 算法性能的分析，LMS 算法以其计算简单而易实现，但为了满足算法收敛和稳态误差的要求值不能取太大，决定了收敛速度不快。而 RLS 算法对输入信号的自相关矩阵的逆进行递推估计更新。

下面用同样的一组数据来进行比较：图 4.6 是 LMS 算法对消前后的结果，图 4.7 是 RLS 算法对消前后的结果，从图中可以看出 RLS 算法相对于 LMS 算法提高近 7dB 的干扰抑制效果。从目标检测来看，通过两种方法进行目标检测后得到的结果如图 4.8 和图 4.9 所示，从两图中可以看出 RLS 算法相对于 LMS 算法提高 5dB 以上的信噪比。

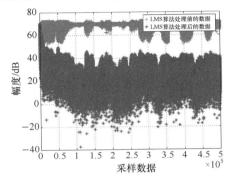

图 4.6　LMS 算法对消前后的信号（见彩图）　图 4.7　RLS 算法对消前后的信号（见彩图）

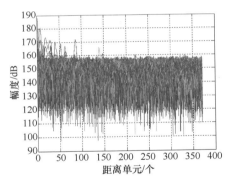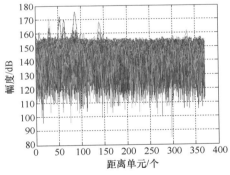

图 4.8　LMS 算法处理后的
目标信噪比（见彩图）

图 4.9　RLS 算法处理后的
目标信噪比（见彩图）

## 4.2.4　同频/邻频干扰抑制技术

### 4.2.4.1　同频/邻频干扰介绍

一般情况下，广播电视信号服务区的覆盖半径是有限的。为了保证广播电视的视听效果，避免广播电视信号的相互干扰，临近地域间一般采用不同的频率进行发射。根据广播电视发射的相关标准，间距满足同频和邻频保护率的情况下，可以采用相同或相邻的频率进行发射。

随着广播电视事业的发展，数字广播电视信号（如 DTMB、CMMB）等开始采用 SFN 方式,而且常规的模拟调频广播也可以采用同频同步广播方式。同步广播可以有效解决广播覆盖问题;但是对于外辐射源雷达系统而言,同步广播相当于多个不同方向的同频干扰,系统工作时需要抑制掉除主发射点之外其他所有的发射点的信号才能有效实现定位。

1)调频同步广播与同频干扰

同频网广播实际上是广播的同频异地发射,它是使用同一频率、相同的节目源,按照规定的发射功率要求,以相同频率多点同时同步发射的广播技术。同步广播系统整体指标要符合调频同步广播的行业标准 GY/T 154—2000《调频同步广播系统技术规范》。同步广播可解决单点大功率广播电视发射塔无法对大区域连续覆盖的问题。

目前,各省(市)在高速公路沿线均采用相同频率进行覆盖,就是最为典型的同频网广播系统。除了高速公路沿线,一些地形比较复杂的城市为了实现行政区域内的连续覆盖也广泛采用了同频网广播系统。

由于外辐射源雷达接收机灵敏度高,所以会经常受到同频邻频电台信号干扰。若不采取有效措施,干扰信号会严重削弱系统的探测性能,甚至造成系统无法正常工作。

图 4.10 为存在同频干扰时接收通道内分离出的信号频谱。

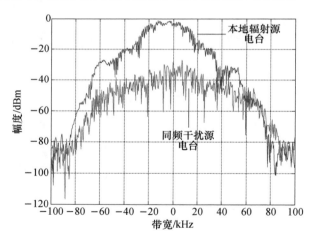

图 4.10　存在同频干扰时接收通道内分离出的信号频谱

2)邻频干扰

邻频电台干扰是指电台频率相邻,外辐射源雷达接收机的灵敏度远高于普通收音机和电视,在一些特定的条件下,系统会收到其他的邻频信号,造成对系统的干扰。图 4.11 为邻频干扰的信号功率谱图,图中本地电台邻频间隔

100kHz 电台。当干扰电台较强时,接收设备在一个频点内接收到两个叠加串扰的信号。

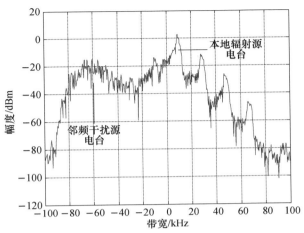

图 4.11　存在邻频干扰时的接收通道频谱

### 4.2.4.2　同频/邻频干扰对探测性能的影响

存在同频/邻频干扰情况下,目标回波通道和参考通道的接收信号分别为

$$\begin{cases} d_{\mathrm{c}}(t) = a_1 s(t) + a_2 r_1(t) + a_3 r_2(t) + n_{\mathrm{c}}(t) \\ x_{\mathrm{c}}(t) = b_1 r_1(t) + b_2 r_2(t) + n_x(t) \end{cases} \tag{4.40}$$

式中:$s(t)$ 为多普勒频率和时延分别为 $f_{\mathrm{d}}$ 和 $\tau$ 的动目标回波,$s(t) = r_1(t - \tau)$ $\mathrm{e}^{\mathrm{j}2\pi f_{\mathrm{d}} t}$;$r_1(t)$ 为所选择辐射源的直达波信号;$r_2(t)$ 为干扰源信号;$n_{\mathrm{c}}(t)$、$n_x(t)$ 分别为目标回波通道和参考通道内的噪声。

一般情况下,由于参考天线都具有一定的方向性,所以在式(4.40)中参考通道内的干扰信号 $b_2 r_2(t)$ 相对于系统所需信号 $b_1 r_1(t)$ 较弱。

为了便于分析干扰电台信号 $r_2(t)$ 在对消前后的差异,干扰电台信号 $r_2(t)$ 除进入回波通道输入端($d_j$ 端)外,还通过传递函数 $G(z)$ 的路径进入参考通道输入端($x_j$ 端),而选择辐射源的直达波信号 $r_1(t)$ 除了通过传递函数 $H(z)$ 进入 $x_j$ 端,还会进入 $d_j$ 端,如图 4.12 所示。

根据维纳滤波理论,非因果的维纳滤波器的传递函数为

$$H_{\mathrm{opt}}(z) = W^*(z) = \frac{\phi_{xd}(z)}{\phi_{xx}(z)} \tag{4.41}$$

在参考输入端存在干扰电台信号 $r_2(t)$ 时,自适应对消器的输出端的干扰电台信号分量将被对消掉一部分,被对消部分的大小用参量 $D(z)$ 表示。所以只要

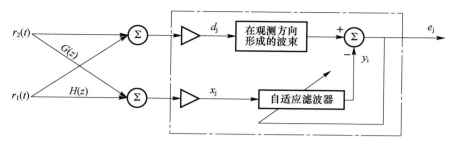

图 4.12  干扰电台信号对消效果分析框图

得出 $D(z)$，就可以得出干扰信号的最终对消剩余 $1 - D(z)$。

定义 $D(z)$ 等于 $y_j$ 端干扰电台信号 $r_2(t)$ 与阵面输入端干扰电台信号 $r_2(t)$ 的功率谱密度之比，即

$$D(z) = \frac{\phi_{r_2 r_2} |G(z)W^*(z)|^2}{\phi_{r_2 r_2}(z)} = |G(z)W^*(z)|^2 \tag{4.42}$$

因为自适应对消器输出的干扰电台信号 $r_2(t)$ 分量是原始阵面输入端的 $r_2(t)$ 分量与 $y_j$ 端的 $r_2(t)$ 分量之差，所以 $D(z)$ 越小，表示自适应对消器对消掉的干扰电台信号越少，并考虑到 $G(z)$ 实际上很小，可得

$$D(z) = \left| \frac{G(z)}{H(z)} \right|^2 \tag{4.43}$$

所以，只要 $G(z)$ 比 $H(z)$ 小得多，输出端的干扰电台信号被对消的部分相应就很少。为了更加直观、方便地由干扰信号能量大小来分析干扰信号最终对消剩余，定义

$$\begin{cases} \rho_d = \dfrac{\phi_{r_2 r_2}(z)}{\phi_{r_1 r_1}(z)} \\[3mm] \rho_x = \dfrac{\phi_{r_2 r_2}(z)|G(z)|^2}{\phi_{r_1 r_1}(z)|H(z)|^2} \end{cases} \tag{4.44}$$

式中：$\rho_d$ 为在阵面输入端干扰电台与本地电台的功率谱密度之比；$\rho_x$ 为在参考输入端干扰电台与本地电台的功率谱密度之比。所以 $D(z)$ 又可表示为

$$D(z) \approx \rho_x(z)/\rho_d(z) \tag{4.45}$$

由此可知，只要知道干扰电台信号在阵面输入端和参考输入端与本地电台的功率谱密度之比，就可以得出干扰电台信号在对消前后功率谱密度的变化。

根据实际情况，假设 $\rho_x = -25\mathrm{dB}$，$\rho_d = -10\mathrm{dB}$，那么在进行正常干扰对消情况下，$D(z) = 0.0316$，$1 - D(z) = 96.84\%$。由此可以看出，对消器对干扰电台信

号的抑制非常有限,干扰电台信号绝大部分的能量出现在自适应对消器的输出端($e_j$ 端)。

在这种条件下,近似认为对消后干扰电台信号没有损失,则对消剩余为

$$e_{rc}(t) = a_1 \cdot s(t) + a_2' \cdot r_1'(t) + a_3 \cdot r_2(t) + n_r(t) \tag{4.46}$$

图 4.13 和图 4.14 是在存在干扰电台信号的情况下,阵面信号在观测方向形成的波束在进行直达波对消后的对消剩余图。在对消剩余图中,可以清楚地看到入侵的邻频和同频干扰电台信号。

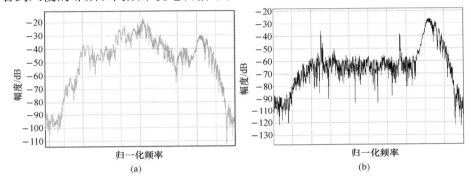

图 4.13　邻频干扰情况下对消剩余图

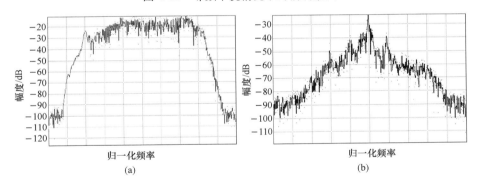

图 4.14　同频干扰情况下对消剩余图

这时,如果将对消剩余和参考信号进行相关处理,由于两个辐射源信号的不相关、参考信号 $r_1(t)$ 和其对消剩余 $r_1'(t)$ 不相关,则相关输出为

$$\phi_{x_c e_{rc}} \approx a_1 \cdot b_1 \cdot \phi_{r_1 s} + a_3 \cdot b_2 \cdot \phi_{r_2 r_2} \tag{4.47}$$

由式(4.47)不难发现,如果干扰电台信号的功率谱 $a_3 \cdot b_2 \cdot \phi_{r_2 r_2}$ 远大于目标信号的功率谱 $a_1 \cdot b_1 \cdot \phi_{r_1 s}$,目标信号就将被干扰电台所淹没,就无法检测到目标。在实际工程应用,这个条件是非常容易满足的。不难理解,目标信号是本地电台信号的二次回波,其功率与距离的四次方成反比。而干扰电台直达波信

号与距离的平方成反比,目标信号将远远小于干扰电台信号,尤其是对于处于探测系统远区的目标回波,这个条件就更容易被满足。在这种情况下进行检波,系统的性能受到了极大的削弱,严重时根本无法检测到目标。

### 4.2.4.3 二次对消技术

当主天线同时接收到直达波干扰和同频邻频干扰时,由于同频邻频干扰通常比直达波干扰小 10～20dB,若仍采用常规对消处理方法,自适应滤波器对干扰电台信号的抑制非常有限。干扰电台信号绝大部分的能量出现在滤波器的输出端,从而导致无法实现对目标侦测,因此系统采用多阶时域对消干扰消除同频邻频的影响。以图 4.15 所示的二阶对消为例说明工作原理。

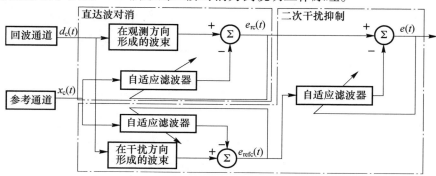

图 4.15　时域干扰抑制处理框图

首先确定干扰电台的方向。在将各个通道信号与参考信号对消后,根据对消剩余的干扰电台信号进行空域扫描,根据空域扫描结果确定入侵的干扰电台的方向。空域扫描结果如图 4.16 所示。

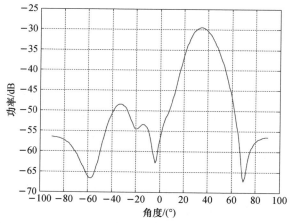

图 4.16　对 97.5MHz 调频信号消后的空域扫描弱多径干扰

在确定入侵的干扰电台的方向后,可在这个方向形成波束,并将这个波束与参考信号进行对消,即可获得干扰电台信号 $e_{\mathrm{refc}}(t)$。

同时,将阵面信号在观测方向形成的波束与参考信号进行对消,抑制掉本地电台的直达波信号,获得对消剩余 $e_{\mathrm{rc}}(t)$,这个过程与常规处理过程是一致的。

然后将在观测方向波束的对消剩余结果 $e_{\mathrm{rc}}(t)$ 与参考信号的对消剩余结果 $e_{\mathrm{refc}}(t)$ 再次进行对消处理,获得最终的对消输出,即

$$e(t) = a_1 s(t) + a_2' r_1'(t) + a_3' r_2'(t) + n_r(t) \qquad (4.48)$$

再将对消剩余 $e(t)$ 与参考信号 $x_c(t)$ 进行相关。由于本地电台信号和干扰电台信号不相关,所以 $\phi_{x_c e}$ 可表示为

$$\phi_{x_c e} = a_1 b_1 \phi_{r_1 s} + a_2' b_1 \phi_{r_1' r_1'} + a_3' b_2 \phi_{r_2' r_2'} \qquad (4.49)$$

由于本地电台信号 $r_1(t)$ 和其对消剩余 $r_1'(t)$ 不相关,干扰电台信号 $r_2(t)$ 和其对消剩余 $r_2'(t)$ 不相关,则 $\phi_{x_c e}$ 可进一步化简为

$$\phi_{x_c e} \approx a_1 b_1 \phi_{r_1 s} \qquad (4.50)$$

采用以二次对消技术为核心的时域干扰抑制方法,可有效地抑制干扰信号,取得较为满意的效果。

图 4.17(a)是阵面接收到的信号,可以看到明显的干扰信号;图 4.17(b)是一次直达波干扰抑制后的对消剩余,虽然抑制掉了本地很强的直达波,但是对同频干扰信号没有抑制效果;图 4.17(c)是二次对消后的对消剩余,这时明显抑制掉了同频的电台信号干扰,抑制了同频干扰。

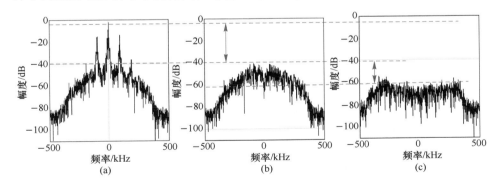

图 4.17　阵面接收、一次对消剩余和二次对消剩余功率谱(同频干扰)

图 4.18 为进行同频干扰抑制前后的相关积累输出,在进行干扰抑制后得到约 20dB 的改善,从而检测到了干扰信号淹没的目标回波。

图 4.19(a)是目标回波通道接收到的信号;图 4.19(b)是一次直达波干扰抑制后的对消剩余,虽然抑制掉了本地很强的直达波,但是对同频干扰信号没有

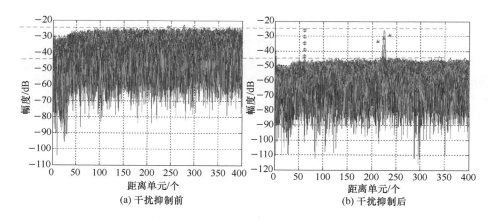

图 4.18　干扰抑制前后对比（见彩图）

抑制效果；图 4.19(c)是二次对消后的对消剩余。

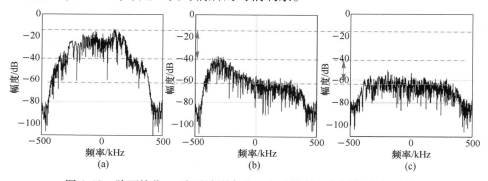

图 4.19　阵面接收、一次对消剩余和二次对消剩余功率谱（邻频干扰）

　　图 4.20 为进行邻频干扰抑制前后的相关积累输出，在进行干扰抑制后噪声平台下降约 20dB，从而检测到了被干扰信号淹没的目标回波。

　　采用时域二次对消算法，对同频邻频干扰有着明显的效果。但是，时域二次对消时，必须获取较为纯净的干扰抑制参考信号。

## 4.2.5　基于内插技术的多路径杂波相消技术

　　在外辐射源雷达系统中，如果数字处理的采样率较低，多径杂波到达时间不一定位于采样时刻。这时主、辅两个通道接收信号互相关系数减小，杂波抑制性能下降。采用基于内插技术的多路径杂波相消技术，在较低中频采样速率下，信号内插估计出对应若干倍中频采样速率的多径信号时延，等效提高了系统的采样速率。对低中频采样而言，该方法先进行分数采样间隔多径杂波到达时延估计，再进行杂波相消改善采样时延误差对杂波对消性能的限制。

　　对于多径迟延时间的估计问题，20 世纪 70 年代到 80 年代的研究工作集中

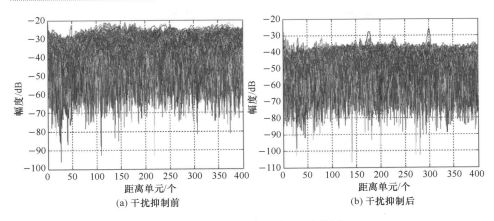

图 4.20　干扰抑制前后对比(见彩图)

在整数间隔到达时间的迟延估计上,如广义相关法、最大似然法等。后来 J. O. Smith、Friedlamder、Y. T. Cham 等人为了提高时延估计的准确性,引入了信号插值技术。信号内插的方法较多,下面以 sinc 函数内插为例进行说明。

设相对于采样频率,信号 $y(t)$ 为一带限信号,$T$ 为采样间隔,则有

$$y(nT + \tau) = \sum_{k=-\infty}^{\infty} \text{sinc}(\tau + kT) y(nT - k) \tag{4.51}$$

式中:$\text{sinc}(\cdot) = \dfrac{\sin[\pi(\cdot)/T]}{[\pi(\cdot)/T]}$;$\tau$ 为整数或分数迟延。

sinc 函数内插方法将分数延迟信号表示为该延迟时间附近整数延迟信号的线性加权和,加权系数由 $\text{sinc}(\tau + kT)$ 表示。因为 sinc 函数的渐近衰减性,$k$ 值并不需要从 $-\infty$ 取到 $+\infty$,在一定精度范围内对 $k$ 做一定的截断即可。设截断的长度为 $2P+1$,$T=1$,因此 $y(n)$ 可近似为

$$y(n + \tau) = \sum_{k=-P}^{P} \text{sinc}(k + \tau) y(n - k) \tag{4.52}$$

此时,$y(n)$ 的值即为信号采样点通过一个 FIR 滤波器,而该 FIR 滤波器系数即为 $\text{sinc}(k + \tau)$。所以采用 sinc 内插的时延估计问题变为对有限阶 FIR 滤波器系数的估计问题。

利用 LMS 算法,可以通过自适应学习得到时延 $\tau$ 的估计值 $\hat{\tau}$:

$$\hat{\tau}(n+1) = \hat{\tau}(n) - \mu \cdot \frac{\alpha e^2(n)}{\alpha \hat{\tau}(n)} = \hat{\tau}(n) - 2\mu e(n)(n-1)f(i - \hat{\tau}(n)) \tag{4.53}$$

式中:$f(v) = \dfrac{\cos(\pi v) - \text{sinc}(v)}{v}$;$\mu$ 为自适应步长;$e(n)$ 为误差函数,且有

$$e(n) = s(n) - \sum_{k=-p}^{p} \text{sinc}(k + \tau)s(n - k) \tag{4.54}$$

外辐射源雷达系统中,存在多径的情况下主天线接收信号模型为

$$\begin{cases} m(t) = s(t) + \sum_{i=1}^{P_1} B_{mi}s(t + \tau_{mi}) + n_1(t) \\ a(t) = s(t + \tau_0) + \sum_{k=1}^{P_2} B_{ak}s(t + \tau_{ak}) + n_2(t) \end{cases} \tag{4.55}$$

式中:$s(t)$为主天线接收到的直达波信号;$s(t + \tau_0)$为辅助天线接收到的直达波信号分量,$\tau_0$为直达波信号时延。

利用 sinc 内插公式,式(4.55)变为

$$m(k) = s(k) + \sum_{n=-\infty}^{\infty} \sum_{i=1}^{p_1} B_{mi}\text{sinc}(n - \tau_{mi})s(k - n) + n_1(k)$$

$$a(k) = \sum_{n=-\infty}^{\infty} \text{sinc}(n - \tau_0) + \sum_{n=-\infty}^{\infty} \sum_{i=1}^{p_1} B_{ai}\text{sinc}(n - \tau_{ai})s(k - n) + n_2(k)$$

$$\tag{4.56}$$

为了构造一个误差函数以得到 $\tau_{mi}$、$\tau_{ai}$、$\tau_0$ 的估值,将 $m(k)$ 和 $a(k)$ 做 $z$ 变换,求和符号中的卷积变为相乘关系,则有

$$M(z) = S(z)\left[1 + \sum_{i=1}^{p_1} \sum_{n=-\infty}^{\infty} B_{mi} \cdot \text{sinc}(n - \tau_{mi}) \cdot Z^{-n}\right] + N_1(z)$$

$$A(z) = S(z)\left[\sum_{n=-\infty}^{\infty} \text{sinc}(n - \tau_0)Z^{-n} + \sum_{i=1}^{p_2} B_{ai} \cdot \sum_{n=-\infty}^{\infty} \text{sinc}(n - \tau_{ai}) \cdot Z^{-n}\right] + N_2(z)$$

$$\tag{4.57}$$

将 $S(z)$ 项移至等式左边,并令两式相等,即可定义如下的误差函数:

$$e(k) = Z^{-1}\left\{ \begin{matrix} A(z) \cdot \left[1 + \sum_{i=1}^{p_1} \sum_{n=-p}^{p} \hat{B}_{mi}\text{sinc}(n - \hat{\tau}_{mi})Z^{-n}\right] \\ - M(z) \cdot \left[\sum_{n=-p}^{p} \text{sinc}(n - \hat{\tau}_0)Z^{-n} + \sum_{i=1}^{p_2} \hat{B}_{ai}\sum_{n=-p}^{p} \text{sinc}(n - \hat{\tau}_{ai})Z^{-n}\right] \end{matrix} \right\}$$

$$= a(k) + \sum_{i=1}^{p_1} \sum_{n=-p}^{p} \hat{B}_{mi}\text{sinc}(n - \hat{\tau}_{mi})a(k - n)$$

$$- \sum_{n=-p}^{p} \left[\text{sinc}(n - \hat{\tau}_0) \cdot m(k - n) - \sum_{i=1}^{p_2} \hat{B}_{ai}\sum_{n=-p}^{p} \text{sinc}(n - \hat{\tau}_{ai}) \cdot m(k - n)\right]$$

$$\tag{4.58}$$

式中：$\boldsymbol{Z}^{-1}$ 为逆 $Z$ 变换；"^"代表估值。

式（4.58）表明，$e(k)$ 可以看作将主天线及辅天线接收信号分别通过 $P_1 + P_2 + 1$ 个 FIR 内插滤波器。其传递函数为

$$\hat{u}(z) = \sum_{n=-p}^{p} \operatorname{sinc}(n - \hat{u}) Z^{-n} \tag{4.59}$$

式中：$\hat{u}$ 为待估计的 $P_1 + P_2 + 1$ 个时延参数。

令 $E\{e^2(k)\}$ 对每一个估值求全局最小，可得到如图 4.21 所示的时域多径相消结构：

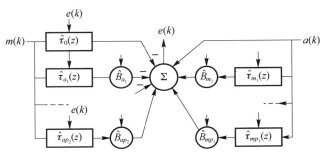

图 4.21　多径相消结构

利用最小均方自适应算法可得

$$\hat{\tau}_0(k+1) = \hat{\tau}_0(k) - \mu_{\tau_0} \frac{\alpha E[\boldsymbol{e}^2(k)]}{\alpha \hat{\tau}(k)}$$

$$= \hat{\tau}_0(k) - 2\mu_{\tau_0} \boldsymbol{e}(k) \sum_{n=-p}^{p} \boldsymbol{m}(k-n) f(n - \tau_0(k)) \tag{4.60}$$

$$\hat{\boldsymbol{B}}_{mi}(k+1) = \hat{\boldsymbol{B}}_{mi}(k) - \mu_B \frac{\alpha E[\boldsymbol{e}^2(k)]}{\alpha \hat{\boldsymbol{B}}_{mi}(k)}$$

$$= \hat{\boldsymbol{B}}_{mi}(k) - 2\mu_B \boldsymbol{e}(k) \sum_{n=-p}^{p} \operatorname{sinc}(n - \hat{\tau}_{mi}(k)) \boldsymbol{a}(k-n) \quad 1 \le i \le P_1 \tag{4.61}$$

$$\hat{\tau}_{mi}(k+1) = \hat{\tau}_{mi}(k) - \frac{\mu_\tau}{\hat{\boldsymbol{B}}_{mi}(k)} \cdot \frac{\alpha E[\boldsymbol{e}^2(k)]}{\alpha \hat{\tau}_{mi}(k)}$$

$$= \hat{\tau}_{mi}(k) - 2\mu_\tau \boldsymbol{e}(k) \cdot \sum_{n=-p}^{p} f(n - \hat{\tau}_{mi}(k)) \cdot \boldsymbol{a}(k-n)$$

$$1 \le i \le P_1 \tag{4.62}$$

$$\hat{\boldsymbol{B}}_{ai}(k+1) = \hat{\boldsymbol{B}}_{ai}(k) - \mu_B \frac{\alpha E[\boldsymbol{e}^2(k)]}{\alpha \hat{\boldsymbol{B}}_{ai}(k)}$$

$$= \hat{\boldsymbol{B}}_{ai}(k) - 2\mu_B \boldsymbol{e}(k) \cdot \sum_{n=-p}^{p} \text{sinc}(n - \hat{\tau}_{mi}(k)) \cdot \boldsymbol{m}(k-n)$$

$$1 \leqslant i \leqslant P_2 \tag{4.63}$$

$$\hat{\tau}_{ai}(k+1) = \hat{\tau}_{ai}(k) - \frac{\mu_\tau}{\hat{\boldsymbol{B}}_{mi}(k)} \frac{\alpha E[\boldsymbol{e}^2(k)]}{\alpha \hat{\tau}_{ai}(k)}$$

$$= \hat{\tau}_{ai}(k) - 2\mu_\tau \boldsymbol{e}(k) \sum_{n=-p}^{p} f(n - \hat{\tau}_{ai}(k)) \boldsymbol{m}(k-n) \qquad 1 \leqslant i \leqslant P_2 \tag{4.64}$$

设 $P_1 = P_2 = 1$，$P$ 足够大使得截断误差可以忽略不计，且信号功率远大于噪声功率，即 $\sigma_s^2 \geqslant \sigma_n^2$，则有下面的近似关系：

$$\boldsymbol{E}[\hat{\tau}_0(k+1)] \approx \boldsymbol{E}[\hat{\tau}_0(k)] - 2\mu_{\tau_0}(1 + \boldsymbol{B}_{m1}^2)\sigma_s^2 \boldsymbol{E}[f(\tau_0 - \hat{\tau}_0(k))]$$

$$\approx \boldsymbol{E}[\hat{\tau}_0(k)] - \frac{2}{3}\mu_{\mu_0}(1 + \boldsymbol{B}_{m1}^2)\sigma_s^2 \pi^2 \cdot \boldsymbol{E}[f(\hat{\tau}_0(k) - \tau_0)] \tag{4.65}$$

当选代步长 $\mu_{\tau_0}$ 满足

$$0 < \mu_{\tau_0} < \frac{3}{(1 + \boldsymbol{B}_{m1}^2)\sigma_s^2 \pi^2} \tag{4.66}$$

时，可得 $\hat{\tau}_0$ 估计的均值为

$$\boldsymbol{E}[\hat{\tau}_0(k)] \approx \tau_0 + (\hat{\tau}_0(0) - \tau_0)\left[1 - \frac{2}{3}\mu_{\tau_0}(1 + \boldsymbol{B}_{m_1}^2)\sigma_s^2 \pi^2\right]^k \tag{4.67}$$

同理可得

$$\boldsymbol{E}[\hat{\tau}_{m1}(k)] \approx \tau_{m1} + (\hat{\tau}_{m1}(0) - \tau_{m1})\left[1 - \frac{2}{3}\mu_\tau(1 + \boldsymbol{B}_{m1}^2)\sigma_s^2 \pi^2\right]^k \tag{4.68}$$

$$\boldsymbol{E}[\hat{\tau}_{a1}(k)] \approx \tau_{a1} + (\hat{\tau}_{a1}(0) - \tau_{a1})\left[1 - \frac{2}{3}\mu_\tau(1 + \boldsymbol{B}_{a1}^2)\sigma_s^2 \pi^2\right]^k \tag{4.69}$$

可以看出，高信噪比情况下对 $\hat{\tau}_0$、$\hat{\tau}_{m1}$、$\hat{\tau}_{a1}$ 的估计为无偏估计，因此稳态时对各个时延估计的稳态均方误差可近似为

$$\xi(\tau_0) = \lim_{k \to \infty} E\left[(\hat{\tau}_0(k) - \tau_0)^2\right] \approx \mu_{\tau_0} \cdot \sigma_{n'}^2 \qquad (4.70)$$

$$\xi(\hat{\tau}_{m1}) = \lim_{k \to \infty} E\left[(\hat{\tau}_{m1}(k) - \tau_{m1})^2\right] \approx \frac{\mu_B \cdot \sigma_{n'}^2}{\boldsymbol{B}_{m1}} \qquad (4.71)$$

$$\xi(\hat{\tau}_{a1}) = \lim_{k \to \infty} E\left[(\hat{\tau}_{a1}(k) - \tau_{a1})^2\right] \approx \frac{\mu_B \cdot \sigma_{n'}^2}{\boldsymbol{B}_{a1}} \qquad (4.72)$$

式中

$$\sigma_{n'}^2 = \sigma_n^2\left[2 + \boldsymbol{B}_{m1}^2 + \boldsymbol{B}_{a1}^2 + 2\boldsymbol{B}_{m1}\mathrm{sinc}(\tau_{m1})\right] + 2\boldsymbol{B}_{a1}\mathrm{sinc}(\tau_{a1} - \tau_0) \qquad (4.73)$$

因此,当选代搜索的步长和噪声功率增加时,时延估计的稳态均方误差增大,它也限制了最终相消的性能。

## 4.2.6　时域直达波和杂波抑制方法综述

外辐射源雷达系统为典型的连续波系统,存在收发隔离问题,在强直达波和杂波背景下检测目标是非常困难的,因此必须采取有效的措施来减小直达波和多径杂波的影响。一般采用的方法如下:

(1) 设计高增益低副瓣的接收天线。天线的零点对准直达波方向。

(2) 利用地物遮挡。例如在接收机和发射源之间有地形或高的建筑物,但是此方法不具备普遍适用性。

(3) 相干处理前的杂波对消预处理。由于回波信号中存在很大强度的直达波、近距离的地物回波和多径散射,它们会淹没微弱动目标信号。单靠匹配滤波的相干处理得不到良好的检测性能,可以在匹配滤波前用不同迟延和加权的基准信号与回波信号相减,从而抑制回波信号中的直达波和近距离的强杂波。

(4) 理想情况下,如果主辅两天线的接收信号完全相关,则可以得到无穷大的相消增益。但是双通道接收信号本身含有多径分量,要得到大的杂波抑制比是比较困难的。

在外辐射源雷达系统中,杂波抑制性能与主、辅两天线接收信道的相关性是密切相关的。相干处理前的杂波对消预处理,可以采用数字自适应抽头延时线的时域相消结构,基本原理是利用高采样率的参考信号的时延、幅度及相位加权组合而逐一抑制各距离单元接收信号中的直达波分量和多径分量。

在最小均方误差准则下,得到的最佳权值和系统相消比。具体的自适应算法可以采用矩阵求逆方法和基于 LMS 迭代的权值计算方法。

直接矩阵求逆,解决了闭环自适应过程中收敛速率对输入相关矩阵特征值的依赖性,具有收敛速度快的优点。但是需要估计参考输入的相关矩阵和互相关矢量,计算量很大。LMS 算法则具有较小的计算量,便于工程实现。LMS 算法因其结构简单,稳定性好。但传统的固定步长 LMS 算法在收敛速度、时变系统的跟踪能力和稳态失调之间的要求存在很大矛盾。小步长可以确保稳态时具有小的失调,但算法的收敛速度慢,并对非稳态系统的跟踪能力差。

在经典的 LMS 算法中,要想取得较快的收敛速度就要选择较大的步长,但这将导致较大的失调量,甚至是算法的不稳定。如果要减小失调量,则要较小的步长值,但同时又降低了算法的收敛速度和对跃变系统的跟踪能力。

当输入相关矩阵的特征值离散时,收敛速度较慢。对此解决的办法有两种:

一是采用变步长的收敛方法,即首先采用满足条件的较大步长,然后用小步长来过渡。这样做的目的是因为步长较大时引入的失调量也较大,可能把目标信号相消掉。由于对消的主要对象是直达波和多径杂波,而目标信号和多径杂波之间的差别仅仅是由于目标运动速度引入的多普勒相位调制,较大的失调会导致对目标的多普勒调制相位的敏感性降低,从而导致消掉了目标信号。

二是采用 RLS 算法,它的收敛速度比 LMS 类算法快一个数量级,但是当滤波器阶数较高时,运算量大。

对几种改进的自适应杂波抑制算法进行了研究和分析,如 NLMS 算法、固定步长 LMS 算法、VSSLMS 算法、MVSSLMS 算法、RLS 算法,RESSLMS 算法等。在信噪比相同条件下,传统的 LMS 算法收敛速度最慢;VSSLMS 算法在快速收敛的同时可获得较小的稳态误差,但易受独立噪声的影响即抗噪能力较差,尤其是在低信噪比环境中受噪声的干扰很严重;MVSSLMS 算法在初始收敛阶段不稳定,收敛速度比 RESSLMS 算法稍慢一些;RESSLMS 算法在保证快速收敛的同时失调量很小,在低信噪比环境下有较好的性能。从图 4.22 可看出,RESSLMS 算法的性能优于其他同类算法,且抗噪声能力较强。

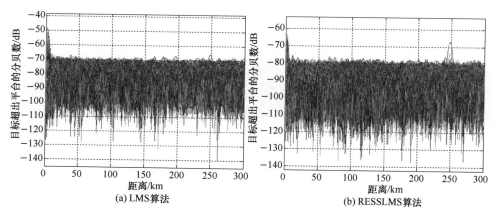

图 4.22　杂波抑制改进算法相消效果(见彩图)

表 4.1 为某一方向连续帧实测数据 236～248 帧(每帧为 1s 的数据)自适应杂波相消处理后的结果,NLMS 算法在实际应用中不能有效地检测到目标时,尝试采用不同的迭代系数来改善传统的 NLMS 算法。

表 4.1　各种算法杂波相消结果

| 帧数 | LMS 算法 | NLMS 算法 (迭代系数不同) | VSSLMS 算法 (9 次) | MVSSLMS 算法 (9 次) | RLS 算法 | RESSLMS 算法 |
|---|---|---|---|---|---|---|
| 236 | 18.14 | 19.69 | 18.76 | 19.98 | 17.52 | 19.97 |
| 237 | 17.90 | 18.76 | 17.21 | 19.22 | 12.54 | 19.84 |
| 238 | 15.77 | 16.00 | 15.23 | 16.27 | 16.05 | 16.06 |
| 239 | 16.64 | 21.21 | 20.06 | 21.38 | | 21.55 |
| 240 | 16.90 | 17.88 | 16.69 | 18.70 | 19.96 | 19.06 |
| 241 | 19.36 | 20.67 | 20.63 | 21.64 | 20.47 | 21.56 |
| 242 | 15.93 | 19.64 | 16.99 | 19.99 | 17.90 | 19.68 |
| 243 | —— | 20.14 | 18.05 | 20.57 | 23.97 | 19.12 |
| 244 | | | | 15.38 | 20.45 | 16.25 |
| 245 | | 20.23 | 20.36 | 22.71 | 23.42 | 23.07 |
| 246 | 17.34 | 18.41 | 18.65 | 19.66 | 17.94 | 20.47 |
| 247 | 15.90 | 19.35 | 18.71 | 20.23 | 21.76 | 20.32 |
| 248 | 16.71 | 19.29 | 17.10 | 19.73 | 18.96 | 19.35 |

注:"——"代表不能检测到目标

表 4.1 给出了 LMS 算法、NLMS 算法(迭代系数不同)、VSSLMS 算法、MVSSLMS 算法、RLS 算法和 RESSLMS 算法对连续多帧实测数据处理后,目标强度高出杂波平台的分贝数(dB)。从表中可看出,使用 RESSLMS 算法、RLS 算法和 MVSSLMS 算法进行直达波和多径杂波相消时具有较好的效果,有效地降低了杂波平台,可明显地检测到目标。

对大量实测数据处理结果表明,RESSLMS 算法一般比标准 LMS 算法处理后的改善 3～6dB,与 MVSSLMS 算法得益差不多。然而 MVSSLMS 算法处理数据的时间约是 RESSLMS 算法的 3 倍,耗时长,实时性差。VSSLMS 算法和 MVSSLMS 算法处理结果相差不大;RLS 算法计算量最大,可通过降低自适应滤波器阶数来减小计算量,满足应用中信号处理对实时性的要求。

图 4.22 给出了 LMS 算法和 RESSLMS 算法对同一帧实测数据进行自适应

杂波相消处理结果,可看出 RESSLMS 算法可有效用于自适应杂波相消处理。

# ◣ 4.3 空域干扰抑制技术

自适应波束形成是根据不同的最优化准则建立相应的数学模型,通过调整每一阵元的加权系数(包括幅度和相位)进行干扰抑制。目前自适应数字波束形成的算法准则为最大信干噪比(MSINR)准则,即使阵列输出信号与干扰加噪声之比最大的准则。

对确知参量的信号,高斯噪声背景中的最优滤波为噪声预白化后的匹配滤波,这两个过程可以通过最大信噪比准则统一处理。阵列接收信号为

$$X(t) = a(\theta_0)s_0(t) + X_{i+n}(t) = a(\theta_0)s_0(t) + \sum_{k=1}^{K} a(\theta_k)s_k(t) + n(t)$$

$$(4.74)$$

式中:$a(\theta_0)$ 为信号来波方向导波信号;$s_0(t)$ 为信号的复包络;$X_{i+n}(t)$ 为干扰加噪声矢量,且与信号不相关。

信号协方差矩阵和干扰噪声协方差矩阵分别为

$$R_s = E[s_0(t)a(\theta_0)a^H(\theta_0)s_0^*(t)] = \sigma_s^2 a(\theta_0)a^H(\theta_0) \qquad (4.75)$$

$$R_{i+n} = E[X_{i+n}(t)X_{i+n}^H(t)] = \sum_{k=1}^{K} \sigma_k^2 a(\theta_k)a^H(\theta_k) + \sigma_n^2 I \qquad (4.76)$$

最大信干噪比,即

$$\max_W SINR = \max_W \frac{W^H R_S W}{W^H R_{i+n} W} \qquad (4.77)$$

式中:$W$ 为权值;$\max_W[\cdot]$ 表示选择最优的 $W$ 使 $[\cdot]$ 中的函数最大。

不失一般性,将分母进行归一化 $W^H R_{i+n} W = 1$,此时问题转化为使分子 $W^H R_S W$ 最大。用拉格朗日乘子法,目标函数为

$$L(W) = W^H R_S W - \lambda(I - W^H R_{i+n} W) \qquad (4.78)$$

对式(4.78)求导,可得

$$R_S W = \lambda R_{i+n} W \qquad (4.79)$$

式中

$$\lambda = SINR = \frac{W^H R_S W}{W^H R_{i+n} W}$$

这是一个广义特征值问题。因此特征值本身就是 SINR,最优权矢量 $W_{opt}$ 是与最大特征值 $\lambda$ 对应的特征矢量。由式(4.79)可得

$$\sigma_s^2 a(\theta_0)a^H(\theta_0)W_{opt} = \lambda R_{i+n} W_{opt} \qquad (4.80)$$

解得

$$W_{\text{opt}} = \mu R_{i+n}^{-1} a(\theta_0) \tag{4.81}$$

式中

$$\mu = \sigma_s^2 a^{\text{H}}(\theta_0) W_{\text{opt}} / \lambda$$

阵列最优权矢量对应的最大输出信干噪比为

$$\text{SINR}_{\text{opt}} = \frac{W_{\text{opt}}^{\text{H}} R_s W_{\text{opt}}}{W_{\text{opt}}^{\text{H}} R_{i+n} W_{\text{opt}}} = \sigma_s^2 a^{\text{H}}(\theta_0) R_{i+n}^{-1} a(\theta_0) \tag{4.82}$$

在外界强干扰的情况下,波束形成时在干扰方向上形成零点,采用自适应零点技术,满足最大信干噪比准则来设计。当期望信号和方向都已知时,使输出功率最小可以保证信号的良好接收。

以实际采集的数据进行仿真比较,若不形成零点而只进行常规处理的结果如图 4.23(a)、(b)所示。表明在有外界干扰情况下只能检测到一个目标,目标信噪比大约为 16dB。形成干扰方向零点处理的结果如图 4.23(c)、(d)所示,进

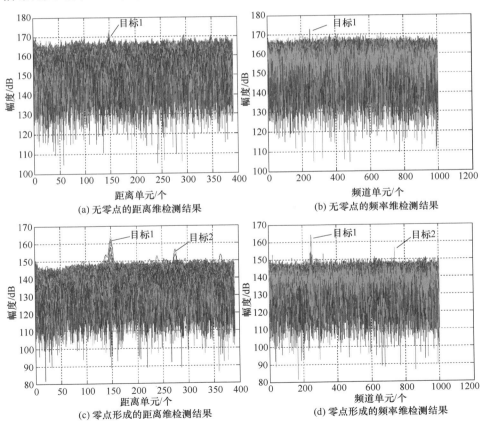

(a) 无零点的距离维检测结果

(b) 无零点的频率维检测结果

(c) 零点形成的距离维检测结果

(d) 零点形成的频率维检测结果

图 4.23　无零点和有零点处理的检测结果比较(见彩图)

行零点抗干扰处理，检测到两个目标信号。其中目标 1 的信噪比达到了 26.9dB，目标 2 的信噪比达到了 19.4dB，采用自适应零点的方法明显改善目标的检测能力。

## 4.4 频域多级滤波抗干扰技术

### 4.4.1 基于频域多级滤波接收机抗干扰设计

典型外辐射源雷达接收机实现如图 4.24 所示。滤波器主要包括射频预选滤波器、基于 SAW 开关滤波器组、基于 LTCC 低通滤波器和基于 FPGA 多速率信号处理数字滤波器等部分。

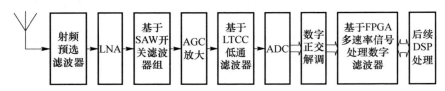

图 4.24　基于频域多级滤波器的射频数字化接收机功能框图

射频预选滤波器位于射频前端第一级，其插损直接影响接收机的噪声系数。该滤波器主要用于抑制带外远区的强干扰信号，防止造成通道阻塞，并与后续滤波器一起实现射频采样抗混叠滤波。具体设计时可以采用低噪放 + 预选滤波 + 低噪放的串行架构，这样在获得足够带外抑制和低噪放模块噪声系数最小化。

基于 SAW 开关滤波器组由于其体积小、易于集成、高矩形系数（高 $Q$ 值）、带内线性度以及一致性好等优点，广泛应用于米波频段接收机设计中[3]。在信号密集的环境下，当通道增益较高时通道容易饱和，因此需要采用模拟信道化的方法减少同时进入后续放大器的信号数量，提高瞬时动态。基于 SAW 开关滤波器组的子带滤波器矩形系数 $K$（BW40dB/BW3dB）可达 2，因此可以有效抑制带外干扰以及模/数变换器（ADC）采样镜像频谱的抑制，一般抑制均大于 40dB。

采用 LTCC 工艺叠层结构，体积小、插损小，适合高密度贴装，具有陡峭的衰减特性，利于噪声抑制。外辐射源雷达射频数字化接收机采用的 ADC 输入 3dB 模拟带宽一般可以覆盖整个米波段。而实际工作信号截止频率并没有这么宽，因此在 ADC 输入端可以通过体积小、插损小的低通滤波器来限制其输入信号带宽。通过低温共烧陶瓷（LTCC）低通滤波器，并结合 ADC 输入接口 RC 低通滤波器，来进一步限制 ADC 输入信号的频率范围进而抑制带外干扰。该滤波器同时还可以对 ADC 采样时钟的谐波进行抑制,防止其进入射频通道放大器并与输入信号产生互调干扰。

　　基于可编程逻辑阵列(FPGA)多速率信号处理滤波器设计是多速率信号处理核心内容之一,数字滤波器的作用主要是抽取前数字抗混叠滤波以及过采样信噪比得益的获得。射频直接采样采样率比较高,需要通过后续数字正交解调、滤波抽取,来获得与瞬时信号带宽相匹配的基带 I/Q 信号。从前面模拟滤波器分析可知,模拟滤波器如果将频带划分过窄将造成体积和成本大幅提高,因此广播电视信号工作频点附近相邻频道干扰只能通过数字滤波器来进行抑制。在信号环境密集的场合需要对相邻频道有足够的抑制,防止抽取后邻频道干扰信号折叠到带内影响输出的信噪比。

　　多速率信号处理数字滤波器设计时需要考虑其高效实现,在保证指标的同时最小化资源利用和功耗。目前多速率数字滤波器的高效实现方式主要有积分—梳状级联(CIC)滤波器、半带滤波器、基于多相结构的高效抽取滤波器等方法实现。大抽取比情况下需要通过多级级联滤波器来实现采样率转换、信噪比得益以及干扰抑制。具体实现时要综合带内纹波、带外抑制、实现资源以及功耗等指标来考虑。

　　对邻频干扰进行抑制,要求滤波器的过渡带很窄。而滤波器阶数与过渡带宽直接相关。可以通过基于半带滤波器的频谱屏蔽滤波器,或基于互补滤波器的频谱屏蔽滤波器来获得窄的过渡带带宽,实现邻频干扰的抑制。

## 4.4.2　采样时钟优化选择设计

　　采样时钟的优化选择,包括时钟频率的优化选择以及相关指标的优化选择。选择首先要考虑满足带通采样定理。另外,由于射频直接采样 ADC 模拟带宽一般比较宽,因此采样后将有多个奈奎斯特频带的信号将混叠到带内。虽然 ADC 前有抗混叠滤波器,但是当某个频带有强干扰时,抗混叠滤波以及采样后干扰信号的剩余还有可能会高于目标回波信号的强度。因此,在带外有强干扰的情况下,采样时钟的选择需要考虑避免出现有强干扰频带直接通过采样混叠到工作信号带内。

　　在信号密集环境下,外辐射源雷达射频直接采样接收机采样时钟设计时还需要考虑相位噪声的影响。多信号采样时钟相位噪声折叠效应,会造成相邻频道的噪声叠加到工作信号带内,特别是信号带宽较窄且信号比较密集的情况下。图 4.25 给出了多信号采样相位噪声折叠效应。由于相位噪声折叠效应,采样时钟设计时对于近区 100~200kHz 附近的噪声电平要求足够低。采用高稳定性低相噪晶振以及直接合成方式可以获得相噪性能优良的采样时钟,采用锁相方法产生采样时钟需要对环路滤波器带宽及其抑制度有较高的要求。

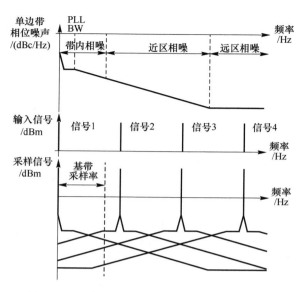

图 4.25 多信号情况下采样相位噪声折叠效应

## 📐 4.5 信道均衡与对消性能的关系

通道幅相特性的一致程度,对外辐射源雷达直达波及多径相消性能有较大影响。利用 FIR 滤波器可以自适应地调节通道间的失配程度,使通道间的幅相特性尽可能地达到一致。一般而言,补偿通道间频率特性失配的方法是在通道中接入一个 FIR 均衡滤波器,如图 4.26 所示。$H_{ref}(\omega)$ 表示参考通道的通道特性,$H_2(\omega)$ 表示待均衡通道的通道特性,$H(\omega)$ 表示均衡滤波器的滤波特性,$H_\Delta(\omega)$ 表示为 $H(\omega)$ 使物理可实现加入的时延节的滤波特性。均衡滤波器权系数的计算有时域和频域两种方法[4]。

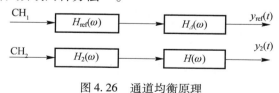

图 4.26 通道均衡原理

### 4.5.1 时域方法

以图 4.26 为例,利用同一个输入信号分别通过参考通道 $CH_1$ 和待均衡通道 $CH_2$,设两个通道的输出信号为 $y_{ref}(k)$ 和 $y_2(k)$,则要求均衡后两个通道输出信号的差信号均方值最小,可得均衡滤波器系数的最优解为

$$h = \mathbf{Q}^{-1} \cdot \mathbf{r} \tag{4.83}$$

式中:$\mathbf{Q}$ 为 $y_2(k)$ 的自相关矩阵;$\mathbf{r}$ 为 $y_2(k)$ 和 $y_{\text{ref}}(k)$ 的互相关函数构成的矢量。

## 4.5.2　频域方法

均衡器的期望频率响应为

$$\mathbf{H}(\omega) = \frac{\mathbf{H}_{\text{ref}}(\omega)}{\mathbf{H}_2(\omega)} \cdot \mathbf{H}_{\Delta}(\omega) \tag{4.84}$$

式中:$\mathbf{H}_{\Delta}(\omega) = \mathrm{e}^{-\mathrm{j}\frac{N-1}{2} \cdot \Delta}$,$\Delta$ 表示延迟时间。

利用最小二乘拟合可以逼近所需的频率响应 $H(\omega)$:

$$\min_h \sum_{i=1}^{M} | \mathbf{W}(i) \cdot [ a^{\mathrm{T}}(\omega_i) \cdot \mathbf{h} - \mathbf{H}(\omega_i) ] |^2 \tag{4.85}$$

式中:$\mathbf{H}(\omega_i)$ 为待均衡频带内期望响应的 $M$ 个测量值;$a(\omega_i)$ 为相移矢量,$a(\omega_i) = [ 1, \exp(-\mathrm{j}\omega_i \Delta_T), \cdots, \exp(-\mathrm{j}\omega_i(N-1)\Delta_T) ]$,$\Delta_T$ 为滤波器延迟时间;$\mathbf{h}$ 为 $N$ 阶均衡滤波器权矢量,$\mathbf{h} = [ h_1, h_2, \cdots, h_N ]$。

通常,通道响应的中心频率处是待均衡的主要区域,在运算量和实现的灵活性上频域算法要优于时域方法。

一般的通道失配模型可由剩余幅度均方根失配和剩余相位均方根失配来加以衡量,表示如下:

$$E_H = \left[ \frac{1}{2\pi B} \int_{-\pi B}^{\pi B} | 1 - | \mathbf{D}(\omega) | |^2 \mathrm{d}\omega \right]^{\frac{1}{2}} = \left[ \frac{1}{2\pi B} \int_{\pi B}^{\pi B} \Delta H^2(\omega) \mathrm{d}\omega \right]^{\frac{1}{2}} \tag{4.86}$$

和

$$E_{\varphi} = \left[ \frac{1}{2\pi B} \int_{-\pi B}^{\pi B} \left| \arctan \frac{\mathrm{Im}[\mathbf{D}(\omega)]}{\mathrm{Re}[\mathbf{D}(\omega)]} \right|^2 \mathrm{d}\omega \right]^{\frac{1}{2}} = \left[ \frac{1}{2\pi B} \int_{-\pi B}^{\pi B} \Delta \varphi^2(\omega) \mathrm{d}\omega \right]^{\frac{1}{2}} \tag{4.87}$$

式中:$B$ 为均衡带宽,而 $\mathbf{D}(\omega)$ 为

$$\mathbf{D}(\omega) = \frac{H_{\text{ref}}(\omega)}{H_2(\omega)} = [ 1 + \Delta H(\omega) ] \exp(\mathrm{j}[ \varphi + \Delta\varphi(\omega) ])$$

下面分析通道频率特性的幅相误差对相关性和杂波抑制的影响。

设插入均衡滤波器后两个通道的合成特性为 $H_1(\omega)$ 和 $H_2(\omega)$,如图 4.27 所示。

由时域卷积定理可得

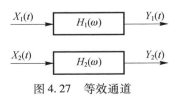

图 4.27　等效通道

$$y_1(t) = \int_{-\infty}^{\infty} x_1(t - \alpha) h_1(\alpha) \mathrm{d}\alpha \qquad (4.88)$$

$$y_2(t) = \int_{-\infty}^{\infty} x_2(t - \alpha) h_2(\alpha) \mathrm{d}\alpha \qquad (4.89)$$

$h_1(t)$、$h_2(t)$ 为两个通道的时域冲击响应。简单推导可得

$$R_{y_1 y_2}(\tau) = \int_{-\infty}^{\infty} R_{x_1 y_2}(\tau - \alpha) h_1(\alpha) \mathrm{d}\alpha = R_{x_1 y_2}(\tau) \otimes h_1(\tau) \qquad (4.90)$$

$$R_{x_1 y_2}(\tau) = \int_{-\infty}^{\infty} R_{x_1 x_2}(\tau + \alpha) h_2^*(\alpha) \mathrm{d}\alpha = R_{x_1 x_2}(\tau) \otimes h_2^*(-\tau) \qquad (4.91)$$

因此,两个通道输出信号的互相关函数 $R_{y_1 y_2}(\tau)$ 等于输入信号的互相关函数 $R_{x_1 x_2}(\tau)$ 通过两个分别具有冲击响应 $h_2^*(-\tau)$ 和 $h_1(\tau)$ 的线性系统。其频域变换为

$$S_{y_1 y_2}(\omega) = S_{x_1 y_2}(\omega) H_1(\omega) = S_{x_1 x_2}(\omega) H_1(\omega) H_2^*(\omega) \qquad (4.92)$$

如果 $h_1(t)$、$h_2(t)$ 具有完全相同的冲击响应,且具有理想的通带特性,则在通带范围内 $H_1(\omega) H_2^*(\omega) = |H(\omega)|^2 = 1$(设通带归一化幅频响应为1),对输入信号的相关性不会带来任何的影响。如果存在幅相误差,则有

$$S_{y_1 y_2}(\omega) = S_{x_1 x_2}(\omega)[1 - |\Delta H(\Omega) \cdot \exp(\mathrm{j}\Delta\varphi(\omega))|] \qquad (4.93)$$

式中:$\Delta H(\omega)$、$\Delta\varphi(\omega)$ 分别为通道频率特性的幅度、相位误差。

由于相关函数和功率谱为傅里叶变换对,取频域反变换,可得两通道输出信号的互相关系数,即

$$\rho_{y_1 y_2} = 1 - \Delta\rho \qquad (4.94)$$

式中

$$\Delta\rho = \frac{\int_{-\pi}^{\pi} S_{x_1 x_2}(\omega) |\Delta H(\omega) \cdot \exp\{\mathrm{j}[\omega + \Delta\varphi(\omega)]\}| \mathrm{d}\omega}{\int_{-\pi}^{\pi} S_{x_1 x_2}(\omega) \exp(\mathrm{j}\omega) \mathrm{d}\omega} \qquad (4.95)$$

为达到给定抑制比 CR,$\Delta\rho$ 要满足条件

$$\Delta\rho \leqslant 10^{\mathrm{CR}/20} \qquad (4.96)$$

图 4.28 ~ 图 4.31 为实际接收通道的均衡实例。利用扫频信号源一分为二,对两个通道的接收机输入端馈入相同的等幅线性调频信号进行测试。设采

样频率为 2.5MHz,信号通带内频率样点数为 $M$,均衡滤波器阶数为 $N$,参数设定 $N = M = 192$。

取辅通道作为期望通道进行两通道均衡,采用频域均衡算法,均衡前幅度和相位均方根误差分别为 $E_H = 1.29 \times 10^{-1}$ 和 $E_\varphi = 6.66 \times 10^{-3}$,而均衡以后分别为 $E_H = 1.34 \times 10^{-2}$ 和 $E_\varphi = 2.23 \times 10^{-4}$。均衡后两个输出信号的直接相消比为 32.53dB,而未均衡的两个通道输出信号的相消比(采用一阶相消器)为 12.28dB。

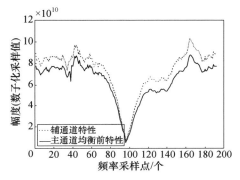

图 4.28　均衡前主、辅双通道幅频特性　　图 4.29　均衡后主、辅双通道幅频特性

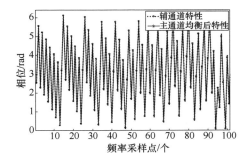
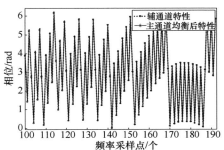

图 4.30　均衡后主、辅双通道相频特性　　图 4.31　均衡后主、辅双通道相频特性
（1～100 频率采样点）　　　　　　　　（100～192 频率采样点）

图 4.32 是均衡前后主、辅通道输出信号的互相关函数,均衡前主通道和辅通道的互相关系数 $\rho_{y_1 y_2} = 0.8714$,均衡后互相关系数 $\rho_{y_1 y_2} = 0.9862$,可实现杂波抑制比为 $-37$dB。

## 4.5.3　参考信号盲均衡

外辐射源雷达中,参考通道接收信号不可避免会受到多路径传播的影响,为

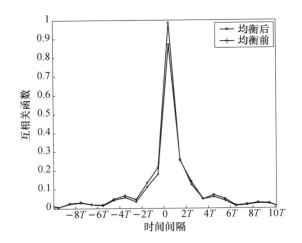

图 4.32　均衡前后两路输出信号的互相关函数

了提高参考信号自相关函数的冲激特性,改善多径杂波抑制性能,需要抑制多径影响,提取纯净的直达波信号。

### 4.5.3.1　盲均衡问题

考虑输入为 $x(n)$ 的一个未知线性时不变系统 $\Gamma$,如图 4.33 所示。均衡问题是在已知输入信号的概率分布甚至仅仅是一部分矩或累积量特征以及系统输出观测序列 $u(n)$ 的条件下,恢复 $x(n)$,即辨识系统 $\Gamma$ 的逆系统 $\Gamma^{-1}$。

上述问题一般称为盲反卷积、盲系统辨识或盲均衡。在实际系统中待辨识的系统 $\Gamma$ 对应为辅通道的多径信道(包括直达波信道),待恢复信号 $x(n)$ 为调频广播电台发射的调频广播信号,$u(n)$ 为辅通道天线的接收信号。

图 4.33　盲均衡示意图

如果系统 $\Gamma$ 是最小相位的,即系统转移函数的所有极点和零点均在 $z$ 平面单位圆内,那么不仅系统 $\Gamma$ 是稳定的,而且逆系统 $\Gamma^{-1}$ 也是稳定的。此时假设输入数据序列小 $x(n)$ 由独立同分布的符号组成,可以将序列 $x(n)$ 看作系统输出序列 $u(n)$ 的"新息",而逆系统 $\Gamma^{-1}$ 刚好是一个白化滤波器,依据线性预测理论,利用上述特性解决盲均衡问题[5,6]。

然而在许多实际情况下,系统 $\Gamma$ 并非最小相位系统或者序列 $x(n)$ 不是由独立同分布的符号组成,此时线性预测理论不再适用。若系统 $\Gamma$ 为非最小相位系统,则系统转移函数在 $z$ 平面具有单位圆外的零点,而且要使系统具有指数稳定性,它的极点必须都在单位圆内。实际系统调频广播信号的多径传播信道也是一种无线衰落信道,但广播信号为模拟信号调制的连续波,采样后的序列不具有独立同分布特性,在给定信道输出的条件下恢复直达波信号是有困难的。

### 4.5.3.2　盲均衡算法

二阶统计量忽略了系统转移函数的相位信息,对于非最小相位系统的转移函数及其逆系统的转移函数,利用二阶统计量是不可唯一辨识的[7]。现有盲均衡方法一般是基于高阶统计量或循环平稳形式的二阶统计量。盲均衡算法分为线性盲均衡和非线性盲均衡两大类。

线性盲均衡滤波器以整数倍符号速率对接收信号(数字调制信号)进行过采样,由此把接收信号变成一个多信道信号,从多信道信号中提取附加信息以弥补无法利用信道输入或期望响应的不足[8,9]。非线性盲均衡滤波器使用高阶统计量(HOS)保留了系统的相位信息,适合于非最小相位系统的盲均衡。在显式意义上,直接利用信号的高阶累积量或高阶谱。在隐式意义上,该类方法不直接利用信号的高阶统计量或高阶谱。隐式 HOS 算法的典型算法是 Bussgang 算法[10,11]。Bussgang 算法是自适应算法,可以证明该类算法的显式表达涉及了信号概率分布函数的斜度或峰度。斜度和三阶统计量有关,峰度和四阶统计量有关。

对于隐式和显式 HOS 算法,计算高阶统计量平均所需样本数远高于计算二阶统计量时间平均所需样本数。根据 Brillinger 的理论[12],估计某一随机过程 $n$ 阶统计量所需的样本数受到估计偏差和方差指定值的约束,它几乎随阶数 $n$ 呈指数增长。因此与传统自适应滤波算法相比,基于 HOS 的盲自适应均衡算法的收敛率要慢得多。在高度非平稳的情况下,如移动数字通信,算法可能没有足够的时间达到稳定状态,因此在应用时要考虑收敛时间和系统时变非平稳的程度。

### 4.5.3.3　均衡处理对地杂波抑制的改善

图 4.34 基于实测数据是参考信号未均衡和均衡后多普勒脉压(地杂波抑制后)目标回波多普勒切面图。实测数据长度 0.08s,采样速率为 2.5MHz,为降低计算量,均衡器数据降采样至 500kHz,未均衡数据降采样至 100kHz。均衡处理后该距离单元副瓣电平比未均衡的副瓣电平低 1.6dB;整个距离多普勒平面的平均副瓣电平比未均衡副瓣电平低 2dB。图 4.34 表明,均衡后的参考信号改善了地杂波的抑制效果,进而降低多普勒脉压的副瓣电平。

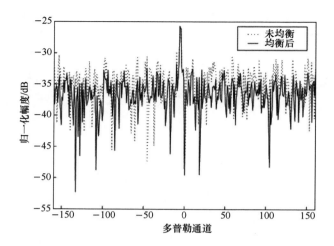

图 4.34　目标所在距离门的多普勒切面图

## ◼ 4.6　距离 – 多普勒处理

经过干扰相消以后,仍然会有部分干扰剩余,同时目标回波也有可能掩盖在干扰和噪声之下,因此需要通过距离 – 多普勒处理以提高目标回波的信噪比,同时进一步减少干扰对检测目标回波的影响。

### 4.6.1　脉冲压缩

外辐射源雷达回波信号必须与参考样本进行相关处理。由于是连续波信号,首先按处理需求,可以对回波信号数据和参考信号进行分段。分段后的数据相关处理相当于常规雷达的脉压处理。所以,本书仍然用"脉冲压缩"表示回波信号与参考样本的相关处理。

在雷达信号处理中,脉冲压缩的实现有时域脉冲压缩和频域脉冲压缩两种方法。时域脉冲压缩的过程是通过对接收信号与匹配滤波器的单位脉冲响应求卷积的方法实现的。频域数字脉冲压缩是利用数字信号离散傅里叶变换的性质,在频域采用快速傅里叶变换来完成。

#### 4.6.1.1　时域数字脉冲压缩

设匹配滤波器的输入信号为

$$x(t) = s(t) + n(t) \tag{4.97}$$

式中:$s(t)$ 为目标回波信号;$n(t)$ 为平稳白噪声。

$s(t)$ 的频谱为

$$S(f) = \int_{-\infty}^{\infty} s(t)\,\mathrm{e}^{-\mathrm{j}2\pi ft}\,\mathrm{d}t \qquad (4.98)$$

根据匹配滤波器理论可知,当滤波器的频率响应为

$$H(f) = kS^*(f)\,\mathrm{e}^{-\mathrm{j}2\pi ft_0} \qquad (4.99)$$

时,滤波器的输出信噪比最大,该滤波器就是匹配滤波器,对应的脉冲响应为

$$
\begin{aligned}
h(t) &= \int_{-\infty}^{\infty} H(f)\,\mathrm{e}^{\mathrm{j}2\pi ft}\,\mathrm{d}f = \int_{-\infty}^{\infty} kS^*(f)\,\mathrm{e}^{\mathrm{j}2\pi f(t-t_0)}\,\mathrm{d}f \\
&= \left\{ \int_{-\infty}^{\infty} kS(f)\,\mathrm{e}^{\mathrm{j}2\pi f(t_0-t)}\,\mathrm{d}f \right\}^* \\
&= ks^*(t_0 - t) \qquad (4.100)
\end{aligned}
$$

即脉冲响应 $h(t)$ 是输入信号 $s(t)$ 的镜像共轭。

对于离散输入信号 $s(n)$,其匹配滤波器的单位脉冲响应 $h(n)$ 为输入信号的镜像取共轭,即

$$h(n) = s^*(M-1-n) \quad 0 \leqslant n \leqslant M-1 \qquad (4.101)$$

式中:$M$ 为信号采样点数。

则输入信号与其匹配滤波器的卷积输出为

$$s_0(n) = s(n) * h(n) = \sum_{k=0}^{M-1} s(k)h(n-k) = \sum_{k=0}^{M-1} h(k)s(n-k) \qquad (4.102)$$

由式(4.102)可知,时域数字脉压是雷达回波信号 $s(n)$ 与匹配压缩滤波器单位脉冲响应 $h(n)$ 的时域线性卷积,可用图 4.35 所示的 $M-1$ 阶 FIR 横向滤波器实现。

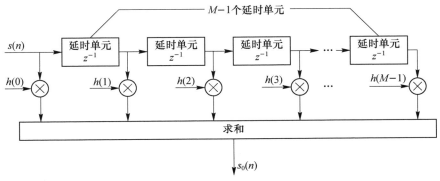

图 4.35　时域数字脉冲压缩 FIR 横向滤波器实现

在实际雷达信号处理中,参与线性卷积的两个信号的长度通常较长,且都是复序列。采用 FIR 横向数字滤波器实现数字脉冲压缩,需要设计高阶的复数滤波器,而且计算效率较低。

### 4.6.1.2　频域数字脉冲压缩

频域数字脉冲压缩是利用数字信号离散傅里叶变换的性质在频域快速实现。对式(4.102)两边同时进行傅里叶变换,可得

$$S_0(w) = S(w)H(w) \tag{4.103}$$

又因为匹配滤波器的单位脉冲响应 $h(n)$ 为输入信号 $s(n)$ 的镜像共轭,则

$$H(w) = S^*(w) \tag{4.104}$$

将式(4.104)代入式(4.103),可得

$$S_0(w) = S(w)S^*(w) \tag{4.105}$$

对式(4.105)进行傅里叶逆变换,可得到输出信号,即

$$s_0(n) = \text{IFFT}[S_0(w)] = \text{IFFT}[|S(w)|^2] \tag{4.106}$$

根据式(4.106)可以绘出频域快速卷积法实现脉冲压缩的原理图,如图 4.36所示。

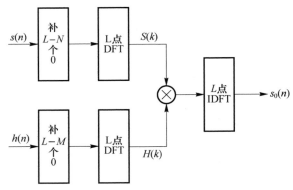

图 4.36　频域数字脉冲压缩原理框图

在图 4.36 中离散傅里叶变换(DFT)和离散傅里叶逆变换(IDFT)均可用离散傅里叶变换的快速算法(FFT 和 IFFT)来实现,因此采用频域法是一种高效的算法。

对于 $N$ 点的输入信号,运用时域法需要进行 $N^2$ 次复数相乘运算,而利用频域法可以大大减少运算量。但是频域法需要对 $N$ 进行扩展,而时域法则不需要。此外,时域法具有设计方法成熟、实现简单、成本较低廉的优势。因此,在实际应用中应综合考虑选取合适的脉压算法。

## 4.6.2　多速率数字信号距离 – 多普勒快速实现算法

采用距离 – 多普勒处理方法可以对连续波雷达信号进行调制获得目标的距离 – 多普勒信息。但由于外辐射源雷达对目标回波信号进行长时间积累,才能获得较高的检测性能。随着信号积累时间的加长,势必会造成数据运算量的加大,难以满足系统实时性的要求。

### 4.6.2.1　多数率数字信号处理原理

多速率数字信号处理又称多采样数字信号处理,广泛应用在通信系统、音频信号处理、视频信号处理和数字信号处理等领域中。随着现代雷达系统信号处理的复杂度以及信号采样速率的提高,出现的问题是后续信号处理速度跟不上采样后的数据流速率。特别是对于一些运算量大的算法,如果数据的吞吐率太高,将很难满足系统对实时性的要求。

在实际应用中,若感兴趣的带宽只占采样频率很小的一部分,可以对采样数据进行二次采样来降低采样速率,这是通过多速率信号处理中的抽取来实现的。抽取既可以是整数倍的抽取,也可以是有理数因子或任意因子的抽取。以下对整数倍抽取的运算进行描述。

设离散信号序列为 $x(n)$,其整数 $D$ 倍抽取的定义为

$$x_D(m) = x(Dm) \tag{4.107}$$

表示对原始采样序列 $x(n)$ 每隔 $D-1$ 个样本值保留一个,而去除两个保留样本之间的 $D-1$ 个样本。整数 $D$ 倍抽取运算框图如图 4.37 所示,$D = 3$ 的抽取过程如图 4.38 所示。

图 4.37　整数 $D$ 倍抽取运算框图

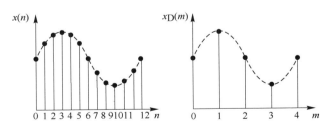

图 4.38　$D = 3$ 抽取过程

设原离散信号序列 $x(n)$ 的采样周期为 $T$,采样频率 $f_s = 1/T$,则经过 $D$ 倍抽取后的序列 $x_D(m)$ 的采样周期为

$$T_D = DT \tag{4.108}$$

采样频率为

$$f_{Ds} = \frac{1}{T_D} = \frac{1}{DT} = \frac{f_s}{D} \tag{4.109}$$

由式(4.109)可知,$D$倍抽取后序列$x_D(m)$的采样频率$f_{Ds}$是原序列$x(n)$采样频率$f_s$的$1/D$,因此,对信号进行抽取,可以降低信号的采样速率。

然而,抽取后获得序列$x_D(m)$的采样率变为$f_s/D$,其无模糊带宽为$f_s/(2D)$。当原序列$x(n)$含有大于$f_s/(2D)$的频率分量时,$x_D(m)$会产生频谱混叠,这将导致无法恢复$x(n)$中小于$f_s/(2D)$的频率分量。

为了避免出现频谱混叠,可以先对$x(n)$进行抗混叠低通滤波,使得$x(n)$的有效频带限制在折叠频率$f_s/(2D)$以内,等效的数字频率为$\pi/D$,再对$x(n)$进行整数$D$倍抽取,获得抽取后的序列$x_D(m)$,这个过程如图4.39所示。

图 4.39  抗混叠整数 $D$ 倍抽取运算框图

### 4.6.2.2  快速实现算法原理

下面以利用调频广播信号对目标进行探测的外辐射源雷达系统进行说明。通常,调频广播信号其最大调制频偏为 $\pm 75\mathrm{kHz}$,进行脉冲压缩处理后获得目标的距离分辨力很低。而且调频广播信号波形具有很强的随机性,进行脉压后的距离副瓣和多普勒副瓣会比较高,分布范围较广,可能会淹没远距离的目标回波,使得系统检测性能很低。

如果设信号采样率为 $20\mathrm{MHz}$,积累时间为 $1\mathrm{s}$,回波信号与延时后的参考信号均为 $20\mathrm{M}$ 样本的复数数据,这样的运算量是很大的,将极大地影响系统的性能。

对一般的运动目标,其最大径向速度不会超过 $600\mathrm{m/s}$,波长按 $f = 100\mathrm{MHz}$,计算可得到其对应的最大多普勒频移为

$$f_d = \pm 2v_r/\lambda = \pm 2 \times 600/3 = \pm 400 (\mathrm{Hz}) \tag{4.110}$$

也就是说,对飞行目标进行探测时感兴趣的频率最大不超过 $1\mathrm{kHz}$,只占采样频率的几万分之一,对采样数据直接进行计算将产生很大的计算冗余。

为此,可以考虑采用多速率信号处理中抽取的方法,对数据流进行降速处理。

对于采样率为 20MHz 的数据,采用多速率处理方法进行 10000 倍的抽取,即每 10000 个数据中取 1 个点。对于 200000 个点的数据按照 100∶1 的比例进行抽取,将获得 2000 个点的数据,再对这 2000 个点数据进行补 0 至 2048 个点,并执行 2048 点的 FFT,FFT 运算量约为原来的 1%,这将很大地降低运算量。

此外,为了避免出现频谱混叠现象,需要对数据流先进行低通滤波再进行抽取。

这种采用多速率的距离 – 多普勒处理方法,与基本的距离 – 多普勒处理方法不同的是在信号脉压和 FFT 间加上了滤波和抽取操作。其具体实现流程如图 4.40 所示。

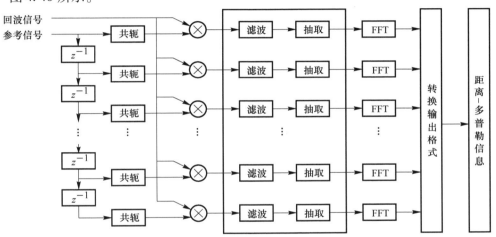

图 4.40  多速率的距离 – 多普勒处理方法示意图

图 4.40 所示的处理方法能降低运算量。但由于信号是先经过低通抗混叠滤波器再进行抽取操作,所以仍然存在着部分计算冗余。对于执行整数 $D$ 倍抽取的操作,相当于每 $D$ 个点的滤波处理中只有一次是有效的,其他 $D-1$ 个点的滤波处理都是冗余的,因为在抽取后这些点被舍弃。因此,在实际计算中,应只考虑对要抽取的点进行滤波,采用边滤波边抽取的方式,避免一些无用的计算,提高计算效率,以满足系统对实时性的要求。

### 4.6.2.3  快速实现算法性能

对一帧仿真数据的距离 – 多普勒处理结果进行 MATLAB 仿真,并通过对比 MATLAB 仿真结果及运行时间,对基本的距离 – 多普勒处理方法和进行抽取后的多速率距离 – 多普勒处理方法进行比较。

为简单起见,仿真数据只有两路信号,一路作为目标回波信号,另一路作为直达波参考信号。信号采样率设为 200MHz,积累时间为 1s。即信号为总长度

为200000个点的复数数据。为便于分析,仿真数据中包含两个目标,其相关参数信息如下:

目标1:强目标,径向速度为200m/s,距离75km,对应的多普勒频移为133Hz,时延通道数为100。

目标2:弱目标,径向速度为−600m/s,距离为187.5km,对应的多普勒频移为−400Hz,时延通道数为250。

仿真结果如图4.41所示。其中图4.41(a)为未进行抽取的距离−多普勒处理结果,图4.41(b)为进行抽取的多速率的距离−多普勒处理结果。可以看出,采用抽取的处理方法并没有降低检测信噪比,在时延通道为100和250处出现信号峰值。

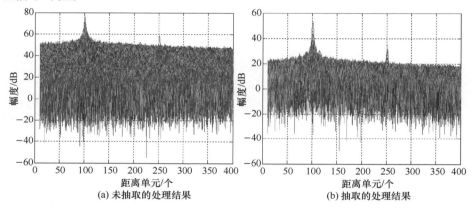

(a) 未抽取的处理结果　(b) 抽取的处理结果

图4.41　距离−多普勒处理结果比较(见彩图)

图4.42为采用抽取的距离−多普勒处理结果的多普勒维侧视图,从图中可以看出,在多普勒频率为133Hz和−400Hz处出现信号峰值。

为了更好地说明采用抽取的相干脉压是否会影响检测结果,绘制出了多速率的距离−多普勒处理后获得的检测矩阵三维图,如图4.43所示。

图中,$x$、$y$轴方向分别为距离单元和多普勒频率,$z$轴方向为幅度,并将三维效果图变换到距离维侧视图和多普勒测试图进行比较。

从图中可以看到,在距离单元为100、多普勒频率为133Hz处有强的目标回波,在距离单元为250、多普勒频率为−400Hz处有较弱的目标回波,分别对应仿真数据中的目标1和目标2。

因此,采用这种进行抽取的多速率的距离−多普勒处理方法,可以很好地获得目标回波信息,并且不损失信噪比。

在实际应用中,系统处理规模会十分庞大。距离−多普勒处理作为外辐射源雷达信号处理中最耗时的部分,直接决定着雷达系统是否能满足系统的实时

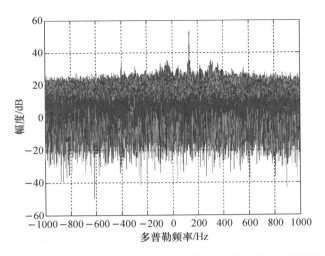

图 4.42　距离 – 多普勒处理多普勒维侧视图（抽取）（见彩图）

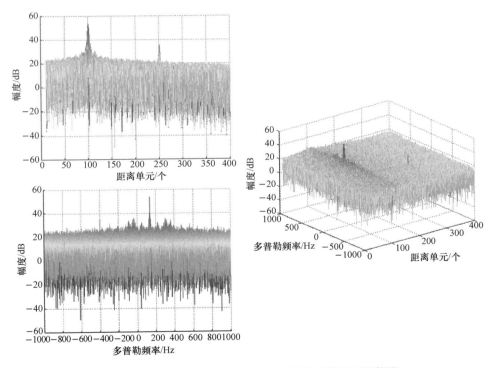

图 4.43　多速率的距离 – 多普勒处理结果（抽取）（见彩图）

性要求。因此,这种对距离 – 多普勒处理方法的优化在不损耗信噪比的情况下大大提高处理速度,这在工程实现中是十分必要且有意义的。

### 4.6.3 基于 PD 处理的距离 - 多普勒处理快速实现算法

PD 雷达实现一个相干处理间隔内的多个脉冲的匹配处理,主要包括两个过程:首先对每个脉冲回波进行脉冲压缩;然后利用不同脉冲间运动目标具有不同响应的特点,在时间维采用 FFT 同时实现对不同速度目标的检测。

借鉴 PD 雷达处理思想,可将外辐射源雷达中的连续波信号分段,等效为脉冲串信号,再进行匹配滤波和多普勒处理。

假设外辐射源雷达相参积累时间为 $T$,基带信号的采样率为 $f_s$,则相参处理时间内参考通道和回波通道的基带数字信号的采样总数 $N = f_s \times T$。如图 4.44 所示,将参考通道基带信号 $X_{\text{ref}}$ 分成 $K$ 段 $(x_{\text{ref0}}, x_{\text{ref1}}, \cdots, x_{\text{refK}})$,每段数据长度 $M = N/K$。回波信号的基带信号 $X_0$ 也分成 $K$ 段 $(X_{01}, X_{02}, \cdots, X_{0k})$,每段长度 $M + L$,每段的起始与参考信号同步。从图 4.44 可以看出,由于目标回波通道分段截取后,各段之间会有部分重叠;$L$ 对应为需要处理的距离量程。

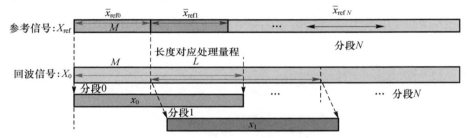

图 4.44  任意长度数据分段相关处理处理流程(见彩图)

但是,参考信号是根据系统需要探测的目标最大速度范围,确定分段间隔和参考分段长度。有效分段长度(间隔)$M \geqslant f_s(\lambda/(4V_{\max}))$。

将 $\bar{x}_{\text{refi}}$ 和 $x_i$ 做脉冲压缩处理,处理前需对各段参考信号数据进行 $L$ 长度填 0,通过频域处理,得到各个距离单元数据匹配滤波输出,即

$$x_{oi} = \text{IFFT}\{\text{FFT}(x_i) \times \text{conj}[\text{FFT}(\bar{x}_{\text{refi}})]\} \qquad i = 0, \cdots, M + L - 1 \quad (4.111)$$

以此构成距离 - 多普勒两维数据矩阵,如图 4.45 所示,矩阵中的每列所有数据都表示相同距离单元的数值,对相同距离单元的数据进行谱分析,可得到外辐射源雷达在距离 - 多普勒两维平面上的相应回波,即

$$P(\tau, w_d) = \sum_{i=0}^{M-1} e^{-jw_d i} x_{oi} \qquad (4.112)$$

由于多普勒频率的关系,在距离 - 多普勒二维谱处理中对各种可能的多普勒频率进行补偿。通过多普勒补偿后,相关处理将获得时延 - 多普勒二维谱的估计。所以,对每次采样进行处理后,将获得目标的双基地距离和速度信息。每次采样时间内的整段或截取一段进行相关处理,再对近距离零速地物回波进行剔除后,输出

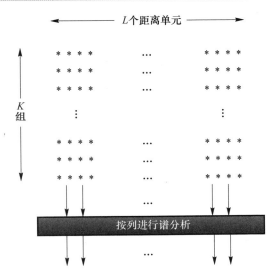

图 4.45　距离 – 多普勒维 FFT 滤波

一次点迹。多次等间隔采样数据经过处理后,将获得目标的连续的航迹。

距离 – 多普勒维 FFT 滤波输出形成 $F_d - T$ 二维空间分布的矩阵。经过门限检测,形成点迹输出矩阵。如图 4.46(a) 为距离 – 多普勒维输出的多批目标信号,(b) 是过门限的点迹数据。

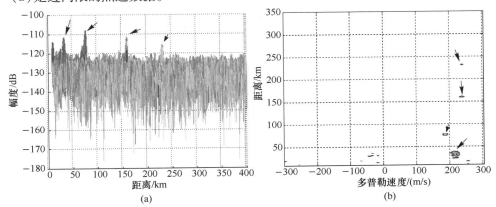

图 4.46　单次采样数据中截取长 0.3s 距离 – 多普勒维
FFT 滤波处理后的输出谱(见彩图)

## ■ 4.7　模拟电视图像信号的失配滤波处理

模拟电视信号包括视频和音频两个部分。其中,音频信号按照调频的方式进行调制,视频信号按照调幅残留边带的方式进行发射。

在前面介绍图像视频信号时,可以将其归类为周期 $64\mu s$ 的周期信号。因此其模糊函数在距离维每隔 19.2km 处便会出现一个与主瓣几乎一样高的模糊距离副瓣,从而导致其最大不模糊双基地探测距离和 $(R_t + R_r)$ 仅为 $19.2km^{[13,14]}$。

为了利用视频信号,本节首先介绍一种单独利用视频信号进行失配滤波的方法,如图 4.47 所示。失配滤波方法能够有效抑制视频信号中的模糊距离副瓣,并且通过分段设计失配滤波器的思想可以大大降低计算量,同时不影响失配滤波的性能。

但是由于视频信号很强的相关性,为了得到理想的峰值副瓣比,则会产生很大的失配信噪比损失。

图 4.47 是利用模拟电视视频和音频信号进行综合的失配滤波方法。

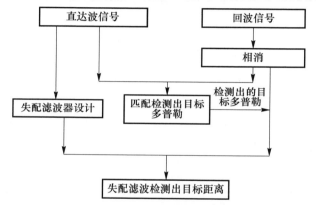

图 4.47 基于模拟电视图像信号的外辐射源雷达信号处理框图

## 4.7.1 失配滤波

常用的降低距离副瓣的失配滤波方法有凸规划失配滤波、最小二乘失配滤波等。

### 4.7.1.1 凸规划失配滤波

凸规划是一种非线性规划的优化方法,其基本思想是在信噪比损失一定的情况下,得到失配滤波器系数的全局最优解,所以称为最优 PSL 滤波器。其数学模型如下:

$$
\begin{cases}
\min\limits_{H} \ \max\limits_{1 \leqslant k \leqslant 2P-1} \ |Y(k)| \\
\text{s. t.} \quad ||h - h_0|| \leqslant \varepsilon
\end{cases}
\tag{4.113}
$$

式中:$h$ 为变量,其可行域 $R$ 是超球体,任何在 $R$ 中的两点连线之间的点在 $R$

中。根据凸集的定义可知 $R$ 是凸集;$Y(k)$ 是 $H$ 的线性函数,根据凸函数的性质,$Y(k)$ 是凸的。

多维复合函数的凸性质:只要函数是凸的并且对每一个变量都非单调降,则复合函数就是凸的。带绝对值的 $Y(k)$ 在满足上述性质的情况下是凸的。最后根据多个凸函数的最大值也是凸函数的性质,得出 $\max|Y(k)|$ 是凸的。根据凸函数理论,可以找到上述函数的全局极小值。值得注意的是,全局极小值是在 $\varepsilon$ 给定的情况下得到的,不同的 $\varepsilon$ 将得到不同的全局极小值。

### 4.7.1.2　最小二乘失配滤波算法

最小二乘失配滤波广泛应用于二相码与多相码信号的副瓣抑制,将这种方法推广应用于电视图像信号的副瓣抑制。这里采用的算法是以积分副瓣电平(ISL)最小为约束条件,通过迭代的方法来逼近峰值副瓣电平(PSL)最小。

具体算法:设回波信号采样后得到长度为 $N$ 的序列 $\{s_k\}$($k=0,1,\cdots,N-1$),失配滤波器的阶数 $P \geqslant N$,失配滤波器的权用 $h$ 表示。将信号 $\{s_k\}$ 两头补 0,构成长度为 $P$ 的输入信号 $S$:

$$S^{\mathrm{T}} = \begin{bmatrix} 0 & \cdots & 0 & s_0 & s_1 & \cdots & s_{N-1} & 0 & \cdots & 0 \end{bmatrix} \tag{4.114}$$

则输入信号滤波器系数为

$$h^{\mathrm{T}} = \begin{bmatrix} h_0 & h_1 & \cdots & h_{N-1} & h_N & \cdots & h_{P-1} \end{bmatrix} \tag{4.115}$$

引入矩阵

$$X = \begin{bmatrix} 0 & \cdots & 0 & s(0) & s(1) & \cdots & s(p-1) \\ 0 & \cdots & s(0) & s(1) & s(2) & \cdots & 0 \\ \vdots & & \vdots & \vdots & \vdots & & \vdots \\ s(0) & \cdots & s(p-2) & s(p-1) & 0 & \cdots & 0 \end{bmatrix} \tag{4.116}$$

则失配滤波后的输出为

$$y = X^{\mathrm{H}} h = \begin{bmatrix} y_1 & y_2 & \cdots & y_{P-1} & y_P & \cdots & y_{2P-1} \end{bmatrix}^{\mathrm{T}} \tag{4.117}$$

这里除了 $y_P$ 为主瓣峰值外,其余的均为不希望的副瓣。加权对角阵为

$$\begin{aligned} W &= \mathrm{diag}\begin{bmatrix} w_1 & \cdots & w_{P-1} & w_P & w_{P+1} & \cdots & w_{2P-1} \end{bmatrix} \\ &= \mathrm{diag}\begin{bmatrix} 1 & \cdots & 1 & 0 & 1 & \cdots & 1 \end{bmatrix} \end{aligned} \tag{4.118}$$

由此可得积分副瓣电平为

$$\mathrm{ISL} = y^{\mathrm{H}} W y \tag{4.119}$$

最优的 ISL 滤波器是对于给定的输入信号使得式(4.113)的值最小。使式

(4.113)值最小的同时应当避免 $h = 0$ 的平凡解,因此需要有一个约束条件将输出的主瓣能量限制常数 $C$ 作为约束条件,则失配滤波器的权值要求为下式的解:

$$\begin{cases} \min \boldsymbol{y}^{\mathrm{H}} \boldsymbol{W} \boldsymbol{y} \\ y_p = \boldsymbol{s}^{\mathrm{H}} \boldsymbol{h} = C \end{cases} \tag{4.120}$$

将式(4.117)与式(4.118)代入式(4.119),可得

$$\mathrm{ISL} = \boldsymbol{h}^{\mathrm{H}} \boldsymbol{X} \boldsymbol{W} \boldsymbol{X}^{\mathrm{H}} \boldsymbol{h} = \boldsymbol{h}^{\mathrm{H}} \boldsymbol{B} \boldsymbol{h} \tag{4.121}$$

则式(4.120)的解为

$$\boldsymbol{h} = \boldsymbol{B}^{-1} \boldsymbol{S} (\boldsymbol{S}^{\mathrm{H}} \boldsymbol{B} \boldsymbol{S})^{-1} C \tag{4.122}$$

因为噪声输出与滤波器能量成正比,所以可以对滤波器的能量进行归一化,即

$$\boldsymbol{h} = \boldsymbol{h} / (\boldsymbol{h}^{\mathrm{H}} \boldsymbol{h}) \tag{4.123}$$

由于 $(\boldsymbol{S}^{\mathrm{H}} \boldsymbol{B} \boldsymbol{S})^{-1} C$ 是一个数值,经归一化后不起作用,因此式(4.122)等效为

$$\boldsymbol{h} = \boldsymbol{B}^{-1} \boldsymbol{S} \tag{4.124}$$

上式是针对积分副瓣电平而言的,实际中希望输出峰值副瓣电平最小,因此试图调整式(4.118)中权矢量的构成,调整公式为

$$w_k^{n+1} = w_k^n \times (\mathrm{abs}(y_k^n) + \delta), k = 1, \cdots, 2P - 1, k \neq P \tag{4.125}$$

式中:$\delta$ 为较小的常数,加上该常数以避免出现病态点(副瓣中的零点);$n$ 为迭代次数,试图通过迭代的方法来逐步达到副瓣峰值最小的目的。

通过调整加权系数矩阵 $\boldsymbol{W}$ 的初值和失配滤波器阶数 $P$,并采用迭代算法进行优化,可以得到较满意的失配滤波效果。如果允许放宽主瓣宽度,则可以按下式来调整权系数:

$$w_P = 0, w_k = 1, w_{P+1} = w_{P-1} = \beta, k = 1, \cdots, 2P - 1, k \neq P - 1, P, P + 1$$

$$\tag{4.126}$$

式中:$\beta = 1$,这就使 $y_{P+1}$ 和 $y_{P-1}$ 也属于主瓣,即放宽了主瓣。如果进一步放宽主瓣,则能得到更大的主副瓣比。在实际中要综合考虑对主副瓣比、主瓣宽度与信噪比损失的要求来选择合适的 $\delta$ 及 $\beta$,以及迭代次数,在主瓣宽度展宽和信噪比损失允许的范围内尽量提高主副瓣比。一般迭代 10 次左右就可以获得较理想的效果。采用上面约束条件的迭代算法步骤如图 4.48 所示。

### 4.7.1.3　改进的最小二乘失配滤波算法

失配滤波的目的是抑制距离副瓣,然而副瓣在得到抑制的同时主瓣也受到

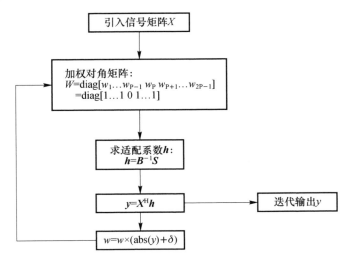

图 4.48　最小二乘失配滤波算法框图

抑制。上述失配滤波算法为了减少对主瓣的抑制增加了一个约束条件,即将输出的主瓣能量限制为常数 $C$。从求解的结果来看,失配滤波系数经过归一化之后与 $C$ 无关,因此上述失配滤波算法不能有效地降低主瓣的抑制程度。为了在抑制副瓣的同时使主瓣的抑制程度尽可能小,我们提出了改进的最小二乘失配滤波算法。

为了得到失配滤波器的系数,首先将参考信号矢量表示为

$$S_{\mathrm{ref0}} = \left[ s_{\mathrm{ref}}[ -R ], \cdots, s_{\mathrm{ref}}[ 0 ], \cdots, s_{\mathrm{ref}}[ R+N-1 ] \right]^{\mathrm{T}} \tag{4.127}$$

式中:信号矢量前后的 $R$ 是参考信号的附加采样点,代表要得到的失配滤波器的系数的长度,即要抑制的距离副瓣单元;$T$ 代表矩阵转置。

构造下面的代价函数,并求得该代价函数的最小值:

$$J = \left[ W - W_0 \right]^{\mathrm{H}}\left[ W - W_0 \right] + \sum_{\substack{n=-R \\ n\neq 0}}^{R} c_n W^{\mathrm{H}} S_{\mathrm{refl}}(n) S_{\mathrm{refl}}^{\mathrm{H}}(n) W \tag{4.128}$$

式中:$W_0$ 为 $N\times 1$ 的矢量,代表匹配滤波器的系数,且有

$$W_0 = \left[ s_{\mathrm{ref}}(0), s_{\mathrm{ref}}(1), \cdots, s_{\mathrm{ref}}(N-1) \right]^{\mathrm{T}} \tag{4.129}$$

$W^{\mathrm{H}} S_{\mathrm{refl}}(n) S_{\mathrm{refl}}^{\mathrm{H}}(n) W$ 代表 $n$ 个距离副瓣的能量和,即

$$S_{\mathrm{refl}}(n) = \left[ S_{\mathrm{ref}}(n), s_{\mathrm{ref}}(n+1), \cdots, s_{\mathrm{ref}}(n+N-1) \right]^{\mathrm{T}} \tag{4.130}$$

$c_n$ 是权值,用于在压制距离副瓣和信噪比损失之间寻求平衡,且 $c_n>2$。

代价函数 $J$ 包括两部分:第一项是最小化匹配滤波和失配滤波的相差程度,第一项越小。即两者越相似,则信噪比损失越小;反之,如果第一项的值越大即

两者相差越远,则信噪比损失越大,该项能够保证距离主瓣受抑制的程度尽可能小。第二项代表最小化距离副瓣的能量和,即距离副瓣和最小,抑制距离副瓣抑制得更好。通过对 $c_n$ 的调整,在信噪比损失和压制副瓣的程度之间折中。式(4.128)表示的是只压制了主瓣旁边的 $2 \times R$ 个距离副瓣,实际中可以选择压制任何长度的距离副瓣。

下面分析如何找到该代价函数的最小值,并求得在代价函数取得最小值时的失配滤波器系数。

代价函数 $J$ 的 Hessian 矩阵为

$$\boldsymbol{E} = 2 \times \left( \boldsymbol{I}_N + \sum_{\substack{n=-R \\ n \neq 0}}^{R} c_n \boldsymbol{S}_{\text{refl}}(n) \boldsymbol{S}_{\text{refl}}^{\text{H}}(n) \right) \tag{4.131}$$

式中:$\boldsymbol{I}_N$ 为 $N \times N$ 的单位矩阵。

从式(4.131)容易知道,$\boldsymbol{E}$ 是共轭对称矩阵(因为 $\boldsymbol{E}^{\text{H}} = \boldsymbol{E}$),而且当 $c_n > 2$ 时,$\boldsymbol{E}$ 是半正定矩阵(因为不等式 $\boldsymbol{xEx} \geq 0$ 总是成立的,$\boldsymbol{x}$ 是 $1 \times N$ 维复数矢量)。根据有关凸函数的性质,得出代价函数 $J$ 是凸的(在 $c_n > 0$ 的条件下)。

因此,为了得到代价函数的最小值,只需令代价函数 $J$ 的一阶导数等于 0,即

$$2 \times \left( \boldsymbol{W} - \boldsymbol{W}_0 + \sum_{\substack{n=-R \\ n \neq 0}}^{R} c_n \boldsymbol{S}_{\text{refl}}(n) \boldsymbol{S}_{\text{refl}}^{\text{H}}(n) \boldsymbol{W} \right) = 0 \tag{4.132}$$

解式(4.132),可得失配滤波器的系数为

$$\boldsymbol{W} = \left( \boldsymbol{I}_N + \sum_{\substack{n=-R \\ n \neq 0}}^{R} c_n \boldsymbol{S}_{\text{refl}}(n) \boldsymbol{S}_{\text{refl}}^{\text{H}}(n) \right)^{-1} \boldsymbol{W}_0 \tag{4.133}$$

需要注意的是,在外辐射源雷达系统中,强杂波和多径等复杂环境下检测微弱目标回波信号,需要长时间地相干积累,这就要求匹配或失配滤波器的系数达到几万甚至几十万阶。为了计算出失配滤波器的系数,如果直接求解式(4.133)需要做 $O[(2R+1)N^2 + N^3 + 2RN]$ 次复数乘法运算,运算量会很大并且内存不够。因此,下一节利用一种分段求解失配滤波器因子的方法,可以大大降低运算,满足工程应用的要求。

### 4.7.2　分段求解失配滤波器系数的算法

为了减少计算失配滤波器系数的运算量,不是一次将失配滤波器系数整段计算出来,而是将需要计算的失配滤波器系数分成许多小段,然后按照式(4.133)求解每段的失配滤波器因子,最后将每段求解的失配滤波器因子拼接起来就可得到整段失配滤波器因子。

如图4.49所示,将失配滤波器的系数分成 $b = N/N_B$ 段,每段长度为 $N_B$($N_B$

可以取任何大于 0 的整数)。整段失配滤波系数为

$$W = \begin{bmatrix} \overline{W}_{b_0}^{\mathrm{T}} & \overline{W}_{b_1}^{\mathrm{T}} \cdots \overline{W}_{b_{n-1}}^{\mathrm{T}} \end{bmatrix} \quad (4.134)$$

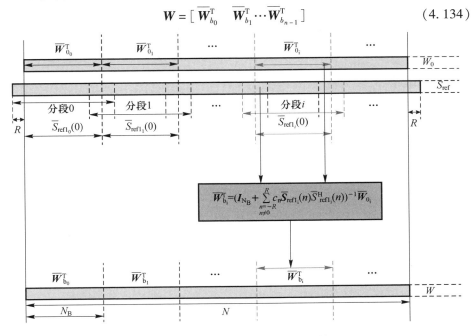

图 4.49　分段求解失配滤波器系数

每段失配滤波器因子 $\overline{W}_{b_i}^{\mathrm{T}}$ 可以由式 (4.133) 得到, 即

$$\overline{W}_{b_i}^{\mathrm{T}} = \Big(I_{N_{\mathrm{B}}} + \sum_{\substack{n=-R \\ n \neq 0}}^{R} c_n \overline{S}_{\mathrm{ref}1_i}(n) \overline{S}_{\mathrm{ref}1_i}^{\mathrm{H}}(n)\Big)^{-1} \overline{W}_{0_i} \qquad i = 1,2,\cdots,b$$

$$(4.135)$$

式中: $\overline{W}_{b_i}^{\mathrm{T}}$ 和 $I_{N_{\mathrm{B}}}$ 分别为 $N_{\mathrm{B}} \times 1$ 维和 $N_{\mathrm{B}} \times N_{\mathrm{B}}$ 维矩阵; $\overline{S}_{\mathrm{ref}1_i}$ 和 $\overline{W}_{0_i}$ 分别为

$$\overline{S}_{\mathrm{ref}1_i}(n) = \big[s_{\mathrm{ref}}(n+iN_{\mathrm{B}}), s_{\mathrm{ref}}(n+1+iN_{\mathrm{B}}), \cdots, s_{\mathrm{ref}}(n+N_{\mathrm{B}}-1+iN_{\mathrm{B}})\big]^{\mathrm{T}}$$

$$(4.136)$$

$$\overline{W}_{0_i} = \big[s_{\mathrm{ref}}[iN_{\mathrm{B}}], s_{\mathrm{ref}}[1+iN_{\mathrm{B}}] \cdots, s_{\mathrm{ref}}[N_{\mathrm{B}}-1+iN_{\mathrm{B}}]\big]^{\mathrm{T}} \qquad i = 0,\cdots,b-1$$

$$(4.137)$$

这种改进的分段失配滤波算法仍然需要计算矩阵的逆, 但是矩阵维数已经降为 $N_{\mathrm{B}} \times N_{\mathrm{B}}$。

计算每段的失配滤波因子的运算量 (复乘次数) 为 $O\big[(2R+1)N_{\mathrm{B}}^2 + N_{\mathrm{B}}^3 + 2RN_{\mathrm{B}}\big]$, 则总的运算量将为 $O\big[(2R+1)N_{\mathrm{B}}N + N_{\mathrm{B}}^2N + 2RN\big]$, 与原来的运算量 (复乘次数) $O\big[(2R+1)N^2 + N^3 + 2RN\big]$ 相比运算量已经降下了很多 (因为 $N_{\mathrm{B}} \ll N$)。

假设 $R=6$，$N=200000$，$N_B=30$，则对应的复数乘法数位 $2.6 \times 10^7$。而且采用分段处理算法，失配滤波器因子的计算可以与数据的采集同时进行，只要采集完第一段的数据，就可以开始失配滤波器系数计算，这无疑减少了算法对系统数据处理能力的要求。

### 4.7.3　最小二乘失配滤波性能分析

对上述失配滤波算法进行仿真。由于已经对改进的最小二乘失配滤波算法以及其分段算法的运算量做了对比分析，而且改进的最小二乘失配滤波算法与最小二乘失配滤波算法的基本原理一致，运算量也相当，因此这里不再对改进最小二乘失配滤波算法进行仿真，而只对凸规划失配滤波算法以及最小二乘失配滤波算法进行性能仿真。

这里对 4 行和 8 行 PAL 制 100/0/100/0 规格的标准彩条信号进行仿真。首先进行匹配滤波，其结果如图 4.50 所示。由图可看出，采用多行长度的信号作为照射源，会产生许多较高的副瓣，副瓣以 $64\mu s$ 为周期出现。这是因为电视信号每行之间为缓变的，其相关程度很高，所以当时间加长，不同行的信号之间的相关会造成高的副瓣。这样的匹配输出现多个目标，即产生距离模糊。

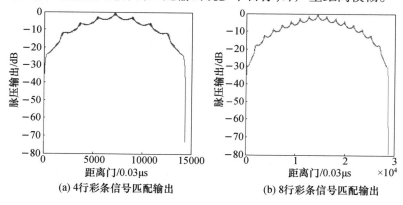

(a) 4行彩条信号匹配输出　　(b) 8行彩条信号匹配输出

图 4.50　标准彩条信号匹配滤波输出

下面采用基于最小二乘的失配滤波算法和基于凸规划的失配滤波算法两种失配的方法对副瓣进行抑制。使用这两种失配算法对彩条信号进行处理后得到结果如图 4.51 所示。

对比图 4.50 与图 4.51 可知，相比于匹配滤波，两种失配滤波算法的输出结果中均有一个很高的主瓣，副瓣得到了有效抑制。

失配滤波算法在抑制模糊距离副瓣的同时，也将主瓣进行一定程度的抑制，造成一定程度的信噪比损失，从而降低了最大探测距离。对两种失配滤波算法的信噪比损失进行仿真分析，结果如图 4.52 所示。

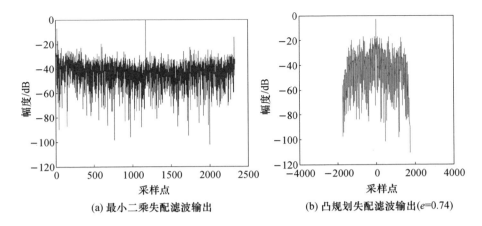

(a) 最小二乘失配滤波输出　　　　(b) 凸规划失配滤波输出($e$=0.74)

图 4.51　标准彩条信号失配滤波输出

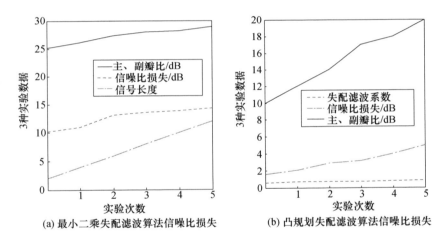

(a) 最小二乘失配滤波算法信噪比损失　　(b) 凸规划失配滤波算法信噪比损失

图 4.52　失配滤波信噪比损失分析(见彩图)

图 4.52(a)采用最小二乘法对彩色电视图像信号进行失配滤波时,信噪比损失较大,通过对多行标准彩条信号做失配分析,得到信噪比损失在 10～15dB 的范围内,这个损失是随着信号的长度增长而变大的(主、副瓣比也随之提高),但增量很小。由于信噪比损失较大,导致在回波信号较弱情况下有可能无法检测。

图 4.52(b)采用基于凸规划的失配滤波算法对彩色电视图像信号进行失配滤波时,失配滤波系数 $e$ 取不同的值,会有不同的信噪比损失,随之也会得到不同的主、副瓣比。总的来说信噪比损失可以控制在一个较小的范围内。仿真分析结果见表 4.2 所列。

表 4.2　凸规划失配滤波算法信噪比损失主、副比以及失配系数之间的关系

| 失配系数 $e$ | 0.60 | 0.70 | 0.72 | 0.74 | 0.80 | 0.85 |
|---|---|---|---|---|---|---|
| 信噪比损失 $L_{SNR}$/dB | 1.60 | 2.12 | 2.95 | 3.23 | 4.05 | 5.01 |
| 主、副瓣比/dB | 10 | 12 | 14 | 17 | 18 | 20 |

　　由上述分析可知,基于最小二乘的失配滤波算法的信噪比损失较大,基于凸规划的失配滤波算法选取合适的失配系数,可以将信噪比损失控制在一个较小的范围内。然而,在实际应用中失配系数的选择并不容易,而且凸规划问题没有解析解,需要使用优化工具来进行求解,不便于工程实现。上述两种算法的计算量以及内存消耗量都很大,当失配滤波系数长度很大时,上述两种算法几乎不能工程实现。

　　本节提出了改进的最小二乘失配滤波算法,使用该算法很大程度地降低了计算量以及存储量。结合图像和伴音信号综合技术,在保证一定主、副比的前提下可以较大程度降低了信噪比损失。

### 4.7.4　频谱综合

　　失配滤波算法可以有效地抑制电视图像信号的模糊距离副瓣。然而由于图像信号行与行之间具有很强的相关性,模糊距离副瓣被抑制的同时,主瓣也受到了较大程度的抑制,从而使得失配信噪比损失很大,降低了目标探测距离。为了利用图像信号的高发射功率,同时降低失配过程中的信噪比损失,本节讨论利用模拟电视图像和伴音信号进行综合失配滤波的方法。充分利用模拟电视信号全部发射功率,同时伴音信号可以看作一个伪随机信号,在获得同样峰值副瓣比的情况下,图像和伴音信号综合失配滤波信噪比损失要比单独利用图像信号的失配信噪比损失小很多,从而可以进一步提高目标的检测能力。

　　模拟电视系统中,同一频道的图像和伴音信号虽然分布在连续的频带范围内(图像信号载频比伴音信号载频高 6.5MHz),但图像信号的绝大部分能量集中在载频附近。

　　在实际处理过程中,为了降低数据采样率和系统复杂度,图像信号一般只取载频附近占总带宽很小一部分频带的信号,从而导致所选取的图像信号的频谱和伴音信号的频谱不在一个连续的频带范围内。

　　因此,为了综合利用图像和伴音信号,首先需要对它们进行频谱综合(对图像与伴音信号分别进行滤波和下变频,然后进行相加),使选取的图像和伴音信号的频谱位于连续的频带范围内。

　　图 4.53 对图像和伴音信号进行频谱综合以后获得的频谱图。通过对实测得到的图像和伴音信号首先分别进行带通滤波(图像信号的滤波器带宽为其载

频附近 85kHz,伴音信号滤波器带宽为其载频附近 ±40kHz),然后将图像信号下变频到 40kHz,伴音信号下变频到 −85kHz,最后将图像和伴音信号抽取以后相加。

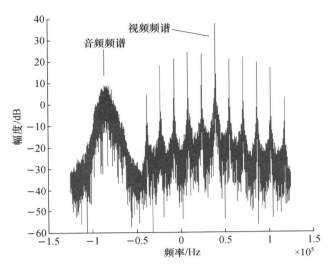

图 4.53    图像和伴音信号综合频谱图

### 4.7.5    图像伴音综合的分段失配滤波算法性能

设失配滤波器的长度 $N = 70000$;R 取 $64T( T = 0,\cdots,\ \pm 3)\ \mu s$,即对模糊距离副瓣及其附近进行抑制;分段求解失配滤波器因子,每段的长度为 100。

当权值因子 $c_k = 40$ 时,得到的图像和伴音信号综合匹配和失配结果在零多普勒维的截面图。图 4.54 中失配后输出的主瓣要比匹配结果中的主瓣低 2.1dB,即失配信噪比损失为 2.1dB;失配以后的峰值距离副瓣相对于主瓣低 2.2dB,即峰值副瓣比为 −2.2dB。

图 4.55 是 $N_B$ 分别取 100 和 30 时得到的单独图像信号失配与图像和伴音信号综合失配性能之比。从图 4.56 中可以看出:

(1)相对单独利用图像信号进行失配,图像和伴音信号综合失配滤波器在得到同样峰值副瓣比的情况下,信噪比失配损失小。

(2)同时发现图像和伴音信号综合失配滤波器分段长度越长(图 4.56),目标距离维主、副瓣比性能越好。当 $N_B = 30$ 时,要获得 −3dB 峰值副瓣比,则会产生将近 4.5dB 的失配信噪比损失。当 $N_B = 100$ 时,同样 −3dB 峰值副瓣比,失配损失为 3dB 左右。当最大 $N_B = 200$ 时,希望 4.5dB 峰值副瓣比,失配损失为 4dB 左右。

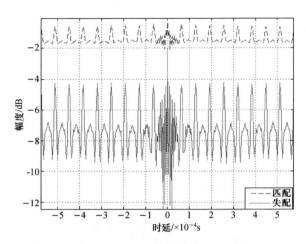

图 4.54 图像和伴音信号综合匹配和失配零多普勒维截面(见彩图)

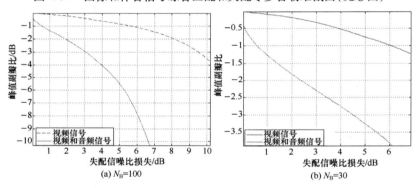

(a) $N_B=100$

(b) $N_B=30$

图 4.55 分段数不同时单独图像信号失配与图像和伴音
信号综合失配性能之比(见彩图)

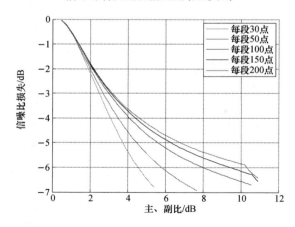

图 4.56 不同分段长度所对应的失配信噪比损失与主、副比关系(见彩图)

## ◣ 4.8　目标微多普勒特征检测

　　飞机类目标的微多普勒特征检测技术已经比较成熟(图 4.57)。由于外辐射源雷达一般采用长时间积累技术,外辐射源雷达的目标微多普勒特征分辨力也大大加强。

图 4.57　基于微多普勒特征的目标分类

### 4.8.1　窄带雷达目标分类方法

　　针对飞机类目标的分类识别方法主要分为五类:基于目标运动特征、根据目标回波起伏 RCS 特征、基于目标极化特征、基于目标极点特征和基于微多普勒调制特征。

　　基于运动特征的识别方法,响应速度快、复杂度小,但准确率较低,适用范围有限,且仅限于高速喷气式类目标及低速直升机类目标。基于调制特征的识别方法,准确率较高,但算法复杂度较高,关键是多普勒分辨力要求较高。分类处理架构如图 4.58 所示。

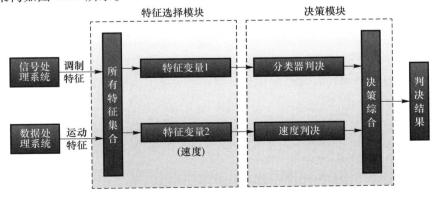

图 4.58　雷达螺旋桨、直升机和喷气式目标分类处理架构

## 4.8.2 微多普勒特征量选择分类方法[15]

微动特征包括直升机旋翼转动、螺旋桨桨叶转动及弹头进动等。而旋转部件,对目标回波的周期性调制作用,在空气动力目标的分类识别中有着良好的应用。

微多普勒调制特征在谐振区也有效。与光学区相比,谐振区目标调制回波的波峰有明显的展宽。靠近目标回波主峰的幅值,较大的副瓣会相互叠加,使得回波的调制特性发生了明显变化。由于较大副瓣相互叠加的影响,在谐振区,如直升机回波主峰之间副瓣的幅值明显增大,螺旋桨飞机的回波调制特性则相对变弱,喷气式飞机回波中仅有特别微弱的调制。以下对目前研究的典型调制特征进行简介。

### 4.8.2.1 谱线间隔

电磁波由于受旋转桨叶的周期性调制而产生一系列的谱线,其周期为谱线间隔,即

$$f_T = P \cdot N \cdot f_r \tag{4.138}$$

式中:$N$ 为桨叶数(当 $N$ 为奇数时 $P=2$,当 $N$ 为偶数时 $P=1$);$f_r$ 为桨叶转速。

谱线间隔反映调制谱的周期特性。现代飞机的桨叶个数和桨叶转速已经按空气动力学设计为最佳,正常巡航时通常是恒速转动。因此,对特定型号的飞机和雷达来说,其调制谱的周期特性 $f_T$ 固定。通常,直升机的谱线间隔为 $10 \sim 50\mathrm{Hz}$,螺旋桨飞机的谱线间隔为 $60 \sim 300\mathrm{Hz}$,喷气式飞机则更大。

### 4.8.2.2 谱线宽度

旋转部件端点线速度相对雷达径向的投影速度将带来多普勒偏移,谱线宽度反映了这种偏移,其定义为

$$B = \frac{4\pi \cdot P \cdot f_r \cdot L \cdot \cos\beta}{\lambda} \tag{4.139}$$

式中:$L$ 为桨叶有效长度;$\beta$ 为俯仰角。

因此,该特征综合与旋转桨尖端的线速度和雷达的发射频率相关。

### 4.8.2.3 谱线个数

谱线个数在一定程度上反映飞行位置和飞机姿态,综合反映旋转桨的调制作用。其定义为

$$N_1 = \frac{8\pi \cdot L \cdot \cos\beta}{N \cdot \lambda} \tag{4.140}$$

### 4.8.3　调制特征数据分析

利用基于调频广播外辐射源雷达试验系统,对喷气式民航飞机、螺旋桨飞机和直升机进行数据采集。基于获取的近 200 批有效数据分析表明,采用基于多种调制特征的目标分类识别方法,在米波段雷达对喷气式飞机、螺旋桨飞机、直升机目标的识别准确率优于90%。

#### 4.8.3.1　喷气式类目标调制特征

图 4.59 为外辐射源雷达系统采集到的喷气式类目标在分段处理等效重频500Hz 下的典型调制谱。由于等效重频比较低,频谱切片不能显示完整的调制谱线,所以采集到的数据均无调制谱出现。

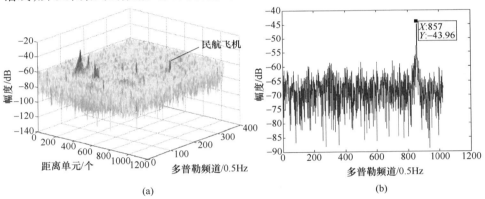

图 4.59　等效重频为 500Hz 时喷气式类目标的频谱图(见彩图)

#### 4.8.3.2　螺旋桨类目标调制特征

根据空气动力学需求,典型四桨叶螺旋桨飞机的起飞转速通常设计为2500r/s 左右,巡航转速设计为 2100r/s 左右。

四桨叶螺旋桨运输机回波数据采集系统的主要参数:

(1)处理周期(波位驻留时间):2s(频率分辨力 0.5Hz)。

(2)采样点数:1024(双边多普勒维宽度为 $1024 \times 0.5 = 512(Hz)$)。

(3)外辐射源电台波长:$\lambda = 2.924m$(FM 电台频率 102.6MHz)。

谱线调制周期规律

$$f_T = PNf_r$$

式中:$f_r$ 为桨叶转速;$N$ 为桨叶数(当 $N$ 为奇数时 $P = 2$,当 $N$ 为偶数时 $P = 1$)。

当桨叶转速 $f_r = 1200r/min$ 时,谱线调制周期 $f_T \approx 80Hz$。

试验数据获得目标在进近之前谱线调制周期 $f_T = 73\text{Hz}$。

估计到当前该目标的螺旋桨转速 $f_r = 727.5\text{r}/\text{min}$。即飞机在进近之前,发动机工作工况是最大推力的 45% 以下($727/2500 = 0.43$)。

调制谱的单边谱线个数为

$$N_1 = \frac{8\pi(L_2 - L_1)}{PN\lambda}\cos\beta$$

$\beta = 78°$ 约为 $12°$,$PN = 4$,$\lambda = 300/102.6 = 2.924(\text{m})$,则得到 $N_1 \approx 1$。

以及调制谱的双边谱宽为

$$B_1 = N_1 f_T = \frac{8\pi f_r(L_2 - L_1)}{\lambda}\cos\beta \approx 274$$

式中:$L_1$ 为桨叶根部离旋转中心的距离;$L_2$ 为桨叶尖部离旋转中心的距离;$\beta$ 为双基地夹角。

图 4.60 和图 4.61 为螺旋桨类目标在等效重频 500Hz 下的连续多帧典型调制谱。由于重频比较低和波长比较大,频谱切片显示调制谱线很少,且在某些姿态下(如背向飞行)调制谱线会很小。

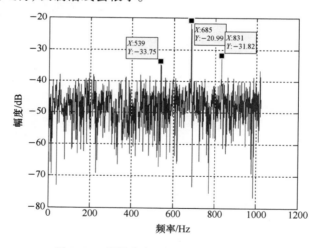

图 4.60　螺旋桨类目标谱线间隔 71.2Hz

### 4.8.3.3　直升机类目标调制特征

试验系统主要参数:

(1) 处理周期(波位驻留时间):2s(频率分辨力 0.5Hz)。

(2) 采样点数:1024(双边多普勒维宽度为 $1024 \times 0.5 = 512(\text{Hz})$)。

(3) 外辐射源电台波长:$\lambda = 2.89\text{m}$(频率 103.8MHz)。

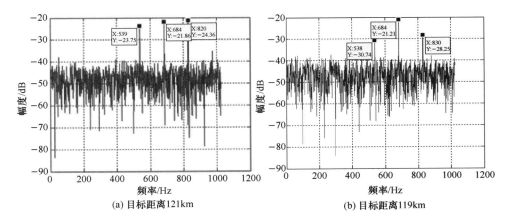

(a) 目标距离121km　　　　(b) 目标距离119km

图 4.61　四桨叶飞机径向飞行,双基地夹角不小于10°,连续多帧的多普勒维切片图

直升机参数:

(1) 型号:直-9C;飞行高度≤1000m。

(2) 旋翼桨数:4。

(3) 桨长:6m。

(4) 旋翼转速:6rad/s。

(5) 叶片"闪光"频率:≈24Hz(飞机正常巡航飞行时,根据转速计算)。

(6) 闪光周期:≈42ms。

对回波数据进行FFT运算,得到距离-多普勒维回波数据,如图4.62所示。直升机的调制特性与喷气动力民航目标明显不同。表4.3列出连续三组数据的对直升机谱线的测量结果。目标所处单元的多普勒维分布如图4.63所示。

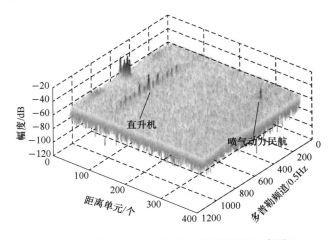

图 4.62　直-9C 目标距离-多普勒谱(见彩图)

表 4.3　直升机数据统计分析结果

| 数据编号 | 直升机目标距离/km | 多普勒谱宽/Hz | 旋翼多普勒线速度/(m/s) | 谱线间隔/Hz | 调制谱信噪比/dB |
|---|---|---|---|---|---|
| 第 1 组 | 100 | 288 | 208.1 | 24 | 7.3 |
| 第 2 组 | 90 | 288 | 208.1 | 24 | 10 |
| 第 3 组 | 82.5 | 288 | 208.1 | 24 | 13.5 |

数据分析:

叶片中每一点相对机身的线速度是不一样的,最远点的线速度最大。若叶片长为 6m,旋转频率为 10Hz,那么最远点相对机身速度为 376m/s ± $V_0$ ($V_0$ 为机身相对雷达速度),需要先在频域滤除地杂波,直升机叶片回波的多普勒频率在 $2 \times (-376\text{m/s} \pm V_0)/\lambda \sim 2 \times (376\text{m/s} \pm V_0)/\lambda$ 之间连续分布,可以根据这一特征判别是否为直升机。

(1) 旋翼调制谱形状。外辐射源雷达系统的采样时间共覆盖了约 50 个旋翼闪光周期(闪光周期约 40ms),对其进行 FFT 结果可等效为周期脉冲序列的频谱,即为离散的受重复周期调制的频谱。

谱线周期由桨数 $N$ 和桨速 $f_{rot}$ 决定,谱线幅度 $C_m$ 由参数 $\lambda$、$l$、$\phi$、$N$、$\psi_0$ 和贝塞尔函数决定,单边谱线个数为

$$N_1 = \frac{4\pi l \cos\varphi}{N\lambda} = \frac{4\pi \times 6 \times 1}{4 \times 300/103.8} \approx 6$$

由试验结果图 4.63 可以看出,直升机主谱双边出现冲激串状谱线,且左右对称,各 6 根,谱线间间隔均等,为 24Hz,正好为直 -9C 直升机旋翼的闪光频率,与理论计算结果完全吻合。

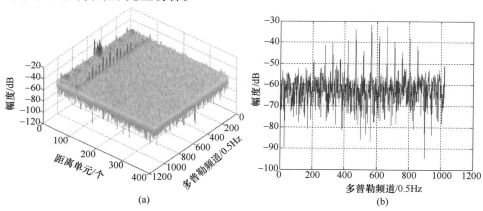

(a)　　　　　　　　　　　　　(b)

图 4.63　等效重频为 500Hz 时直升机类目标的调制谱(见彩图)

注:目标距离 82.5km,多普勒谱宽 288Hz,谱线间隔 24Hz。

（2）谱宽。直升机的微多普勒频谱是时变的。设主旋翼正、负多普勒瞬时谱宽分别为 $F_{m+}$ 和 $F_{m-}$，以正多普勒谱宽为例，当雷达照射瞬间，若正好有一叶片垂直雷达波，并向靠近雷达的方向旋转，则此时正多普勒谱最宽，即

$$F_{m+max} = \frac{2l\Omega}{\lambda}\cos\varphi$$

直－9C 直升机参数，$l = 6m$，$\Omega = 6rad/s$；取外辐射源雷达系统 $\lambda = 2.89m$，直升机仰角 $\phi$ 近似取 0°，代入上式，则有

$$F_{m+max} = \frac{2l\Omega}{\lambda}\cos\varphi = \frac{2 \times 6 \times (6 \times 2\pi)}{2.89} = 156(Hz)$$

由表 4.3 可知，直升机向站飞行期间 3 个采样点对多普勒谱宽的分析结果是一致的，均为 288Hz，对应旋翼相对雷达运动的线速度为 208.1m/s。

上述数据分析与理论结果基本是一致的，进一步说明了直升机旋翼的旋转对主谱的展宽程度。

## ◼ 4.9　基于 DSP 的实时信号处理硬件实现

### 4.9.1　通用 DSP 信号处理板结构

基于外辐射源雷达信号处理数据量大且需要实时性高。下面以典型的 TS101SDSP 为例，介绍 DSP 架构下的外辐射源雷达信号处理。为了提高系统的可编程能力以及方便地进行系统扩展和升级，将雷达信号处理机模块化和通用化，这样可以通过灵活的软件编程来适应处理问题的变化和算法的发展，通过简单的硬件扩展来适应处理规模的变化。通用 DSP 信号处理板结构如图 4.64 所示。

### 4.9.2　通用 DSP 处理板外辐射源雷达实时信号处理系统

图 4.65 给出了基于通用 DSP 处理板外辐射源雷达实时信号处理系统，硬件结构框图如图 4.66 所示。利用 ICS－554A 数据采集卡进行数字信号采集，ICS－554A 有四路模拟接收通道，每路接收通道 AD 采样率可达 80～105MHz，将每秒采集到的一帧数据分批缓存到 FIFO 中，当 FIFO 存满后服务器将通过 PCI 总线将数据读入服务器内存，然后将一帧数据发往 DDC 板卡。

DDC 板卡主要完成对一帧数据的数字下变频，将前端采集后的带通信号频谱搬移到零频，然后对其做低通滤波，获取有用频带信号，再对数据进行抽取，降低数据率，后将数据通过 FPDP 口或者链路口传入相消脉压板卡。

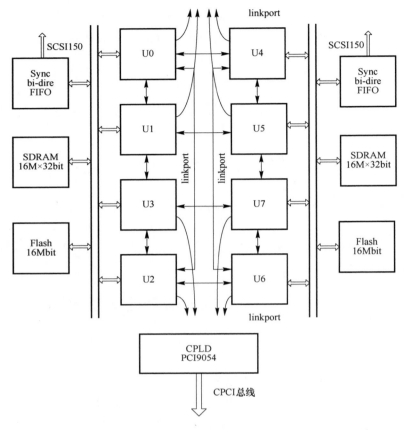

图 4.64　通用 DSP 信号处理板结构

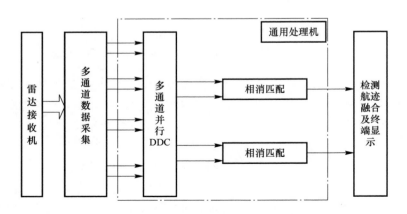

图 4.65　基于通用 DSP 处理板外辐射源雷达实时信号处理系统

相消匹配是对前端 DDC 后的直达波信号和目标回波信号进行距离多普勒处理。

目标检测、航迹处理对相消脉压后的结果在距离 – 多普勒维进行恒虚警检测,获取目标的相关信息,然后对目标的相关信息进行处理,解算出目标的角度、位置等,最终显示目标航迹。

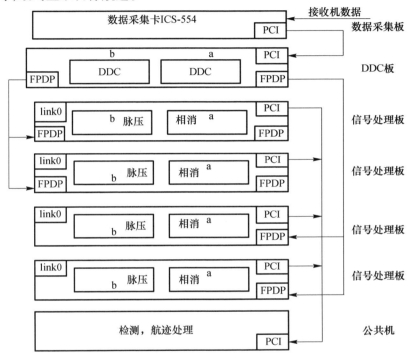

图 4.66　实时系统硬件结构框图

图 4.67 中 DDC 处理板由 PCI 乒乓送入多路中频信号。每次通过 DMA 连续送入一路,存于 SDRAM1/2。ID0/4 用于数据输入及转发控制,在 ID1 – 3 中并行处理一路数据,ID1 – 3 从 SDRAM1 中读入数据进行下变频、滑动滤波处理,然后将结果通过 DMA 存于 SDRAM1/2。在乒乓读取多路数据时保证相同站的回波与直达波存入相同 SDRAM,等相同帧的多路数据处理完后,通过 FPDP 口将对应站的直达波与目标回波信号传于相消匹配板。

相消匹配信号处理板中一块子板的 4 片 DSP 用于杂波相消处理,另一块子板用于距离多普勒处理,相消后的结果经链路口传至距离多普勒处理子板进行处理。杂波相消程序需要 4 片 TS101,单独占用一块子板,和匹配处理共同占用一块通用信号处理板。

直达波相消代码是每片 DSP 分别计算 1s 的数据,利用子板之间的链路口可

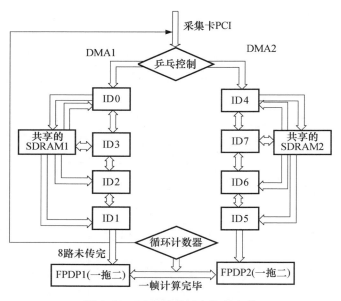

图 4.67　DDC 处理板内处理流程

以方便地将相消之后的数据发送给匹配处理子板。每片 TS101 计算完相消后,就通过链路口把数据发给距离、多普勒,距离、多普勒这 4 片 DSP 同时开始计算,在相消的下一秒结果出来前完成。

　　为加快速度,采用乒乓方式发数,这在 TS101 中实现起来同样方便。相消主程序也采用乒乓方式,如图 4.68 所示。

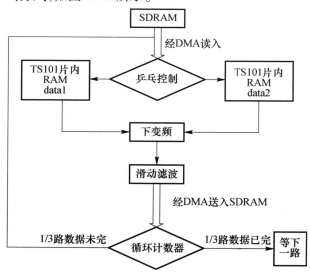

图 4.68　DDC 处理板片内 DDC 处理流程

对于自适应相消的主程序设计和实现,由于每片 TS101 中的相消主程序程序是彼此独立的,只是在通过 FPDP 总线接收波束数据时需要相互之间传递令牌(图 4.69)。那么,每片 DSP 中的相消程序基本上是一样的,而相消主程序是完全一样的。

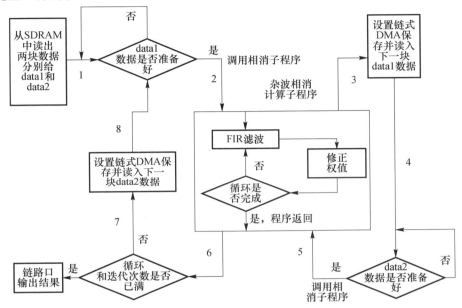

图 4.69　自适应副瓣相消主程序程序流程图

## ◢ 4.10　基于高性能计算的实时信号处理

对于以 DSP 作为基本核心计算单元而搭建的平台上进行外辐射源雷达实时信号处理时,借鉴早期单路相消处理中使用的分段数据处理,已经有一定的复杂度。而在多源多波束外辐射源雷达系统中(辐射源数设为 $L$,接收波束数设为 $B$),则在保持原有的数据采样率不变的情况下,处理规模达到了原有规模的 $N$ 倍($N$ = 相消路数 × 波束数,即 $N = L \times B$)。

对于处理规模可扩展的要求,实时处理时间需要大幅减少,对处理器的硬件性能与资源需求大幅增加,因为规模增加而分段数据处理的复杂度也会大幅上升。

针对 DSP 方案的上述缺点,本节采用高性能计算来完成外辐射源雷达信号处理。与 DSP 方案相比,优点体现在以下四个方面:

(1)高性能计算在服务器平台上进行数据处理,不用对数据进行分段,一次处理即可,大大减小了 DSP 数据处理与调度的复杂性。

（2）高性能计算并行机平台搭建简易。根据相关的运算量及实现选择相关的配置即可,没有 DSP 平台复杂的硬件调试。

（3）对大规模数据处理的需求通过软件并行优化,且处理的结果通常比 DSP 处理更精确。

（4）高性能计算平台有易扩展性与可重用性,而 DSP 平台在这两方面无法与之比拟。

基于高性能计算的外辐射源雷达信号处理有三种方案,分别为刀片式服务器群集配置方案、单刀片单处理配置方案以及 CPU + GPU 方案。其中,方案一与方案二是基于刀片式服务器的高性能配置方式(独立或集群)得到的两种高性能计算并行机的配置方案;第三种方案,则是将 GPU 的强劲运算能力和 CPU 在逻辑调度方面的优势加以综合利用。

### 4.10.1　集群并行机

第一种高性能处理方案采用刀片式服务器集群模式,即基于 LAM – MPI 和 OpenMP 的机群编程环境配置方案,主要是以 OpenMP + MPI 混合编程的模式进行数据处理,具体实现如图 4.70 所示。

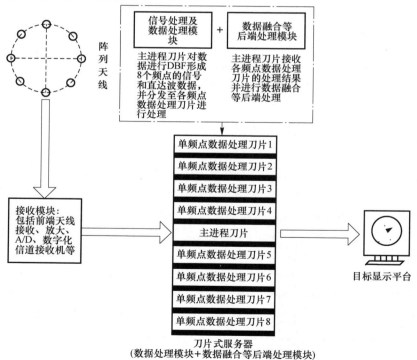

图 4.70　OpenMP + MPI 混合编程的模式

方案采用 MPI 进行并行间的通信和数据传输,而在单刀片上采用 OpenMP 的共享式存储来进行多线程数据处理。

这种方案的优点在于通过 OpenMP + MPI 的并行以及同步通信机制来优化数据处理过程已达到预期的目标。具体实现模式是"一个主进程刀片 + 多个单频点处理进程刀片配置"。一个主进程主要用来启动程序,接收数据处理之前的模块传送过来的数据,经过 DBF 分发到多个单频点数据处理进程刀片,单刀片处理完成之后又将数据送入到主进程完成后端处理与显示功能。这里主进程刀片除了接收、分发数据之外,还要控制多个单源外辐射源雷达的数据处理进程刀片的同步。

总的说来,这种集群模式下 OpenMP 的优势能充分发挥,但用到的 MPI 消息机制的刀片间通信会比较多,而 MPI 通信复杂程度相对较高。且 MPI 通信会造成较大开销,全局通信的代价昂贵。

## 4.10.2　单刀片独立处理

第二种方案采用刀片式服务器单刀片独立自成系统的方式,如图 4.71 所示。

该方案是为了解决 MPI 消息通信机制的效率问题而提出来的,即采用单个刀片处理单个频点数据,数据由接收模块直接送入每个刀片,刀片接收各自频点数据后在进行 DBF,之后进行各自频点的数据处理,互不干扰。处理完之后送入数据融合后端处理模块进行处理。

因为每块刀片自己做 DBF,并独立处理各自的频点数据,则可以完全独立,避免了刀片间通信带来的大量效率问题。因此是一种可行且高效的方案。当然,这对单个刀片的性能以及并行优化的要求较高,但相对于方案一中的 MPI 消息通信编程模式带来的开销,则有很大的优势。

根据方案二,其配置要求和优化的关键问题如下:

(1) 多波束优化。系统的信号处理部分由于规模增大几十倍,信号处理的规模相应增加,而这些处理流程则相似,适合并行处理。对于多波束全向覆盖,根据确定规模用同等数量的刀片数即可解决,每个刀片单独承担一个频点的信号处理。

(2) 单源优化效率。对于单个刀片上单频点的数据处理,并行处理之中又有同步,不是完全的并行,拟利用共享存储式的 OpenMP 进行多线程程序优化。

(3) SMI 算法效率。直达波对消,解决矩阵相乘和求逆,以及 FFT 的大块时间消耗,以提高效率。

(4) 刀片式服务器配置分析。针对优化配置要求,因为 GotoBLAS2 和 FFTW 设计硬件层面的优化,对 CPU 等硬件有一定要求,所以选型时硬件需要满足要求。

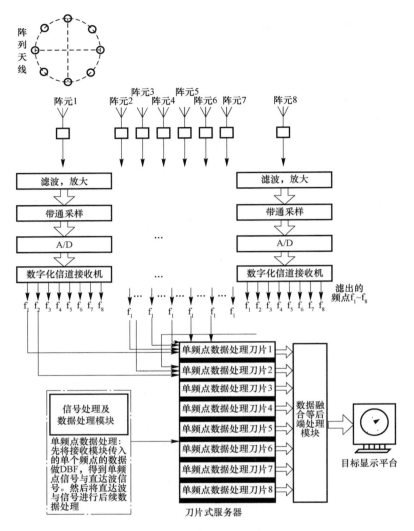

图 4.71　单刀片独立处理

## 4.10.3　CPU + GPU 方式

　　刀片式服务器的两种配置方案各有自己的优缺点,所以第三种方案采用 CPU + GPU 的环境配置。该方案主要是发挥 CPU 与 GPU 各自的所长,用 CPU 来进行信号与数据处理中的逻辑、控制和调度等操作,而利用 GPU 来进行大量密集型数据的运算,充分发挥两者的优势,以达到较好的效果。

　　图 4.72 为 CPU + GPU 方式。在 CPU + GPU 环境配置方案中,通过把大量密集型的数据运算放到 GPU 来实现,如其中的矩阵相乘、求逆和 FFT 等大多数

运算。而把有关逻辑和调度相关的部分由 CPU 完成,实现两者的优势互补,具体配置视具体的应用需要。

在 GPU 中,主要是 CUDA 并行环境编程,充分发挥其超多流处理器的优势,完成多线程并行以实现高密集型数据运算的任务。

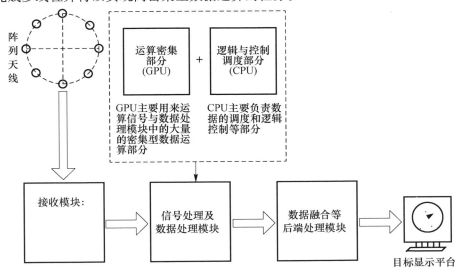

图 4.72　CPU + GPU 方式

# 参考文献

［1］Ringer M A, Frazer G J. Waveform analysis of transmissions of opportunity for passive radar［C］. Signal Processing and Its Applications, 1999. Proceedings of the Fifth International Symposium, Brisbane, Queensland:IEEE, 1999.

［2］张贤达. 现代信号处理[M]. 北京:清华大学出版社, 2002.

［3］伍小保,王冰,郑世连,等.米波雷达射频数字化接收机抗干扰设计[J].雷达科学与技术,2015,13(2).

［4］赵洪立. 基于调频广播的无源雷达系统中微弱目标检测技术的研究[D]. 西安:西安电子科技大学, 2006.

［5］Gray W. Variable Norm Deconvolution[D]. Stanford:Department of Geophysics, Stanford U-niversity, 1979.

［6］Godlfrey R, Rocca F. Zero memory non－linear deconvolution［J］. Geophys. Prospect, 1981, 29: 189－228.

［7］Oppenheim A, Schafer R. Discrete－time Signal Processing[M]. Englewood Cliffs:Prentice－Hall Inc. , 1997.

［8］Haykin S. Adaptive Filter Theory[M]. Upper Saddle River:Prentice－Hall Inc. , 1996.

［9］ Jelonnek B，Boss D，Kammeyer K． Generalized eigenvector algorithm for blind equalization ［J］． Elsevier signal processing． 1997，61（3）：237－264．

［10］ Haykin S． 自适应滤波器原理：第 4 版［M］． 郑宝玉，等译 北京：电子工业出版社，2003．

［11］ Fiori S，Uncini A，Piazza F． Blind deconvolution by modified Bussgang algorithm［C］． ISCAS99，Processing of the 1999 IEEE Int． Symposium on Circuits and System，Orlando，FL：IEEE，1999．

［12］ Brilinger，D R． Time Series：Data Analysis and Theory［M］． New York：Holt，Rinehart and Winston，1975．

［13］ Griffiths H D，Long N R W． Television－based bistatic radar［J］． IEE Proceedings，Radar Sonar Navigation，1986，133（7）：649－657．

［14］ Wang Haitao，Wang Jun，Zhong Liping． Mismatched filter for analogue TV－based passive bistatic radar［J］． IET Proceedings on Radar Sonar and Navigation，2011，5（5）：573－581．

［15］ 吴剑旗． 先进米波雷达技术［M］． 北京：国防工业出版社，2015．

# 第**5**章

## 空间辐射源与移动通信源的利用

自 20 世纪 90 年代中期,美国洛克希德·马丁防务公司推出"沉默哨兵"系列无源多基地监视系统以来,利用民用广播通信信号进行目标探测的无源探测技术开始引起国内外研究机构广泛兴趣。早期的无源探测系统主要利用民用调频广播电台信号作为信号源,后来逐步扩展到了模拟电视、地面数字电视、数字广播、地面移动通信、空间辐射源等多种信号源形式[1]。空间辐射源面临着信号到达地面功率较低的限制,而地面移动通信辐射源面临着密集复杂的同频段通信干扰环境。本章将针对典型 GPS 空间辐射源信号[2-5]和 GSM/CDMA 地面移动通信信号的利用情况[6-16],进行简要介绍。

### ▧ 5.1 基于 GPS 信号的外辐射源雷达技术

GPS 由 32 颗地球同步卫星组成,运行轨道在 20200km,在地球任何位置可同时观测 3 颗或 4 颗卫星用于确定携带 GPS 接收系统的目标位置。GPS 卫星发射的信号包含调制在卫星导航数据 $D(t)$ 上的粗码 $C(t)$ 和精码 $P(t)$,这些调制信号经上变频调制发射出去,供地面卫星接收系统使用[17](图 5.1)。

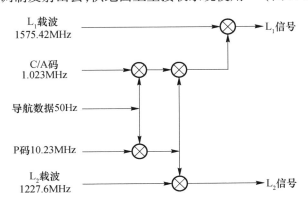

图 5.1 GPS 信号基本结构

GPS 卫星发射的信号模型可用数学表达式表示：

$$S^k(t) = \sqrt{2P_c} C^k(t) D^k(t) \cos(2\pi f_{L_1} t + \phi_1)$$
$$+ \sqrt{2P_{PL_1}} P^k(t) D^k(t) \sin(2\pi f_{L_1} t + \phi_1)$$
$$+ \sqrt{2P_{PL_2}} P^k(t) D^k(t) \sin(2\pi f_{L_2} t + \phi_2) \quad (5.1)$$

Block IIR 系列之前的 GPS 卫星发射功率 45W，$L_1$ 载波频率为 1575.42MHz，$L_2$ 载波频率为 1227.60MHz。信号到达地面时的最小信号功率分别为 $-160$dBW（C/A 码），$-163$dBW（$L_1$P 码）和 $-166$dBW（$L_2$P 码）。地面 GPS 信号功率为 $-130+6$dBm（$L_1$）和 $-136+6$dBm（$L_2$）。地面噪声功率 $-111$dBm，因此，GPS 信号地面的信噪比 SNR $\leqslant -15$dB，与目前主要的电视转发卫星（如中星 C 频段 $-130$dBm）相当。

## 5.1.1 GPS 信号特性分析

### 5.1.1.1 信号组成

传统 GPS 信号是在 L 频段的两个载波频率上发射的。这些载波频率再由扩频码和一个共同的导航数据电文进行二进制相移键控（BPSK）调制。这样，GPS 卫星信号包含了载波、扩频码和导航数据三个信号分量。

1）载波信号

现在 GPS 卫星信号是在两种载波频率（$f_{L_1}$ 和 $f_{L_2}$）上发射的，其中 $f_{L_1} = 1575.42$MHz，$\lambda_1 = 19.03$cm；$f_{L_2} = 1227.60$MHz，$\lambda_2 = 24.42$cm。L 频段是国际规定的卫星导航信号频段，特点是路径损耗在电离层较小，从而减少到达时间（TOA）测距的误差。

另外，由于卫星与接收机的径向运动，使得载波频率有 ±10kHz 左右的多普勒频移。不仅如此，载波本身是一种测距信号，可用于高精度 GPS 定位。

2）扩频码

有 C/A 码和 P 码两种编码方式，是具有类似白噪声随机统计特性的二进制码序列，它可以充分利用信道的容量与信号的功率，抗多径干扰及测定距离等。利用伪随机码信号可以实现低信噪比接收、码分多址通信，抗干扰能力强，具有良好的保密性。其中，C/A 码码长 $N = 1023$，码元宽度 0.97752us，$T = 1$ms，基码速率为 1.023Mb/s。P 码的时钟频率为 10.23MHz，所以每个码元时序为 $1/1.023 \times 10^7$。其时频特性如图 5.2 所示。

3）导航电文

GPS 卫星发射的载频上一般调制有 50b/s 的数据。这些数据为计算每颗可见卫星的精确位置和信号传输时间提供了必要的参数。导航电文同时包括 GPS

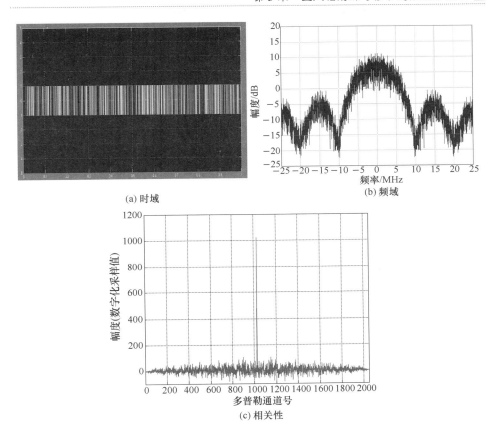

(a) 时域

(b) 频域

(c) 相关性

图 5.2 P 码特性

系统时的校正参数、GPS 卫星星历和健康数据、电离层参数以及卫星配置标志等信息。另外,导航电文中保留了部分数据位以便于系统升级后的扩展。(图 5.3)是电文片断。

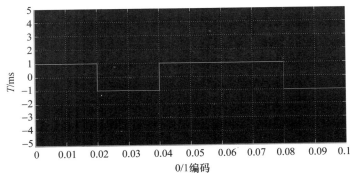

图 5.3 D 码

4）GPS 信号调制

GPS 发射的是导航电文 $D(t)$ 经过两级调制后产生的信号。扩频实现了第一级调制；第二级调制是将第一级调制产生的组合码再分别调制到两个载波（$L_1/L_2$）上。C/A 码和 P 码调制载波 $L_1$ 使用的是 BPSK 调制技术。若以 $S_{L_1}(t)$ 和 $S_{L_2}(t)$ 分别表示载波 $L_1$ 和 $L_2$ 的已调波，则经过两级调制后的 GPS 卫星信号分别为

$$S_{L_1}(t) = A_p P_i(t) D_i(t) \cos(\omega_1 t + \varphi_{1i}) + A_c C_i(t) D_i(t) \sin(\omega_1 t + \varphi_{1i})$$
$$S_{L_2}(t) = B_p P_i(t) D_i(t) \cos(\omega_2 t + \varphi_{2i}) \tag{5.2}$$

式中：$A_p$ 为调制在 $L_1$ 上的 P 码振幅；$B_p$ 为调制在 $L_2$ 上的 P 码振幅；$P_i(t)$ 为第 $i$ 颗卫星发射的 P 码；$D_i(t)$ 为第 $i$ 颗卫星发射的导航电文；$A_c$ 为调制于 $L_1$ 上的 C/A 码振幅；$C_i(t)$ 为第 $i$ 颗卫星发射的 C/A 码；$\omega_1$、$\omega_2$ 分别为载波 $L_1$ 和 $L_2$ 的角频率；$\varphi_1$、$\varphi_2$ 分别为载波 $L_1$ 和 $L_2$ 的初始相位。

图 5.4（a）给出了 GPS 信号时域表示。图 5.4（b）是将 P 码和 C/A 码（加上 50Hz 数据）BPSK 调制到 $L_1$ 载波上的 GPS 频谱图形。频谱仪设置 2MHz 的分辨率带宽完成这一图形，因而不可能观察到每种码的线谱特性，致使频谱看上去是连续的。中心频率在 $L_1$ 载频即 1575.42MHz 上。C/A 码和 P 码的复合频谱的中心频率在 $L_1$ 载频上。C/A 码的第一个零点在离中心频率 1.023MHz 处，而 P 码的第一个零点在离中心频率 10.23MHz 处。图 5.4（c）给出了 GPS 信号相关性的分析，可以看出 GPS 信号作为外辐射源信号的可行性。

## 5.1.1.2  信号特性分析

如前所述，GPS 信号是数据码经扩频码、载波两次变频调制而成的，由卫星负责信号的发射；通过有噪信道的传输进入接收端；接收端负责信号的接收、捕获和跟踪。根据上述分析，GPS 信号链路系统结构如图 5.5 所示[18]。

图 5.6（a）给出 GPS 信号的模糊函数，可以看出 GPS 信号的模糊函数具有典型图钉状，适合作为雷达目标探测的照射信号。

## 5.1.1.3  空间传输通道分析

信号功率在通过大气传输、天线接收和放大、电缆传输、滤波及放大后会衰减。参考接收机的性能更取决于信噪比的大小。

由于 C/A 码信号功率的 90% 位于 2MHz 宽度的主频带范围内，接收信号噪声通常模拟为带限常数功率谱密度的白噪声，其噪声带宽为 2MHz。设第 $i$ 颗可见卫星传播的信号噪声 $n_i(t_r)$ 的方差为 $\sigma_{n,i}^2$，幅值为 $A_{n,i}$，信噪比为 $\mathrm{SNR}_i$，则 $\mathrm{SNR}_i$ 的具体调整方法为：令 GPS 信号幅值为单位量，依据设定的信噪比 $\mathrm{SNR}_i$

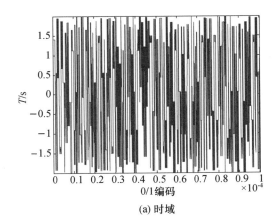

(a) 时域

(b) 频域

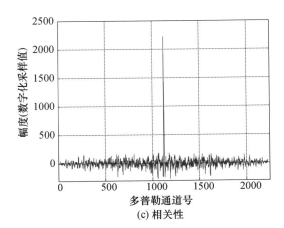

(c) 相关性

图 5.4 GPS 信号

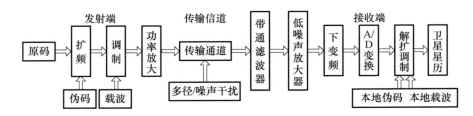

图 5.5　GPS 信号链路系统结构

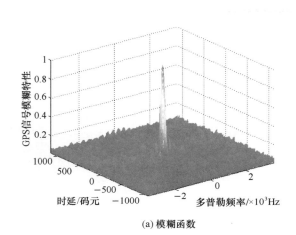

(a) 模糊函数

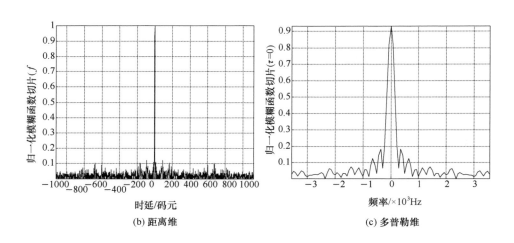

(b) 距离维　　　　　　　　　　　(c) 多普勒维

图 5.6　发射端信号特性分析(见彩图)

反推加入的噪声幅值,或用载噪比 $C/N_{0,i}$ 估计加入的噪声幅值。根据下式计算所需的噪声幅值,从而达到调整 $\mathrm{SNR}_i$ 的目的,进而模拟所需的信号强度。

$$A_{\mathrm{n},i} = 10\lg \frac{A_{\mathrm{C},i}^2 f_{\mathrm{s}}}{4} - C/N_{0,i} \tag{5.3}$$

式中

$$A_{\mathrm{n},i} = 10^{-\mathrm{SNR}_i/20};\ \sigma_{\mathrm{n},i}^2 = 10^{A_{\mathrm{n},i}/10};\ C/N_{0,i} = 10\lg \frac{A_{\mathrm{C},i}^2 f_{\mathrm{s}}}{4\sigma_{\mathrm{n},i}^2} \tag{5.4}$$

GPS 信号在实际传输及接收中均会受到各种干扰源的干扰,干扰源主要包括:

(1)电离层干扰($\delta t_{\mathrm{ton},i}$):电离层干扰主要引起 C/A 码延迟、载波相位提前、信号功率损耗等影响。

(2)对流层干扰($\delta t_{\mathrm{trop},i}$):GPS 信号通过对流层时,传播的路径发生弯曲,从而使测量距离产生偏差,这种现象称为对流层折射。

(3)噪声($n_i(t_{\mathrm{R}})$):在 GPS 导航系统中,噪声主要来源于传播路径和仪器本身。假设 GPS 天线接收的噪声主要是高斯白噪声。

故在本地时钟参考下天线端受扰动的 GPS 接收信号可进一步表述为

$$S_{\mathrm{R},i}(t_{\mathrm{r}}) = \sqrt{2P_{\mathrm{R},i}} D_i(t_{\mathrm{r}} - \delta t_{\mathrm{r}} - \delta t_{\mathrm{d},i}) C_i\big[(1+\varsigma)(t_{\mathrm{r}} - \delta t_{\mathrm{r}} - \delta t_{\mathrm{d},i})\big]$$
$$\times \cos\big[2\pi(f_{\mathrm{L}_1} + \delta f_{\mathrm{dop},i})(t_{\mathrm{r}} - \delta t_{\mathrm{r}} - \delta t'_{\mathrm{d},i}) + \phi_{0,i}\big] + n_i(t_{\mathrm{r}}) + R_{\mathrm{MP},i} \tag{5.5}$$

式中
$$\begin{cases} \varsigma = \delta f_{\mathrm{dop},i}/f_{\mathrm{L}_1} \\[2mm] \delta t_{\mathrm{d},i} = \dfrac{\rho_i}{c} + \delta t_{\mathrm{SV},i} + \delta t_{\mathrm{trop},i} + \delta t_{\mathrm{ton},i} \\[2mm] \delta t'_{\mathrm{d},i} = \dfrac{\rho_i}{c} + \delta t_{\mathrm{SV},i} + \delta t_{\mathrm{trop},i} - \delta t_{\mathrm{ion},i} \end{cases} \tag{5.6}$$

## 5.1.2　GPS 参考信号的提取与分析

本节给出 GPS 参考信号提取方法,主要包括基带处理、信号相关即信号捕获功能,并对捕获的多星信号进行分析。

### 5.1.2.1　参考信号接收机的基带处理

在 GPS 软件接收机的基带信号处理中,需要复现卫星的 C/A 码,然后顺序移位复现的 C/A 码与中频数字信号进行相关运算。相关处理完成本地载波与 C/A 码的复现以及与 GPS 中频数字信号之间的相关运算。因此,数字中频信号首先被剥离载频,混频后输出的正交信号与复现的本地 C/A 码进行相关运算,从而实现 GPS 信号的捕获和跟踪。

另外,卫星与接收机的相对位移速度的变化会引起 GPS 信号的载波频率变化,即多普勒频移。因此,在 C/A 码相位域中搜索的同时,还必须在载波相位域中检测和捕获卫星信号。

### 5.1.2.2 信号相关分析

相关处理完成本地载波与 C/A 码的复现以及与 GPS 中频数字信号之间的相关运算。数字中频信号首先对本地载波剥离载频,混频后输出的正交相和同相信号与超前、即时和滞后的本地 C/A 码进行相关运算,从而实现 GPS 信号的捕获和跟踪。

通常,载波的复现由载波数控振荡器(NCO)和离散的正弦和余弦映射函数合成,C/A 码的复现由码发生器、移位寄存器和 NCO 组成。则本地载波复现码与 C/A 复现码的叠加信号可表示为

$$
\begin{cases}
R_I(T_i) = C_{C/A}\left(\dfrac{T_i + \Delta T - \hat{T}_k}{\hat{T}_{k+1} - \hat{T}_k}\right) \times \sin\left[2\pi f_{i,k}(T_i - T_{0k})\right] \\[4mm]
R_Q(T_i) = C_{C/A}\left(\dfrac{T_i + \Delta T - \hat{T}_k}{\hat{T}_{k+1} - \hat{T}_k}\right) \times \cos\left[2\pi f_{i,k}(T_i - T_{0k})\right]
\end{cases}
\tag{5.7}
$$

式中:$T$ 为采样时刻;$\hat{T}_k$、$\hat{T}_{k+1}$ 分别为第 $k$ 个和第 $k+1$ 个 C/A 周期开始时间的估计值;$\Delta T$ 为本地 C/A 码与即时码的时间偏移量,滞后为负,超前为正;$f_{i,k}$ 为本地载波的频率;$T_{0k}$ 为本地载波零相位的时刻。

通过信号相关,得到 I、Q 通道信号如图 5.7 所示。

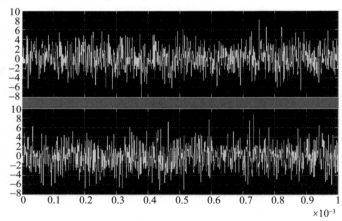

图 5.7  I、Q 通道信号

### 5.1.2.3　信号的捕获

传统的信号截获方法通常分为串行搜索(图5.8)和FFT搜索(图5.9)。串行搜索是在码相位域和载波频率域上进行二维搜索,将信号与复现的载波多普勒相关运算剥离载波,再与移位的复现C/A码相关运算,搜索信号相关运算值的最大值,以此判断是否捕获到卫星。若捕获到卫星,则可获得相应信号的码相位和载波相位。FFT搜索是通过使用数字信号处理理论来简化串式搜索方法。根据数字信号处理理论,时域上的相关运算可以转换为频域上的循环卷积。

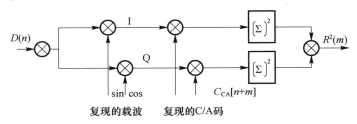

图 5.8　串行搜索算法

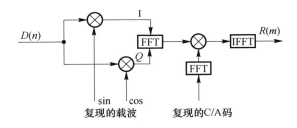

图 5.9　并行搜索算法

基于接收系统采集到的2012年3月15日9时20分的9时20分GPS数字中频信号,我们使用快速FFT搜索算法对离线数据分析处理,完成信号捕获。同时,通过加入不同强度的噪声信息,分析不同信道噪声强度对信号捕获的影响,验证接收机输出数字中频信号的正确性。

图5.10~图5.11给出了卫星PRN号为12的FFT搜索算法在信号噪声比下的捕获效果,所有相关值均经过归一化处理。

由图5.10~图5.11可以看出,SNR = −10dB的中频GPS信号在做捕获处理时,相关值在中频GPS信号CA码与CA复制码精确对准的采样点处取得全局峰值,而其他采样点的相关运算值近似为零。随着噪声幅值的增加,相关值在相同的全局峰值点取得全局峰值,但其他采样点处相关值有相应的增加。目标回波相对于直达波的时间延迟为100个码字左右,多普勒频率为2000Hz左右。当SNR > −20dB时,虽然在相应的全局峰值点也取得了最大值,但其他采样点

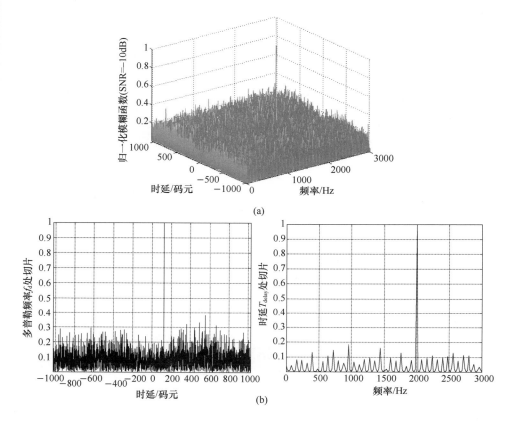

图 5.10　SNR = -10dB 信号捕获(见彩图)

处与此最大值近似相等,很难找出全局峰值所对应的采样点,并且各个采样点上相关值都有较大的数值,目标基本不可检测。因此可以得出结论:随着噪声幅值的递增,即载噪比的递减,捕获到相关值全局峰值的难度增大;在噪声幅值超过一定的阈值时,就无法捕获到该卫星信号。

### 5.1.2.4　多星信号提取

GPS 接收机同一时刻观测到的卫星数量受限于最小仰角。当最小仰角为 5°时,接收机最多可接收到 12 颗卫星。由于各卫星信号到达接收机的时延不同、衰减不同以及多普勒频移不同,接收机一般接收到的实际信号为伴随多径干扰的多颗卫星信号。多星信号模糊函数图如图 5.12 所示。

根据星历信息,控制接收波束指向 PRN = 12,其他卫星信号从副瓣进入,捕获结果如图 5.13 所示。

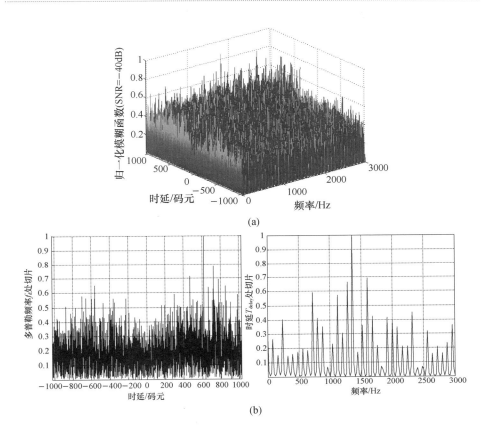

图 5.11  SNR = −40dB 信号捕获（见彩图）

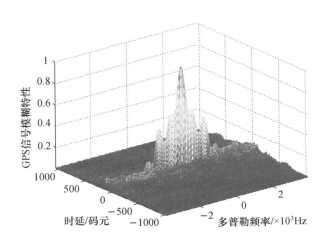

图 5.12  多星信号模糊函数图（见彩图）

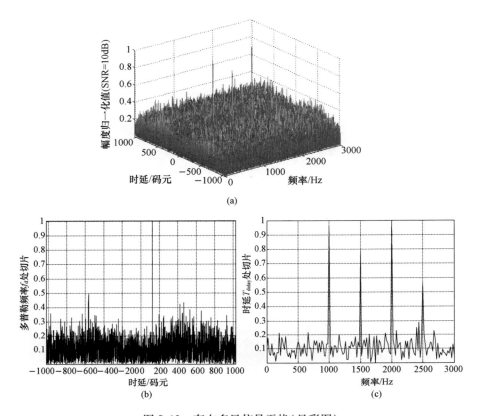

图 5.13　存在多星信号干扰（见彩图）

　　当星历信息未知时，接收采集系统同时接收多颗 GPS 卫星信号，即存在强烈的同频干扰，导致无法捕获目标，如图 5.14 所示。

### 5.1.3　基于 GPS 信号的外辐射源雷达探测威力分析

　　基于 GPS 卫星信号的外辐射源雷达系统，实际是一种超长基线的双基地雷达系统（基线长度为 22000km）。根据目前在轨的 GPS 卫星的发射功率、发射增益等情况，可以估算系统威力大小和预计所需的探测系统设备规模。考虑目标速度的影响，系统相参积累时间取为 0.1s，采用单个 GPS 卫星信号，计算结果表明对民航飞机的探测距离仅为 221m。因此，需采用相当大的接收天线，才能达到较远的探测距离。

　　基于 GPS 卫星信号的无源雷达系统的作用距离按下式进行分析：

$$\sqrt{R_T R_{R\,\mathrm{max\,max}}} = \left( \frac{P_t G_t G_r \delta \lambda^2 G_s}{(4\pi)^3 (KT_s B_n) D_0 C_B L} \right)^{\frac{1}{4}} \qquad (5.8)$$

参数设置见表 5.1 所列。

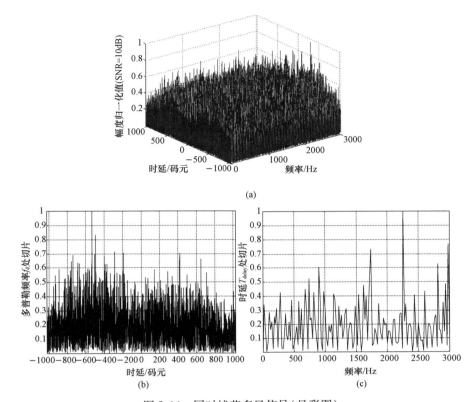

(a)

(b)

(c)

图 5.14　同时捕获多星信号(见彩图)

表 5.1　参数设置

| 名称 | 符号 | 数值 | dB |
|---|---|---|---|
| 工作频率/MHz | $f$ | 1575.42 | — |
| 发射台功率/W | $P_t$ | 50 | 16.99 |
| 发射增益/dB | $G_t$ | — | 13.40 |
| 接收增益/dB | $G_r$ | — | — |
| 目标面积/m² | $\delta$ | 10 | 10 |
| 波长 | $\lambda^2$ | $0.1912^2$ | −14.41 |
| 损耗合计/dB | $L$ | — | 5 |
| 常数 | $(4*pi)^3$ | — | 32.98 |
| 常数 | $KT_s$ | — | −203.98 |
| 检测因子/dB | $D_0$ | — | 11.95 |

式(5.8)中如果$B_n$与信号带宽一致,$G_s$的得益主要来自于积累时间。相参积累1s时,$G_s = 0$dB。如图5.15所示,根据上面参数,对应不同探测距离$R_r$要求时,接收天线的有效增益要求。

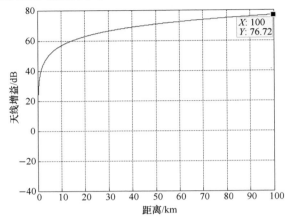

图5.15 接收距离与接收天线增益关系

利用卫星发射信号,如卫星广播信号、电视和通信信号及 GPS 和 GLONASS 导航卫星信号作为外辐射源的研究工作有:芬兰技术研究中心的利用德国和法国电视转播卫星发射信号的辅助探测与测距系统 SODAR,SODAR 多次试验证实了系统的理论计算和假设;德国迪尔有限公司利用美 GPS 导航卫星和俄 GLONASS 导航卫星的 LI – C/A 码扩谱信号和 P 码信号的无源多基地探测系统等。

澳大利亚阿德莱德大学电工与电子工程学院的 Chow 等[19]利用 GPS 信号进行了飞机目标探测的研究和试验。图5.16 为该试验系统的接收天线,天线由 4 个环形子阵组成,每个子阵包含 8 个天线单元,共包含 32 个天线单元,天线增益约为23dB。系统设计采用接收天线波束扫描来确定目标方向,利用测量 GPS

图5.16 GPS 双基地雷达的 32 单元接收天线

卫星直达波信号和目标反射信号的 TDOA 信息确定目标距离,处理方法为采用接收机本地产生或从 GPS 卫星信号中截获的 PRN 编码信号与接收信号进行相关。

## 5.2　基于 GSM 信号的外辐射源雷达技术

GSM 信号是一种全球分布的移动通信信号,利用 GSM 信号作为外辐射源雷达的照射源,有两个明显的优点:一是这种机会照射源的发射站十分丰富;二是可以利用多个发射站构成一个外辐射源雷达网络系统以提高对目标的探测性能。但是与 FM、模拟/数字电视信号作为机会照射源的外辐射源雷达相比而言,GSM 基站发射功率低(一般在 100W 以下),从而导致其单站探测距离比较近。同时更重要的是,由于 GSM 是一种数字蜂窝通信系统,在一个小区内,接收机不仅能够接收到主基站的发射信号,而且能够接收到附近小区基站发射的同频干扰信号。工程上,在一个小区内 GSM 主基站的信号能量需要比其他同频干扰基站的信号能量至少大 12dB,也就是同频干扰保护比为 12dB[20]。同频干扰保护比对通信信号提取来说是足够的,但是对于以 GSM 信号作为外辐射源的外辐射源雷达来说,由于目标回波更弱(与距离的四次方成反比),同频干扰是需要考虑的一个问题。本节将对 GSM 信号特性及基于 GSM 信号的外辐射源雷达进行分析。

### 5.2.1　GSM 信号特性分析

下面结合 GSM 的基本常识,对该信号特性做简要描述。

#### 5.2.1.1　GSM 基站特性

GSM 是一种大容量小区制的移动通信系统,其小区覆盖范围为 1～20km,工作频率为 900MHz。多址方式为 TDMA/FDMA 混合多址,频率重复利用率较高。引入了跳频技术来改善传输质量,采用高斯最小频率移键控(GMSK)调制,信道编码方式为带有交织和差错检测的 1/2 卷积码。

1)基站发射机的技术指标

基站发射机输出功率根据最大峰值功率可以分为 8 个等级,见表 5.2 所列。

基站发射机输出功率可以逐级减少,每级 2dB,精度为 ±0.5dB,至少应该有 6 级。这样,就可以精确调整小区的无线覆盖。

基站分系统可以使用下行链路功率控制。在这种情况下,除了上述 8 个功率控制级外,还可使用从 0～15 级的 16 个功率控制级。

表 5.2　基站发射机功率等级

| TRX<br>功率等级 | 最大峰值<br>功率/W | 容限/dB | TRX<br>功率等级 | 最大峰值<br>功率/W | 容限/dB |
|---|---|---|---|---|---|
| 1 | 320 | −0，+3 | 5 | 20 | −0，+3 |
| 2 | 160 | −0，+3 | 6 | 10 | −0，+3 |
| 3 | 80 | −0，+3 | 7 | 5 | −0，+3 |
| 4 | 40 | −0，+3 | 8 | 2.5 | −0，+3 |

2）基站天线

手机基站常用天线技术参数见表 5.3 所列。

表 5.3　手机基站常用天线技术参数

| 项目 | 无方向性天线 | | 定向天线 | |
|---|---|---|---|---|
| | BCD−80010 | BCD−87010 | BCD−80017 | BCD−87017 |
| 频率范围/MHz | 800～900 | 870～970 | 800～900 | 870～970 |
| 阻抗/Ω | 50 | 50 | 50 | 50 |
| 电压驻波比（VSWR） | 1.43∶1 | 1.43∶1 | 1.5∶1 | 1.5∶1 |
| 极化 | 垂直 | 垂直 | 垂直 | 垂直 |
| 增益/dB | 10 | 10 | 17 | 17 |
| 额定功率/W | 500 | 500 | 500 | 500 |
| 半功率角 H 面/(°) | 360 | 360 | 62 | 62 |
| 半功率角 E 面/(°) | 6 | 6 | 6 | 6 |

阵列天线在 960MHz 的实测基站辐射方向图如图 5.17 所示。

由图 5.17 可以看出，GSM 基站辐射方向图在垂直方向上略微有点向下倾，在水平方向上前后瓣间幅度相差 10dB 多一点。

3）GSM 基站区群及其干扰

GSM 是一种大容量小区制的移动通信系统，在每个小区中设立基站，与用户移动台建立通信。每个基站能提供一个或几个频道，可容纳的移动用户可以达到几十到几百个。其常用的 4/12 区群结构如图 5.18 所示。

在图 5.18 中，12 个小区构成一个区群，小区群内各相邻小区使用不同的频率。避免相邻小区间产生干扰，各个小区的载波频率应该各不相同。在不同的空间进行频率复用，以提高频率资源的利用率。即将若干个小区组成一个区群，区群内的每个小区占有不同的频率，占用给定的频带；另一区群可重复使用相同的频带。不同区群中的相同频率的小区之间将产生同频干扰，复用距离越远，同

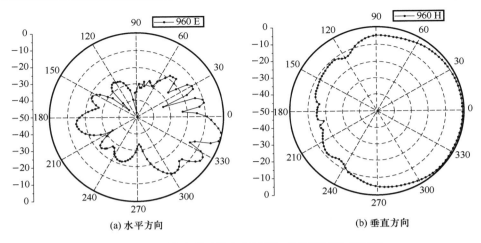

图 5.17　基站阵列天线在 960MHz 的实测辐射方向图

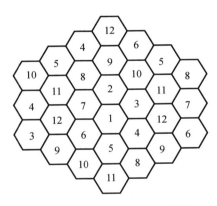

图 5.18　常用的 4/12 区群结构

频干扰就越小。但这样会使频率复用次数降低,即频率复用率降低。因此,对区群的划分提出了如下条件:

（1）区群是由一组载波频率不同的小区组成的覆盖区域;

（2）区群的几何形状应能够成无缝隙的更大的覆盖区域,并且可以无限扩展;

（3）覆盖区内的任何相邻小区的载波频率都不相同;

（4）区群间的同频小区的距离应保持相等,且为最大。

满足上述条件的区群结构以及区群内的小区数 $N$ 应满足

$$N = a^2 + ab + b^2 \tag{5.9}$$

式中:$a$、$b$ 为相邻同频道小区的间隔小区数,取正整数,且不同时为零。

区群间同频小区的距离为

$$D = \sqrt{3N}R \tag{5.10}$$

式中：$N$ 为区群的小区数，也称为频率复用系数；$R$ 为小区的半径，即正六边形的顶点半径。

当频率复用时，因相邻小区使用相同的载波频率，相互间所造成的通信干扰称为同频干扰，为了保证通信质量，要求接收端处的有用信号和干扰信号满足一定的载干比。影响载干比的因素是区群结构和小区覆盖范围，若同信道小区的距离为 $D$，小区半径为 $R$，则可用同道干扰衰减因子 $q$ 来表征，即

$$q = \frac{D}{R} \tag{5.11}$$

在进行系统设计时，假设本小区载波信号的最大传播距离为 $R$，有 $M$ 个同频小区，干扰信号的传播距离为 $D$，如果路径损耗按距离的 4 次方计算，则载干比为

$$\frac{C}{I} = \frac{C}{\displaystyle\sum_{i=1}^{M} I_i} = \frac{R^{-4}}{MD^{-4}} = \frac{q^4}{M} \tag{5.12}$$

由上式可见，同频干扰衰减因子对于改善载干比有很重要的作用。

根据空间接口中信号的解调要求，GSM 规定的同频保护比应该满足 $C/I \geqslant$ 9dB，工程中加 3dB 的裕量，即 $C/I \geqslant 12$dB。$C/I$ 专门指当不同小区使用相同频率时，其他小区对服务小区产生的干扰。广义上还应考虑空间所有落在此频点范围内的非有用信号的能量。

## 5.2.1.2　GSM 信号结构及其特点

GSM 蜂窝系统采用时分多址、频分多址以及频分双工制式。上行（移动台发，基站收）频率为 890 ~ 915MHz，下行（基站发，移动台收）频率为 935 ~ 960MHz，收发间隔频率为 45MHz。在 25MHz 的频段中共分为 124 个频道，频道间隔为 200kHz。每个载波含有 8 个时隙，时隙宽度为 0.577ms。8 个时隙构成一个时分多址（TDMA）帧，帧长为 4.615ms。其频道序号用 $n$ 表示，则上、下两频段中序号为 $n$ 的载频可用下式计算：

下频段：$f_l(n) = (890 + 0.2n)$ MHz

上频段：$f_h(n) = (935 + 0.2n)$ MHz

式中：n = 1 ~ 124。

所以 GSM 系统共有 124 × 8 = 992 个物理信道。

GSM 的调制方式为高斯型最小移频键控方式。矩形脉冲在调制器之前先通过一个高斯滤波器，高斯滤波器的归一化带宽为 $BT_c = 0.3$，其中，$B$ 为一个载

波的有效带宽,$T_c$ 为输入码元宽度。信道传输速率为 270.833kb/s,所以其频谱利用率为 1.35(b/s)/Hz。

在实际的传输过程中,一个 TDMA 帧包含 156.25bit。TDMA 信道上一个时隙中的信息格式称为突发脉冲序列。时隙的中心频率位于系统频带内 200kHz 的间隔上,并且以 0.577ms 的时间重复。

由若干个 TDMA 帧构成复帧,其结构有两种:一种是由 26 帧组成的复帧,这种复帧长 120ms,主要用于业务信息的传输,称为业务复帧;另一种是由 51 帧组成的复帧,这种复帧长为 235.385ms,专门用于传输控制信息,称为控制复帧。由 51 个业务复帧或者 26 个控制复帧可组成一个超帧,超帧的周期为 1326 个 TDMA 帧。由 2048 个超帧组成超高帧,帧的编号以超高帧为周期。GSM 系统各种帧及时隙格式如图 5.19 所示。

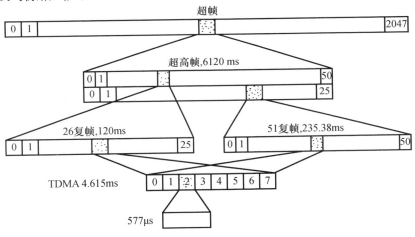

图 5.19　GSM 系统各种帧及时隙格式

### 5.2.1.3　实测 GSM 信号特性

1)GSM 信号的时域特性

一个时隙上发送的信息称为一个突发,图 5.20 即为实测 GSM 信号的时域图,频率为 956.6MHz。

从图 5.20 可以看出两个突发之间的时间间隔为 580μs,和理论值很接近。

2)GSM 信号的频域特性

实测 GSM 信号频域图如图 5.21 所示。

图 5.21(a)为将采集器中数据转换格式后,直接进行 FFT 变换得到的频域图,图 5.21(b)是将图 5.21(a)放大后的频域图。图 5.21 是频点为 957MHz 的 GSM 信号频谱。

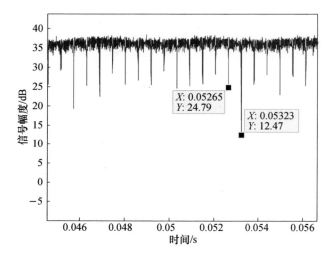

图 5.20　实测 GSM 信号时域图

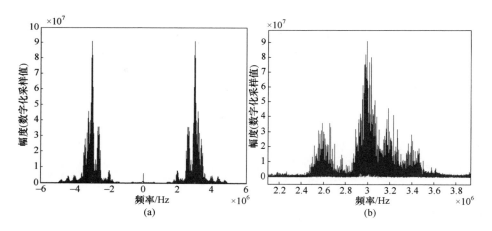

图 5.21　实测 GSM 信号频域图

## 5.2.2　基于 GSM 信号的外辐射源雷达

考虑到 GSM 的资源分布及使用特点,将其作为外辐射源雷达的机会照射源时,可以利用多个 GSM 基站构成一个外辐射源雷达网系统,以提高雷达的探测距离。但将面临严重的主基站直达波和多径干扰,及其他同频和邻频基站干扰。

下面对 GSM 外辐射源雷达机会照射源信号选择、模糊函数以及干扰问题进行进一步分析。

### 5.2.2.1　GSM 外辐射源雷达机会照射源信号选择

在了解 GSM 系统的基础上,需要确定是选择业务信道信号还是控制信道信号作为机会照射源信号。

业务信道信号具有如下特点:

(1)业务信道传输的是话音和数据,它们是随机序列,跳变很快,利用起来比较困难;

(2)GSM 系统是一个慢跳频系统,业务信道传输信息时载频每秒跳 217 次,接收机设计复杂,同步更为困难;

(3)为了避免手机的远近效应,发射功率一直变化。

这些特点将使雷达接收机的设计复杂,同步困难,并且不利于信号的采集和利用。所以,业务信道信号不适合作为机会照射信号。

相比之下,控制信道的信号载频恒定,发射功率不变,能有效地提取出同步信息。这些特点有利于设计雷达接收机,并且有利于信号采集和利用,因此控制信道信号适合用做外辐射源信号。

### 5.2.2.2　GMS 信号模糊函数分析

信号的模糊函数可以说明系统对不同距离、不同速度目标的分辨能力,表达式为

$$M(\tau, f_{\mathrm{d}}) = \int_{0}^{T} u(t) u^{*}(t + \tau) \mathrm{e}^{\mathrm{j}2\pi f_{\mathrm{d}} t} \mathrm{d}t \tag{5.13}$$

式中:$u(t)$ 为信号的复包络;$T$ 为信号处理的相干积累时间。

实测 GSM 信号的模糊函数三维图、距离侧视图及多普勒侧视图如图 5.22 ~ 图 5.24 所示。

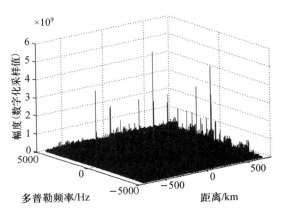

图 5.22　GSM 信号模糊函数三维图

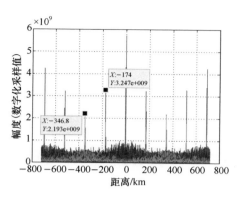
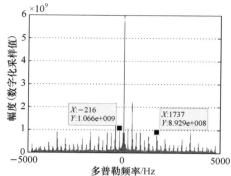

图 5.23 模糊函数距离侧视图(见彩图)　　图 5.24 模糊函数多普勒侧视图(见彩图)

下面就模糊函数对应的距离、速度分辨力,以及距离、速度模糊进行分析:

1) GSM 无源雷达的距离和速度分辨力

双基地雷达的距离分辨力为

$$\Delta R = \frac{c}{2B\cos(\beta/2)} \tag{5.14}$$

式中:$c$ 为光速;$B$ 为 GSM 信号的有效带宽;$\beta$ 为双基地角。

根据前面介绍的 $BT_c = 0.3$,$T_c$ 为一个码元的宽度($T_c = 577/156.25 = 3.6928(\mu s)$),可以得出 $B = 81.24 kHz$。假设双基地角为 45°时,可得其距离分辨力近似为 2km,即 GSM 无源雷达系统对两个不同目标的分辨力最小距离为 2km;即使当双基地角为 0°时,最小距离分辨率为 1.84km,所以可知该系统的距离分辨力较差。

GSM 外辐射源雷达系统的多普勒分辨力为相干处理时间的倒数,即

$$\Delta f_d = 1/T \tag{5.15}$$

根据 $f_d = 2v_r/\lambda$,可得速度分辨力为

$$\Delta v = \frac{\lambda}{2T\cos(\beta/2)} \tag{5.16}$$

式中:$\lambda$ 为 GSM 信号的载波波长。

在此仍然假设双基地角为 45°,当载频为 950MHz,相干时间为 0.1s 时,对应的速度分辨力为 1.71m/s。所以 GSM 外辐射源雷达有比较好的速度分辨力。

由以上分析可知,对于 GSM 外辐射源雷达,其距离分辨力不是很理想,但是通过增加相关积累时间,可以得到很好的速度分辨力。

2) 距离模糊和多普勒模糊

GSM 基站发射的一个载频信号在时间上可以分为一个个连续的时隙结构,

每个时隙上发射的数据称为一个突发。其中正常突发和空闲突发(GSM 信道中的两种主要突发形式)中间的 26bit 序列为训练序列,在整个载频发射过程中是固定的,因此 GSM 信号可以看作是以一个突发(或时隙)时长为周期的周期信号。对应周期为 577μs,于是根据距离模糊公式 $cT_p/2$ 以及多普勒模糊公式 $1/T_p$ 可以得出距离模糊为 173.1km,多普勒模糊为 1.733kHz(可以从图 5.23 和图 5.24 分别看出其分别对应的模糊距离和模糊多普勒副瓣),这里 $T_p$ 为一个时隙长 577μs。在实际应用中,由于 GSM 基站的发射功率只有几十瓦,故探测范围更小,因此其距离模糊是可以忽略不计的。同时又由于一个或几个 TDMA 帧包含同样的突发信息(如频率校正突发),因此也会在 217Hz、108Hz 和 54Hz 等的倍数处出现模糊多普勒频率,但由于相似程度不高,峰值相对于匹配多普勒频率处也一般较小,对目标检测基本没有影响。

### 5.2.2.3 GSM 外辐射源雷达干扰分析

GSM 外辐射源雷达中不仅面临严重的主基站直达波和多径干扰,而且面临其他同频和邻频基站的干扰。

1)主基站干扰

主基站直达波和目标回波信号之比可以由下式进行描述:

$$\frac{P_{direct}}{p_{reflect}} = \frac{4\pi r_1^2 r_2^2}{r_3^2 \delta} \qquad (5.17)$$

式中:$r_1$ 为发射站到目标之间的距离;$r_2$ 为接收机到目标之间的距离;$r_3$ 为发射站和接收机之间的基线距离。

需要指出的是,式(5.17)中假设目标回波方向和直达波方向的发射与接收天线增益相等。当设 $r_1 = 0.5km$,$r_2 = 5km$,$r_3 = 2km$,$\delta = 0.1m^2$ 时,直达波信号相对于目标回波信号要高 83dB,因此为了检测到目标回波,首先需要经过时域相消和空域滤波消除主基站的直达波和多径干扰。

2)同频基站干扰

GSM 是一种数字蜂窝通信系统,在一个小区内,接收机不仅能够接收到主基站的发射信号,而且能够接收到附近小区其他基站发射的同频干扰信号。从上面的分析可知,工程上,在一个小区内 GSM 主基站的信号能量要比其他同频干扰基站的信号能量至少大 12dB,也就是同频干扰保护比为 12dB。这种同频干扰保护比对通信来说抑制同频干扰是没有问题的,但是对于以 GSM 作为机会照射源的外辐射源雷达来说,同频干扰是不得不考虑的一个问题。因为一般目标回波信号要比主基站直达波信号低 70dB 以上,也就是目标回波信号比其他基站的同频干扰有可能还要低 50dB 以上,因此在 GSM 外辐射源雷达中,同频干扰是影响检测距离的一个重要因素。由于一般得不到同频基站的发射信号,因此同频基站信号主要是依靠空域滤波进行抑制。

3)邻频基站干扰

GSM 900MHz 系统下行信道包括 935~960 频段内 124 个频点,相邻频点之间的间隔为 200kHz。在 GSM 系统中,某个基站小区的覆盖范围内,能够接收到很多由其他邻频基站发射的信号,因此当雷达接收机模拟滤波器带外抑制不够时,采样以后混频到主基站频点上的其他邻频信号,同样可能会影响到雷达目标探测距离。抑制邻频干扰主要靠增加模拟滤波器带外抑制能力。

综上所述,在基于 GSM 信号的外辐射源雷达中,雷达接收机接收的干扰信号不仅包括主基站的直达波和多径干扰信号,而且包括其他同频基站的直达波和多径干扰信号,导致 GSM 外辐射源雷达中干扰信号既包括较多的强干扰信号(包括主基站直达波和强多径,以及某些较强同频干扰基站的直达波信号),也有数量众多的弱干扰信号(来自于主基站和其他同频基站)。并且由于 GSM 各个基站发射信号不一样,利用主基站的直达波信号进行时域干扰相消并不能消除其他同频的基站的干扰信号,因此如果利用时域干相消抑制所有的干扰,需要得到各个基站的直达波信号,将大大增加系统的复杂度。针对该系统的干扰抑制方法,可以采用基于两步空域滤波的 GSM 辐射源雷达干扰抑制方法,利用低副瓣空域滤波对所有干扰进行一定程度的抑制,再利用稳健的自适应波束形成方法对剩余的强干扰信号做进一步抑制。

## 5.2.3 基于 GSM 信号的外辐射源雷达探测威力分析

在 5.1.3 节基础上进行雷达参数设置,见表 5.4。

表 5.4 参数设置

| 名称 | 符号 | 数值 | dB |
|---|---|---|---|
| 工作频率/MHz | $f$ | 947 | |
| 发射台功率/W | $P_t$ | 40 | 16.02 |
| 发射增益/dB | $G_t$ | | 14 |
| 接收增益/dB | $G_r$ | | |
| 目标面积/m² | $\delta$ | 0.1 | -10 |
| 波长 | $\lambda^2$ | 0.32×0.32 | -9.98 |
| 损耗合计/dB | $L$ | | 5 |
| 噪声系数/dB | $F$ | | 3.5 |
| 常数 | $(4*pi)^3$ | | 32.98 |
| 常数 | $KT_s$ | | -203.98 |

（续）

| 名称 | 符号 | 数值 | dB |
|------|------|------|-----|
| 噪声带宽/kHz | $B_n$ | 200 | 53.01 |
| 检测因子/dB | $D_0$ | | 11.78 |
| 相干积累增益 | $G_S$ | | 52.10 |
| 注：$G_S = BT$，其中，$T$ 为相干积累时间（取 2s），$B$ 为信号带宽（取 81kHz） | | | |

图 5.25 描述了在自由空间只受噪声影响的 GSM 辐射源雷达的最大探测距离。从图中可以看出，当接收天增益为 13dB 时，最大探测距离为 21km，当接收天线为增益为 30dB 时，最大探测距离可以达到 55km。

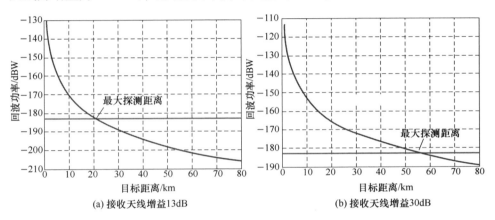

(a) 接收天线增益13dB　　　　　　　　(b) 接收天线增益30dB

图 5.25　GSM 辐射源雷达受噪声影响的在自由空间的探测威力

在 GSM 辐射源雷达中，影响目标检测的因素不仅包括噪声，还包括主基站的直达波和多径干扰剩余，以及其他同频和邻频基站的干扰，因此在 GSM 辐射源雷达中，雷达方程需要改写为

$$\sqrt{R_T R_{R_{max}}} = \left( \frac{P_t G_t G_r \delta \lambda^2}{(4\pi)^3 (KT_0 B_0 F + I) D_0 L} G_S \right)^{\frac{1}{4}} \quad (5.18)$$

式中：$I$ 表示主基站的直达波和多径干扰剩余，以及其他同频和邻频基站的干扰。考虑在这些因素的影响下，GSM 辐射源雷达的探测威力。

图 5.26 描述了当存在一个同频基站位于目标主瓣范围内时，雷达探测距离与接收机 - 同频基站距离之间的关系。从图中可以看出，当存在一个位于目标主瓣范围内的同频干扰时，雷达的探测距离将会受到极大的削弱，比如当同频基站与接收机距离为 30km 时，雷达的最大探测距离也只有 500m，并且当同频基站位于主瓣范围内时，增大天线增益并不能提高目标的探测距离。

图 5.27 是取主基站覆盖小区的 $R_m$ 半径分别为 2km 和 5km，接收天线主瓣

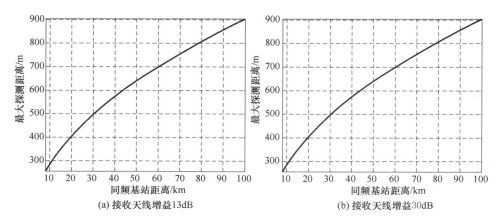

(a) 接收天线增益13dB

(b) 接收天线增益30dB

图 5.26　雷达探测距离与同频基站 – 接收机距离之间的关系

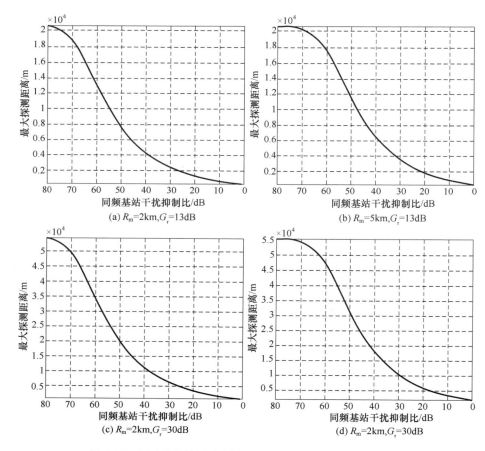

(a) $R_m$=2km,$G_r$=13dB

(b) $R_m$=5km,$G_r$=13dB

(c) $R_m$=2km,$G_r$=30dB

(d) $R_m$=2km,$G_r$=30dB

图 5.27　雷达探测距离与同频基站方向天线增益之间的关系

增益为分别为 13dB 和 30dB 时,得到的雷达探测距离与同频基站抑制比之间的关系(此时设回波天线在同频方向上的增益皆设为 0dB)。从图 5.27 可以看出,虽然来自副瓣方向的同频基站干扰对系统探测距离的影响要小于主瓣方向的同频基站干扰,但是仍然会大大降低雷达系统的探测距离,特别当主基站覆盖范围比较小时。

## 5.3　基于 CDMA 信号的外辐射源雷达技术

IS‑95 码分多址(CDMA)系统是由美国圣地亚哥公司设计和开发的移动通信系统。我国于 1994 年引入 CDMA 试验网络,目前在全国大部分地区都有 CDMA 商业运行网络,因此在我国 CDMA 信号资源十分丰富[20,21]。

### 5.3.1　CDMA 信号特性分析

CDMA 系统包括反向(移动台到基站)和前向(基站到移动台)两个链路,分别占据 25MHz 的频率带宽,其中反向链路占据的频率段为 824 ~ 849MHz,前向链路占据的频率段为 869 ~ 894MHz。相对于反向链路,前向链路的发射基站固定,并且具有能量更强和更稳定的发射信号,因此一般利用 CDMA 前向链路作为外辐射源雷达的照射信号。

CDMA 前向链路多址方式采用码分多址的方式,即各个 CDMA 基站以同样的频率发射不同的信号,接收系统根据各个 CDMA 基站发射信号中导频信道的 PN 序列时间偏移数不同来区分不同基站的发射信号。图 5.28 描述了 CDMA 前向链路发射系统的基本原理框图。从图中可以看出,一个 CDMA 前向链路包括 64 个码分信道,其中包括一个导频信道、至多一个同步信道、至多 7 个寻呼信道以及若干个业务信道。为了在接收机中将各个信道的信号区分开来,在发射端各个信道的信号首先需要经过一组正交沃尔什函数 $W(n,t)(n=0,\cdots,63)$ 进行正交扩频,然后各个信道的信号相加以后再经过一对正交的导频 PN 序列进行扩频,经过导频 PN 序列扩频以后的码元速率为 1.2288Mc/s。需要指出的是,各个 CDMA 基站中导频信道发射的内容是一样的,只是时间偏移数不同。正交扩频以后,再通过 I/Q 两路的基带滤波器进行整形滤波,最后对滤波输出的二进制码元信号按照正交相移键控(QPSK)的方式进行调制,变成模拟信号以后,通过天线发射出去(不同基站的 CDMA 信号可以调制在同一载频进行发射)[22]。

图 5.29(a)是利用实测数据获得的 CDMA 信号实部的频谱图,图中 ±3MHz 附近处对应的频谱即为所采集得到的 CDMA 信号频谱(由于图 5.29(a)中给出的是 CDMA 信号实部的频谱,因此其频谱具有正、负频对称的结构)。从图中可以看出一个 CDMA 信号所占据的频率带宽为 1.23MHz 左右。图 5.29(b)是其

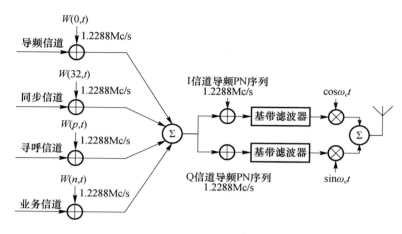

图 5.28　CDMA 前向链路发射系统框图

对应的 CDMA 信号时域图形,可以看出 CDMA 信号具有很大的随机性,可以看作类似于噪声的随机信号。

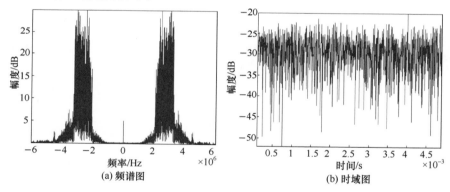

图 5.29　CDMA 信号频谱和时域图

CDMA 信号的模糊函数为

$$A[\tau,f_{d}] = \sum_{k=1}^{K} s[k] s^{*}[k - \tau] e^{-j2\pi f_d k/K} \tag{5.19}$$

式中:$\tau$,$f_d$ 分别为时延和多普勒频移单元;$s^{*}[k]$ 为 CDMA 信号的第 $k$ 个采样;"$*$"表示取共轭;$K$ 为总的信号长度。

图 5.30 是利用实测数据得到 CDMA 信号的模糊函数图。从图中可以看出,由于 CDMA 信号可以看作类似于噪声的随机信号,因此其模糊函数是理想的图钉函数,即只存在一个主瓣峰值,同时在距离和多普勒上都不存在明显的副峰(图 5.30(b)和(c))。

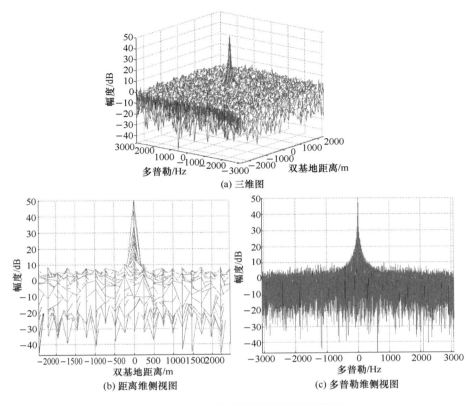

(a) 三维图

(b) 距离维侧视图

(c) 多普勒维侧视图

图 5.30　CDMA 信号模糊函数图(见彩图)

## 5.3.2　接收信号模型

考虑以一个 8 阵元的线阵(阵元间距为 $\lambda/2$)作为接收天线,接收某个区域内的某一 CDMA 频点的信号。天线接收通道的信号分别经过模/数转换、数字下变频、滤波等处理以后转换为数字基带信号,可以表示为如下模型:

$$
\begin{aligned}
s_i[n] = &\sum_{h=1}^{N_s} w_h d_h[n] \mathrm{e}^{\mathrm{j}\phi_{h,i}} + \sum_{l=1}^{N_s}\sum_{m=1}^{N_{l,c}} a_{l,m} d_l[n-\tau_{l,m}] \mathrm{e}^{\mathrm{j}\phi_{l,m,i}} \\
&+ \sum_{l=1}^{N_s}\sum_{t=1}^{N_{l,T}} b_{l,t} d_l[n-\tau_{l,t}] \mathrm{e}^{\mathrm{j}2\pi f_{l,t} n/f_s} \mathrm{e}^{\mathrm{j}\phi_{l,t,i}} \\
&+ z_i[n] \quad (i=1,\cdots,8; n=1,\cdots,N)
\end{aligned}
\tag{5.20}
$$

式中:$N$ 为总的采样数;$f_s$ 为采样频率,$i$ 为天线阵元数;$N_s$ 表示所能接收到的 CDMA 基站数,$d_h[n]$ 为第 $h$ 个 CDMA 基站的直达波信号;$w_h$ 为天线接收到的第 $h$ 个 CDMA 基站的直达波信号的复幅度;$N_{l,c}$、$N_{l,T}$ 分别为第 $l$ 个 CDMA 基站的干扰总数和目标回波总数($l=1,\cdots,N_s$);$a_{l,m}$、$\tau_{l,m}$分别为第 $l$ 个 CDMA 基站的第 $m$ 个干扰的复幅度和时延(相对于直达波信号);$b_{l,t}$、$\tau_{l,t}$、$f_{l,t}$分别为第 $l$ 个 CDMA 基站的第 $t$ 个目标回波的复幅度、时延和多普勒频移;$e^{j\phi_{h,i}}$、$e^{j\phi_{l,m,i}}$、$e^{j\phi_{l,t,i}}$分别为对应的基站直达波、多径和目标的方向相位信息;$z_i[n]$ 为第 $i$ 个阵元中的热噪声。

从式(5.20)中可以看出,由于 CDMA 系统采用的是码分多址,与 GSM 系统一样,天线可以接收到多个 CDMA 基站以同样的频率发射不同的信号,因此如果只对消其中一个基站的直达波和多径干扰,其他基站的干扰仍然会掩盖目标回波,导致检测不到目标。

### 5.3.3　基于级联相消的干扰抑制方法

由于 CDMA 系统采用的是码分多址,不同的 CDMA 基站可以工作于同一个频段,因此基于 CDMA 的外辐射源雷达中,不仅存在主基站的直达波和多径干扰,还包括其他同频基站的干扰。

为了检测到目标,必须对所有基站的干扰进行有效抑制。由于不同的 CDMA 基站发射信号是不一样的,利用某一个基站的直达波信号,不能对消其他基站的干扰。因此为了对消某个基站的干扰信号,必须获得该基站的直达波信号。但在一个区域内可能存在多个 CDMA 基站以同样的频率发射不同的信号,一般很难事先确定多个基站的能量强弱和其直达波信号来波方向。因此提出一种方法,首先通过导频搜索确认每一阶段当前具有最强能量的基站精确测量该基站直达波来波方向,然后消去各个天线阵子中该基站干扰,再循环运行,将各个基站干扰按能量从大到小依次消除,直到干扰得到充分的消除,最后进行波束扫描和距离－多普勒二维相关以检测目标,如图 5.31 所示。

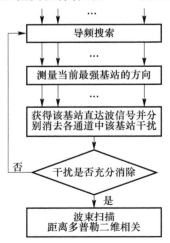

图 5.31　信号处理流程

### 5.3.3.1　导频搜索

CDMA 前向链路由 1 个导频信道、1 个同步信道、至多 7 个寻呼信道以及若干个业务信道等总共 64 个信道构成。其中不同基站的导频信道使用相同的 PN 序列,但各个基站 PN 序列的起始位置不同,即 PN 时间偏移系数不同。可以通过导频搜索的方式来确定当前信号中各基站信号的强弱。导频搜索就是用天线接收的信号与本地导频 PN 序列作互相关运算,由下式所示:

$$p_1(k) = \sum_{n=0}^{N_p-1} s_1[n]c[n+k] \qquad k = 0,\cdots,N_p-1 \qquad (5.21)$$

式中:$c[n]$ 为本地导频 PN 序列;$k$ 为 PN 序列时间偏移数;$N_p$ 为一个导频 PN 序列周期($2^{15}$)。

经过导频搜索以后,就可以确定当前信号中能量最强基站的导频 PN 序列时间偏移数(最大尖峰所在的位置)。

### 5.3.3.2　基站直达波信号获取与干扰相消

假设通过 5.4.2 节所述的导频搜索获得当前信号中具有最强能量的基站直达波信号的导频 PN 序列偏移数为 $k_L$,并设该最强基站为第 $L$ 个基站,则将 8 个通道中的信号分别乘以偏移数为 $k_L$ 的本地导频 PN 序列后再相加,可得

$$p_i(k_L) = \sum_{n=0}^{N_p-1} s_i[n]c[n+k_L] \qquad i = 1,\cdots,8 \qquad (5.22)$$

根据式(5.21)和式(5.22)可以把 $p_i(k_L)$ 写成

$$p_i(k_L) = \xi_{i,1} + \xi_{i,J} + \xi_{i,c} + \xi_{i,g} + \xi_{i,z}, \qquad i = 1,\cdots,8 \qquad (5.23)$$

式中:$\xi_{i,1}$ 为第 $i$ 个天线中基站的 $L$ 直达波信号与本地导频 PN 序列相乘相加后的结果;$\xi_{i,J}$ 为第 $i$ 个天线中其他基站(除了基站 $L$)的直达波信号与本地导频 PN 序列相乘相加后的结果;$\xi_{i,c}$ 为第 $i$ 个天线中所有基站的多径信号与本地导频 PN 序列相乘相加后的结果;$\xi_{i,c}$ 为第 $i$ 个天线中各基站的目标回波信号与本地导频序列相乘相加后的结果;$\xi_{i,z}$ 为第 $i$ 个阵元的噪声与导频序列相乘相加后的结果。它们可分别表示为

$$\xi_{i,1} = \sum_{n=0}^{N_p-1} w_L d_L[n]c[n+k_L]e^{j\phi_{L,i}} \qquad (5.24)$$

$$\xi_{i,J} = \sum_{\substack{h=1 \\ h \neq L}}^{N_s} \sum_{n=0}^{N_p-1} w_h d_h[n]c[n+k_L]e^{j\phi_{l,i}} \qquad (5.25)$$

$$\xi_{i,c} = \sum_{l=1}^{N_s} \sum_{m=1}^{N_{l,c}} \sum_{n=0}^{N_p-1} a_{l,m} d_l[n - \tau_{l,m}] c[n + k_1] e^{j\phi_{l,m,i}} \qquad (5.26)$$

$$\xi_{i,g} = \sum_{l=1}^{N_s} \sum_{t=1}^{N_{l,T}} \sum_{n=0}^{N_p-1} b_{l,t} d_l[n - \tau_{l,t}] c[n + k_1] e^{j2\pi f_{l,t} n/f_s} e^{j\phi_{l,t,i}} \qquad (5.27)$$

$$\xi_{i,z} = \sum_{n=0}^{N_p-1} z_i[n] c[n + k_1] \qquad (5.28)$$

由于第 $L$ 个基站的直达波信号本身具有最强的能量,同时又由于式(5.22)中本地导频 PN 序列的时间偏移数与基站 $L$ 的直达波导频时间偏移数相匹配,而与其他信号的导频偏移数失配,因此经过式(5.22)的积累后基站 $L$ 信号的能量将远远大于其他基站的信号,即式(5.23)可以约等为

$$p_i(k_L) \approx \xi_{i,L} = \sum_{n=0}^{N_p-1} w_L d_L[n] c[n + k_L] e^{j\phi_{L,i}} \qquad (5.29)$$

从式(5.29)中可以看出,经过导频积累以后,各阵元中的信号只相差一个当前最强基站方向的相位信息,因此该基站方向可以通过波束扫描获得。

按照下式进行波束扫描,最大峰值所在的位置就是当前最强基站方向:

$$\rho(\theta) = \boldsymbol{a}(\theta)^H \boldsymbol{P}(k_L) \boldsymbol{P}(k_L)^H \boldsymbol{a}(\theta) \qquad (5.30)$$

式中: $\boldsymbol{P}(k_L) = [p_1(k_L), \cdots, p_8(k_L)]^T$,T 表示转置; $\boldsymbol{a}(\theta)$ 为阵列在 $\theta$ 方向的导向矢量($\theta$ 在 $-90°$ 和 $90°$ 方向进全方位扫描);H 表示共轭转置。

当获得最强基站直达波信号来波方向以后,便可以形成一个指向该方向的波束以获得当前最强的直达波信号:

$$s_{\text{ref}}[n] = \boldsymbol{a}(\theta_r)^H \boldsymbol{S}_e[n] \qquad (5.31)$$

式中: $\boldsymbol{S}_e[n]$ 为阵列天线前 7 个阵元中的信号, $\boldsymbol{S}_e[n] = [s_1(n), \cdots, s_7[n]]^T$; $\theta_r$ 为前面测得的直达波来波方向。

由于目标回波相对于直达波和多径干扰具有多普勒频移,因此利用这个性质,在获得基站的直达波以后,便可以分别将 8 个阵元中有关该基站的直达波和多径干扰分量消去,同时保证目标回波的能量不受大的影响。但是由于 CDMA 各个基站的发射信号是不一样的,两个不同的 CDMA 基站发射信号不具有相关性,利用一个 CDMA 基站的直达波不能对消来自于其他基站的干扰,因此为了对消所有基站的干扰,需要循环运行,分别对消各个 CDMA 基站干扰。

### 5.3.3.3 目标检测

当干扰得到充分消除以后,便可以利用 8 个通道中的剩余信号在可能存在目标的空域进行波束扫描:

$$s_{\text{sur}}(n) = a(\varphi)^{\text{H}} s_{\text{c}}(n) \qquad n = 1, \cdots N \qquad (5.32)$$

式中:$\varphi$ 为可能存在目标的方向;$s_{\text{c}}(n)$ 为经过级联相消后剩余的 8 通道信号。

然后与主基站的直达波信号做距离多普勒二维相关以检测目标:

$$\xi(\tau_{\text{d}}, f_{\text{d}}) = \sum_{n=1}^{N} s_{\text{sur}}[n] s_{\text{ref}}^{*}[n - \tau_{\text{d}}] e^{-j2\pi f_{\text{d}}n/N} \qquad (5.33)$$

式中:$\tau_{\text{d}}$、$f_{\text{d}}$ 分别为时间单元和多普勒频移单元;$s_{\text{ref}}(n)$ 为主基站直达波信号;"$*$"表示取共轭。

## 参考文献

[1] Tan D K P, Sun H, Lu Y, et al. Passive radar using global system for mobile communication signal: theory, implementation and measurements[J]. IEE Proceedings on Radar Sonar and Navigation, 2005, 152(3): 116 – 123.

[2] Mojarrabi B, Homer J, Kubik K. Power budget study for passive target detection and imaging using secondary applications of GPS signals in bistatic radar systems[C] Geoscience and Remote Sensing Symposium, IGARSS, Toronto, Ontario: IEEE, 2002.

[3] 刘立东. 基于 GPS 照射源的天地双基地雷达探测系统[J]. 电波科学学报, 2004, 19(1): 109 – 113.

[4] Glennon E, Dempster A, Rizos C. Feasibility of air target detection using GPS as a bistatic radar[J]. Global Positioning Syst. , 2006, 5(1): 119 – 126.

[5] Ion Suberviola, Iker Mayordomo, Jaizki Mendizabal. Experimental results of air target detection with a GPS forward – scattering radar[J]. IEEE geoscience and remote sensing letters, 2012, 9(1): 47 – 51.

[6] 廖桂生, 李天星, 谷卫东, 等. 基于 CDMA 基站辐射源雷达的动目标检测方法[J]. 现代雷达, 2008, 30(9): 29 – 32.

[7] Colone F, O'hagan D W, Lombardo P, et al. A multistage processing algorithm for disturbance removal and target detection in passive bistatic radar[J]. IEEE Transaction on Aerospace and Electronic Systems, 2009, 45(2): 698 – 722.

[8] 田孝华, 廖桂生. 基于 CDMA 蜂窝网的运动目标检测与定位技术[J]. 电波科学学报, 2005, 20(3): 336 – 341.

[9] 何遵文, 牛佳敏. CDMA 移动通性信号的无源探测性能研究[J]. 兵工学报, 2008, 29(3): 296 – 299.

[10] Wang Haitao, Wang Jun, Li Hongwei. Target detection using CDMA based passive bistatic radar[J]. Journal of Systems Engineering and Electronics, 2012, 23(6): 858 – 865.

[11] Liu Peiguo, Liu Jibin. Analysis of passive targets detection using CDMA signal[C]. IEEE Int. Workshop VLSI Design and Video Tech, Suzhou: IEEE, 2005.

[12] 王海涛, 王俊, 端峰. 利用阵列天线的 CDMA 辐射源雷达目标检测方法[J]. 系统工程与电子技术, 2012, 34(2): 282 – 286.

［13］ Bai Jianxiong, Wang Jun. Weak target detection using dynamic programming TBD in CDMA based passive radar［C］. IET International Radar Conference, Guiling：IET, 2009.

［14］ Wang Lei, Wang Jun, Xiao Long. Passive location and precision analysis based on multiple CDMA base stations［C］. IET International Radar Conference, Guiling：IET, 2009.

［15］ 华树钢, 王俊. 利用 CDMA 信号为照射源的雷达目标探测技术［J］. 系统工程与电子技术, 2009：31(2)：337－341.

［16］ 华树钢. 基于 CDMA 无线基站的雷达动目标检测技术［D］. 西安：西安电子科技大学, 2008.

［17］ 刘基余. GPS 卫星导航定位原理与方法［M］. 北京：科学出版社, 2003.

［18］ 杨进佩, 刘中, 朱晓华. 用于无源雷达的 GPS 卫星信号性能分析［J］. 电子与信息学报, 2007, 29(5)：1083－1086.

［19］ Chow Y P, Matthew T. GPS bistatic radar using phased － array technique for aircraft detection［C］. The 2013 International Conference on Radar, Adelaide SA：IEEE, 2013.

［20］ 赵长奎. GSM 数字移动通信应用系统［M］. 北京：国防工业出版社, 2001.

［21］ Garg V K. 第三代移动通信系统原理与工程设计 IS－95 和 CDMA2000［M］. 于鹏, 译. 北京：电子工业出版社, 2000.

［22］ Jhong S L, Leonard E M. CDMA 系统工程手册［M］. 许希斌, 周世东, 赵明, 等译. 北京：人民邮电出版社, 2001.

［23］ Man Yong Rhee. CDMA cellular mobile communications and network security［M］. USA：Pearson Education, 1998.

# 第 6 章

# 射频数字化软件化接收机技术

## 6.1 概　　述

外辐射源雷达主要利用民用调频广播信号、模拟电视伴音信号、DAB 信号、DVB-T 信号、GPS/GSM 信号和 Wi-Fi 信号等,通过大动态、高灵敏度接收机接收目标回波信号以及参考信号来进行目标探测的雷达系统。接收机是外辐射源雷达的一个关键分系统,其性能直接决定外辐射源雷达系统性能。

根据《中华人民共和国无线电频率划分规定 2010(工业和信息化部令 16号)》,我国广播、电视和无线通信频谱资源划分见表 6.1 所列。图 6.1 和图 6.2给出了某地区 VHF/UHF 频段民用广播、电视和通信信号的频谱测试情况。

表 6.1　国内 VHF/UHF 波段频谱资源分配

| 频率范围/MHz | 应用 | 说　明 |
|---|---|---|
| 0.53~30.0 | 中、短波广播 | |
| 45.25~45.475,<br>48.25~48.475 | 无绳电话 | |
| 88.0~110.0 | 调频广播 | 信号带宽小于 200kHz,与节目有关 |
| 48.5~72.5,76.0~92.0 | VHF 电视频道 1~5 | 电视频道占有带宽 8MHz,其中模拟电视伴音载频比图像载频高 6.5MHz,DVB-T 信号有用带宽为 7.6MHz,DAB 信号带宽 1.536MHz |
| 167.0~223.0 | VHF 电视频道 6~12 | |
| 470.0~566.0 | UHF 电视频道 13~24 | |
| 606.0~958.0 | UHF 电视频道 25~68 | |

调频广播信号、模拟电视伴音信号和数字电视信号等外辐射源信号,覆盖了VHF 到 UHF 整个频段,频率跨越多个倍频程,因此,一般无法用一个天线和接收机覆盖整个频段,雷达天线和接收机需要针对特定频段来进行设计。外辐射源雷达一般又具有多个源同时工作的能力,需要考虑宽带多频段同时覆盖设计。

VHF 频段的模拟电视 1~5 频道与调频广播频段相近,可以共用天线和接收机来设计;而 UHF 频段数字电视 DVB-T 频段可以共用接收机来设计。

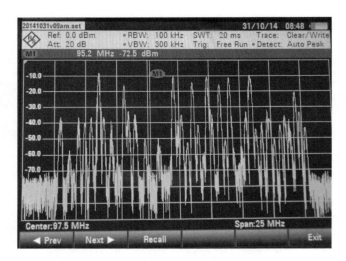

图 6.1　VHF 调频广播频段(87~108MHz)信号频谱情况(见彩图)

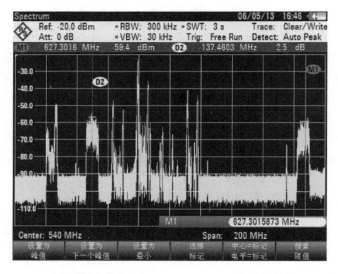

图 6.2　UHF 频段模拟/数字电视(440~640MHz)信号频谱情况(见彩图)

调频广播信号、模拟电视信号和数字电视信号又都存在不同的极化方式,如图 6.3 所示。为了适应不同地区、不同频率和极化,有些辐射源频段的天线和接收机设计需要考虑双极化工作能力,对应接收机通道需要采用双极化通道来进行设计。

VHF/UHF 频段相对较低。随着 ADC 器件水平的飞速发展,目前已可以在这些频段内实现高采样率、高分辨力的射频信号直接数字化,并可以通过采样率跳频实现无盲区采样处理[1]。

图 6.3　广播电视发射塔

　　射频数字化技术是软件无线电与认知无线电的理想实现途径和发展方向[2]。射频数字化接收机能够在天线输出端直接实现模/数变换,通过宽带射频数字化和后续软件处理构建自适应接收机通用平台。

　　图 6.4 给出了自适应射频数字化接收机功能框图,主要包括基于可变增益低噪声放大器(LNA)、开关滤波器/电调滤波器的自适应可重构射频前端、射频直接采样 ADC、多通道多带宽多速率数字信号处理的自适应软件化处理平台、基于光接口的高速数据传输等部分。

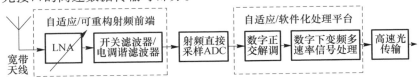

图 6.4　自适应射频数字化接收机功能框图

　　外辐射源雷达接收机正是通过自适应射频数字化接收技术实现多通道、多源、频谱资源自适应软件调度。图 6.5 是 2014 年珠海航展展出的 JY – 50 外辐射源雷达,该雷达是基于射频数字化接收技术的外辐射源雷达。

　　外辐射源雷达接收机模拟射频前端一般是宽开的,同时为了尽量放大微弱的回波信号,保证接收灵敏度,通道增益要求较高。因此,外辐射源雷达的接收机系统需要从带外和相邻频道抗干扰、模拟和数字电路抗饱和、接收机大动态和高灵敏度等方面展开综合设计。

图 6.5　JY‑50 外辐射源雷达

## 6.2　外辐射源雷达接收机设计

### 6.2.1　接收机体制选择

　　雷达接收机主要包括零中频接收机、低中频接收机、超外差接收机[3,4]以及射频数字化接收机[5]等多种体制。雷达接收机体制选择与雷达具体工作频段、信号带宽、性能指标要求、成本要求、技术成熟度和技术风险等方面因素有关。

　　超外差接收机最早于 1918 年由阿姆斯特朗发明。目前在雷达、通信和电子对抗领域接收机设计中仍然广泛应用。基本工作原理是将射频信号与一级或多级本振信号混频滤波放大后产生固定中频信号。两次变频超外差接收机功能框图如图 6.6 所示。

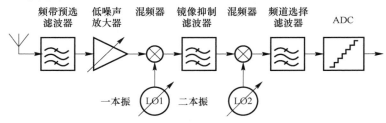

图 6.6　两次变频超外差接收机功能框图

　　该结构接收机通过射频预选滤波器选择射频工作频带,低噪声放大器保证接收机噪声系数满足指标要求。跳频一本振将射频信号混频到固定一中频。一本振混频可以是下变频也可以是上变频[6],需要根据频率窗口的选择和互调分析来确定。一中频信号需要通过模拟镜像抑制滤波器来滤除混频镜像分量,输出经过二本振混频放大以及与瞬时信号带宽相匹配的频道选择滤波器产生低中频信号给 ADC。

　　超外差接收机根据系统工作频段和信号带宽等因素选择变频次数。该体制接收机模拟环节众多和复杂,并需要进行仔细的互调分析来选择合适的频率窗口。图 6.7 给出了混频互调分析图[7]。

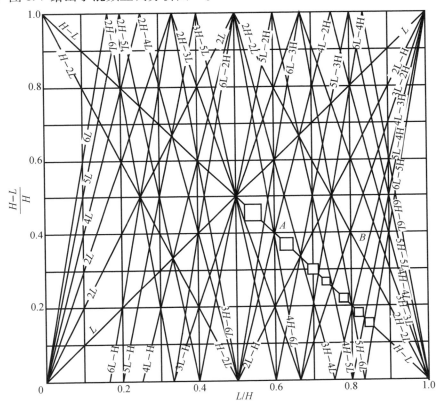

图 6.7　混频互调分析图

　　零中频接收机又称为直接变换接收机。该体制接收机通过一个模拟正交解调器直接将射频信号下变到基带,并通过模拟低通滤波器产生模拟复数基带 I/Q 信号。

　　零中频(模拟正交解调)接收机功能框图如图 6.8 所示。该体制接收机结果简单、无混频镜像问题、后续 ADC 处理压力降低一半,因此当前在宽带和超宽带接收机设计中有一定的应用。但是,该体制接收机也存在一些固有的缺陷:①载波泄漏造成时变的直流漂移,降低系统的动态;②低频闪烁噪声对信号频谱的污染;③偶次谐波干扰失真对基带信号的影响;④模拟正交解调两个模拟支路失配造成的 I/Q 幅度、相位失配问题,影响输出信号的镜像指标和系统动态指标。

图 6.9 给出了零中频(模拟正交解调)接收机输出镜像与 I/Q 幅度/相位不平衡间关系。模拟正交解调幅/相不平衡可以通过相关宽带数字补偿算法来进行校正以提高指标[8,9]。

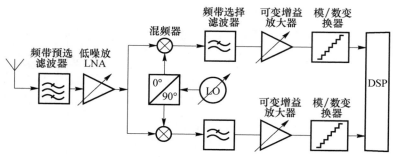

图 6.8　零中频(模拟正交解调)接收机功能框图

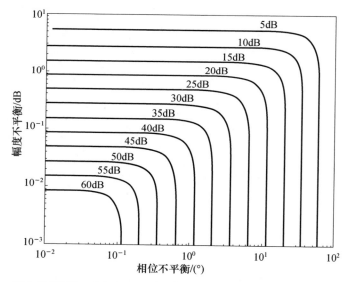

图 6.9　零中频(模拟正交解调)接收机镜像幅度与 I/Q 幅度/相位不平衡间关系

低中频接收机是对超外差接收机和零中频接收机的一种折中。该体制接收机通过模拟正交解调器将射频信号直接变换到一个较低中频,再通过数/模变换和数字处理获得基带 I/Q 信号。低中频接收机结构功能框图如图 6.10 所示。该结构避免了零中频接收机直流漂移和闪烁噪声干扰影响,又保留了结构简单以及超外差接收机低中频优点。但低中频接收机存在镜像信号干扰和模拟 I/Q 支路幅相适配问题,对其应用有一定的限制。

传统超外差接收机、零中频/低中频接收机具有一级或多级模拟变频通道。模拟电路存在非线性、温度漂移的不稳定性等问题,而且设备量限制了雷达系统

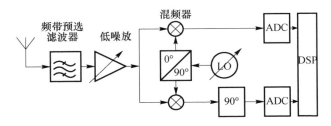

图 6.10　低中频接收机结构功能框图

的性能和集成化发展。随着模/数变换器和数/模变换器的飞速发展,当前已经可以实现 P/L 波段甚至更高频段的射频数字化处理。射频数字化接收机技术在雷达接收机设计中得到了广泛应用[10,11]。射频数字化接收机功能框图如图 6.11 所示。

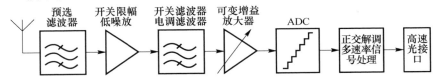

图 6.11　射频数字化接收机功能框图

　　射频数字化接收机没有模拟变频环节,大大简化了接收机实现结构,接收机主要包括:①预选滤波器,滤除射频工作频带外干扰信号,防止后续低噪放饱和;②开关限幅低噪放,决定射频数字化接收机灵敏度;③开关滤波器/电调滤波器,用于选择瞬时工作频带,降低进入后续处理的同时信号数量,提高动态,同时作为 ADC 抗混叠滤波;④射频数字化处理,用于射频信号模/数变换、数字正交解调、数字下变频(DDC)处理以及高速数据传输接口。

　　外辐射源雷达目前主要利用调频广播信号、模拟电视调频伴音信号以及数字电视信号。信号载频在 900MHz 以下,信号瞬时带宽小于 200kHz 和 8MHz。国外有工作在该频段分辨力大于 14 位的多通道 ADC 芯片货架产品[12-14],国内也有 14 位以上工作频段稍低的多通道 ADC 芯片货架产品[15]。因此,外辐射源雷达接收机优先选择射频数字化接收体制。另外,对于数字电视频段宽带接收机设计,也可以考虑采用基于二次模拟变频处理的超外差接收机体制来设计和实现。

## 6.2.2　射频直接数字化软件化接收机

### 6.2.2.1　射频数字化软件化接收机概述

　　射频数字化软件化接收机是基于软件无线电或认知无线电技术(CR)接收机实现的理想形式。软件无线电技术最早由 Mitola 提出[16],用于解决不同通信体制和系统间的互通性问题。通过构造一个通用硬件平台，加载不同软件来完成不同功能。由于软件无线电灵活性、开放性的特点，使其在雷达、通信、电子战等领域得到了飞速发展。

最初构想的基于软件无线电技术接收机，是一个直接在天线后进行数字化处理的宽开系统。软件无线电接收机理想实现结构如图 6.12 所示。通过灵活的、可编程的、高性能数字信号处理技术实现数字射频和基带处理，以适应不同的信号调制方式、信号带宽和载波频率。该结构也是射频直接数字化接收机的基本结构。

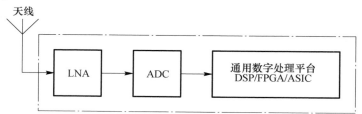

图 6.12　软件无线电接收机理想实现结构

当前主要的通信系统包括 FM 广播、DAB/DVB – T、2G/GSM、3G/UMTS、4G/LTE、WLAN、WiMax、Bluetooth、GPS/Galileo/Compass、未来 5G 通信以及相关军用通信、雷达等系统等，其频率覆盖到 6GHz 甚至更高频段，射频信号的幅度范围为 $1\mu V \sim 1V$。因此，实现上述宽开理想的软件无线电系统，需要 ADC 的分辨力达到 20 位，采样率大于 12GHz，功耗也将达数百瓦[17]。

如此高速的 ADC 产生的数据，需要后续超高速并行数字信号处理器进行处理。同时，当前通信频段信号密集，宽开直接数字化系统很容易被强干扰信号干扰，造成射频模拟前端阻塞、灵敏度恶化。

因此，从成本、功耗、应用环境以及可实现角度考虑，目前理想宽开射频直接数字化软件无线电架构还不太现实。

常用的软件无线电接收机实现架构还不是完全宽开结构。在同一时刻只能适应一个和少数几个频段的应用，同时体制上还包括模拟一次或多次变频超外差和数字中频采样结构。

### 6.2.2.2　射频数字化软件化接收机技术种类

射频直接数字化接收机通道不存在模拟混频环节，在射频频段直接进行模/数变换。根据射频直接数字化的方式，目前已有的射频直接数字化接收机技术主要包括以下几种：

1）基于奈奎斯特 ADC 的低通射频直接数字化技术

该结构射频工作频段位于 ADC 采样的第一奈奎斯特带，工作频段较低。通过低通预选滤波、可变增益低噪声放大器、模拟抗混叠滤波器、高分辨高速 ADC、ASIC/FPGA/DSP 处理等来实现。

英国国防评价与研究机构(UK/DERA)于 2000 年开发了一种 HF 频段(3 ~ 30MHz)低通射频直接数字化接收机,用于军事远距离通信[18],其实现功能框图如图 6.13 所示。

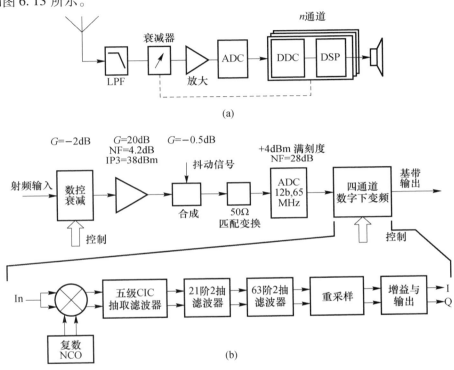

图 6.13 UK/DERA HF 频段射频数字化接收机

该 HF 频段射频直接数字化接收机包括:HF 天线后一个 30MHz 带宽、7 阶/9 阶级联椭圆抗混叠低通滤波器,用于抑制带外干扰;基于 GaAs/FET 的数控衰减器、基于 GaAs/MMIC 的低噪放、12bit 65MHz/ADC(Dither 技术扩展 ADC 瞬时动态)、基于 ASIC/FPGA 的 DDC 处理等。

该射频直接数字化接收机与当时传统模拟三级混频可调超外差接收机性能相当。其优点是灵活的可编程性、多频点并行输出功能等;缺点是受限于 ADC 性能无法实现高频段大动态处理。

2)基于奈奎斯特 ADC 的带通射频直接数字化技术

带通射频数字化主要根据欠采样原理,实现低采样率 ADC 直接数字化高频信号。由于载频较高需要高性能低抖动采样时钟,需要仔细选择采样频率、高 $Q$ 值抗混叠滤波器。

带通射频直接数字化技术在当前 UHF/P/L 波段的雷达以及全球导航卫星系统(GNSS)中有成熟应用[5,10,19-20]。随着 ADC 技术以及高速数字信号处理器技术的发展,未来在更高频段如 S/C/X 波段将可实现射频直接带通数字化处理。图 6.14 给出了雷达应用通射频直接数字化收发系统的框图与实物[19]。该射频直接数字化接收机噪声系统小于 4dB,瞬时动态大于 60dB。

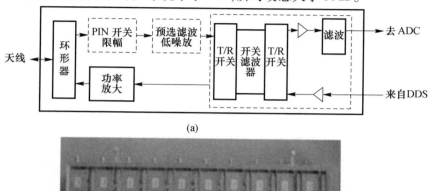

(a)

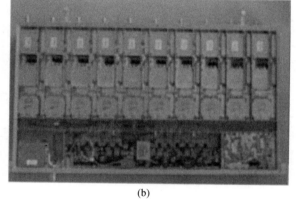

(b)

图 6.14　雷达应用射频直接数字化收发系统框图与实物

3) 基于带通 Δ-Σ 调制和单比特 ADC 的射频直接数字化技术

常规射频直接数字化技术主要基于高速 ADC 来获得高达吉赫采样率和高带宽,但其价格和功耗相对较高。近年来出现了一种基于 Delta-Sigma 调制技术和单比特 ADC 技术的射频直接数字化技术[21-24],主要基于过采样技术和带通 Δ-Σ 调制的噪声整形技术。

2014 年,IEEE 报道了一篇基于 65nm CMOS 技术的 400MHz~4GHz 频段宽带射频直接数字化多模式 Δ-Σ 接收机芯片。该项目是美国国防部先进研究局(DARPA)支持、伯克利大学无线研究中心研制的。通过一个 2bit 非归零 DAC 改善抖动性能保证高动态,带通 Δ-Σ 低噪声 AB 类跨导放大器保证高的前端线性度。对于 4MHz 带宽信号,在 400MHz~4GHz 频段输出信杂比(SNDR)大于 60dB(最大 68dB)。通过利用接近天线端负反馈数字化技术,芯片 IIP3 高达 10dBm,功耗仅 40mW。

图 6.15 给出了该芯片的原理框图、实物以及 2GHz 中心频率输出频谱图。

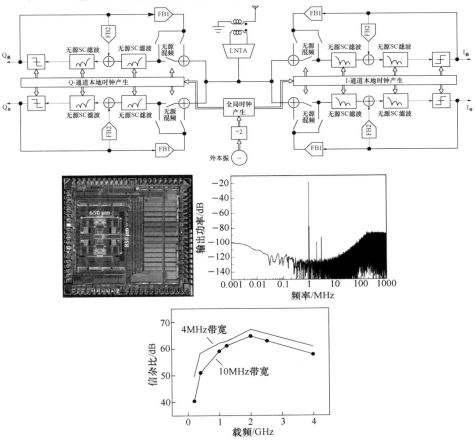

图 6.15　带通 Δ - Σ 调制射频直接数字化接收机

4）基于 PWM 调制和单比特 ADC 的射频直接数字化技术

近年出现的一种基于 PWM 技术和单比特 ADC 技术的射频直接数字化接收机,价格和功耗相对较低。贝尔实验室 2013 年在 IEEE 发表了一篇基于 PWM 和单比特技术的射频直接数字化接收机[25],其实现结构如图 6.16 所示。

在天馈滤波和可变增益低噪放之后,基于 SiGe 技术的高速比较器和一个高速参考时钟实现的 PWM 调制器。输出的双电平模拟连续信号通过一个 20GHz 的 SiGe 技术 D 触发器进行单比特数字化,再通过解复用器进入 FPGA 进行 DDC 处理。该方案实现了 900MHz ~ 2.35GHz 载频、5MHz 带宽 LTE 信号测试、80MHz 带宽 WCDMA 信号测试以及同时多载波信号测试,SNR/EVM 和动态范围等指标满足应用需求。

2015 年,IEEE 报道了基于 FPGA 全数字 PWM 技术的射频直接数字化接收

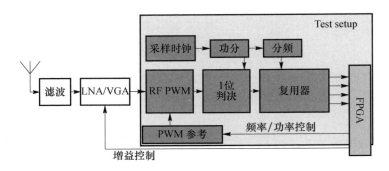

图 6.16　基于 PWM 技术和单比特技术的射频直接数字化接收机

机方案[26]，如图 6.17 所示。该方案用 FPGA 的吉赫高速串行接口 MGT 实现
PWM 和单比特数字化，具有更低的成本和更灵活的数字化软件化特性。

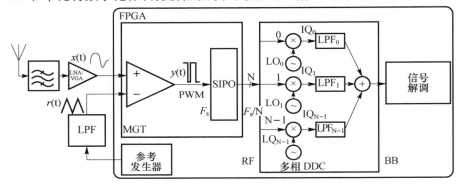

图 6.17　基于 FPGA 全数字化 PWM 调制和单比特技术的射频数字接收机

5）基于超高速采样/保持 T/H 电路的射频直接数字化技术

随着超宽带技术的发展，超宽带雷达/成像、超宽带目标识别、超宽带电子对
抗侦察的需求，现有 ACD 器件的采样率和模拟带宽无法满足实际应用。一种超
宽带采样保持器 + 高速宽带 ADC 架构的射频直接数字化技术得到发展和应
用[27]。具体实现方案和测试结果如图 6.18 所示。该技术采用 Inphi 公司超高速
采保电路 1821TH，实现 ADC 射频工作带宽的扩展。该采样保持器小信号射频带
宽可达 18GHz，支持最大转换速率 2GHz。通过多路拼接可实现更高采样率超高射
频带宽的射频直接数字化，在宽带射频直接数字化领域具有广泛的应用前景。

6）基于光采样的射频直接数字化技术

随着未来电子信息系统多功能一体化的需求，对超宽频段、超高带宽的收发
系统需求越来越迫切。电子学器件由于开关频率受限，在工作带宽和转换速率
上将无法满足需求。基于微波光子学的光学 ADC 技术具有超低抖动特点，锁模
激光器可产生 10GHz 以上、抖动小于 16fs 光脉冲，低于电子学采样脉冲 2 个数

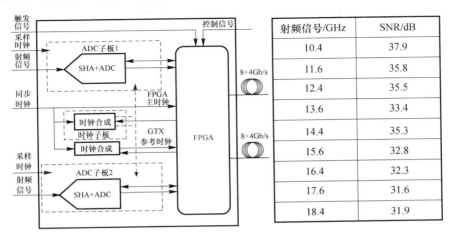

| 射频信号/GHz | SNR/dB |
| --- | --- |
| 10.4 | 37.9 |
| 11.6 | 35.8 |
| 12.4 | 35.5 |
| 13.6 | 33.4 |
| 14.4 | 35.3 |
| 15.6 | 32.8 |
| 16.4 | 32.3 |
| 17.6 | 31.6 |
| 18.4 | 31.9 |

图 6.18　基于超高速 T/H 电路的射频直接数字化接收机

量级。超高采样频率可达数百吉赫,工作频段可覆盖 X/Ka/Ku 波段甚至毫米波段。因此,光采样技术在未来超宽带宽、超高频率射频数字化领域,具有广阔的前景。2014 年 3 月,Nature 杂志报道了意大利 Ghelfi 等人 PHODIR 光子雷达研究计划[28],系统架构如图 6.19 所示。该系统基于软件无线电思想,利用微波光子技术,实现了 X 波段光采样直接数字化相参雷达系统,并成功进行了系统目标探测试验。

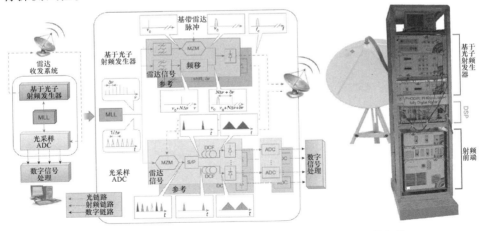

图 6.19　基于光采样直接数字化的 PHODIR 光子雷达系统架构

### 6.2.2.3　射频数字化软件化接收机灵敏度和动态

噪声是限制接收机灵敏度的主要因素,一般情况下接收机的噪声来源主要是电阻噪声、天线噪声和接收机噪声。根据奈奎斯特定理[29],电路中电阻元件

在温度 $T$(单位为 K)时将产生开路热噪声电压 $V_n$,即

$$V_n = \sqrt{4kTRB_n} \tag{6.1}$$

式中:$k$ 为玻耳兹曼常数,$k = 1.380658 \times 10^{-25}$(J/K);$R$ 为电阻($\Omega$);$B_n$ 为接收机带宽(Hz)。

当该开路电压加到匹配负载 $R_L$ 时($R_L = R$)负载上的有效噪声功率为

$$P_n = kTB_n \tag{6.2}$$

接收机的噪声部分是电阻的热噪声,还包括其他有源器件产生的噪声,但都具有热噪声相同的频谱和概率特性。

天线噪声包括天线外部辐射源所形成的噪声以及天线电阻元件产生的热噪声。噪声大小取决于接收天线波瓣内各种噪声源的噪声。对于 VHF/UHF 频段外辐射源雷达,天线噪声较强。

雷达系统分析时一般使用噪声温度,接收机设计时一般使用噪声系数定义。噪声系数的工程定义为:若线性两端口网络具有确定的输入端和输出端,且输入端源阻抗处于 290K 时,输入端与网络输出端的信噪比比值定义为该网络的噪声系数。其明确的物理意义为网络的噪声系数为网络输出对输入信号的信噪比恶化的倍数。典型接收机级联框图如图 6.20 所示[30]。

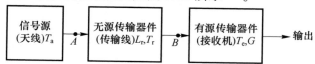

图 6.20　典型接收机级联框图

用 $S_i/N_i$ 表示接收机输入信噪比,$S_o/N_o$ 表示输出信噪比,噪声系数(NF)定义为

$$NF = \frac{S_i/N_i}{S_o/N_o} = \frac{N_o}{GN_i} = \frac{N_{ao} + N_{ro}}{GN_i} = \frac{GN_i + GN_{ri}}{GN_i} = \frac{N_i + N_r}{N_i} = 1 + \frac{T_e}{T_o} \tag{6.3}$$

式中:$G$ 为接收机增益;$N_i$ 为天线输入端噪声功率,$N_i = kT_0B$;$N_r$ 为接收机输出端折合到输入端的噪声功率,$N_r = kT_eB$。因此噪声系数大小与信号功率无关,取决于输入和输出噪声功率的比值。接收机一般由多级放大器、混频器、滤波器和模/数变换器等组成。级联电路的噪声系数和噪声温度分别为

$$NF_c = NF_1 + \frac{NF_2 - 1}{G_1} + \frac{NF_3 - 1}{G_1 G_2} + \cdots + \frac{NF_n - 1}{G_1 G_2 \cdots G_{n-1}} \tag{6.4}$$

$$T_c = T_1 + \frac{T_2}{G_1} + \frac{T_3}{G_1 G_2} + \cdots + \frac{T_n}{G_1 G_2 \cdots G_{n-1}} \tag{6.5}$$

式中：$G$ 为放大器增益或变频/滤波器损耗的倒数，其中第一级放大器的噪声系数和增益对系统 $NF_c$ 影响最大。

射频数字化接收机级联系统功能框图可以等效为图 6.21。

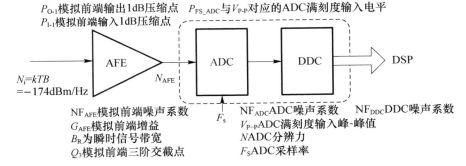

图 6.21　射频数字化接收机等效级联框图

根据级联系统噪声系数公式，射频数字化接收机 ADC 处理的噪声系数和系统增益（对应模拟前端输出噪声电平）对级联系统的噪声性能有影响。ADC 的噪声系数为[31]

$$NF_{ADC}(dB) = P_{FS}(dBm) - SNR_{ADC}(dBFS) - 10\lg\left(\frac{F_s}{2}\right)(Hz) - kT(dBm/Hz)$$

$$(6.6)$$

通过过采样可以获得处理得益降低噪声系数，即

$$NF_{DDC}(dB) = P_{FS}(dBm) - SNR_{ADC}(dBFS) - 10\lg\left(\frac{F_s}{2B_R}\right)(Hz) - kT(dBm/Hz)$$

$$(6.7)$$

上式中计算 ADC 的信噪比不包括 ADC 输出信号中的谐波成分，与输入信号幅度以及 ADC 输出的噪声电平有关。ADC 噪声电平由量化噪声、热噪声以及与采样时钟和 ADC 采样电路自身的孔径抖动有关。

实际计算的 SNR 可以通过芯片数据手册查到。从上式可以看出，ADC 的 SNR 提高 6dB，ADC 噪声系数将降低 6dB。在 ADC 采样提高 1 倍的情况下（假定这时 ADC 自身的 SNR 没有变化），则 ADC 和后续 DDC 处理的级联噪声系数将降低 6dB。图 6.22 给出了不同采样率和 SNR 下 ADC 的噪声系数曲线（假定 ADC 满刻度输入幅度 0dBm）。

根据级联系统噪声系数公式，可得 ADC 对系统噪声系数恶化与前端增益、噪声系数以及 ADC 噪声系数关系式，即

$$\Delta NF = NF_c - NF_{AFE}$$

$$(6.8)$$

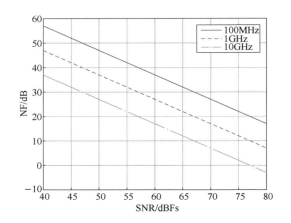

图 6.22　不同采样率和 SNR 下 ADC 的噪声系数曲线

$$G_{\mathrm{AFE}}(\mathrm{dB}) + \mathrm{NF}_{\mathrm{AFE}}(\mathrm{dB}) = 10\lg \frac{10^{\mathrm{NFADC}/10} - 1}{10^{\Delta \mathrm{NF}/10} - 1} \tag{6.9}$$

　　合理设置和设计前端增益、噪声系数，ADC 输入噪声电平的影响，以及级联后 ADC 对系统噪声系数的恶化比较关键。实际射频数字化接收机 ADC 输入噪声带宽远小于奈奎斯特带宽（图 6.23[32]），这时 ADC 输入的噪声功率谱密度要足够高于 ADC 自身噪声功率谱密度，以充分白化 ADC 量化噪声，降低级联后对噪声系数恶化。

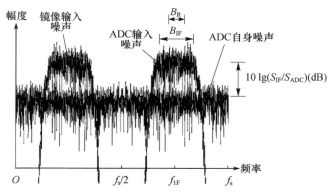

图 6.23　带通射频直接数字化接收机采样噪声谱

　　与图 6.23 对应的射频直接数字化接收机经过 DDC 处理后输出信噪比可表示为

$$\mathrm{SNR}_{\mathrm{c}}(\mathrm{dB}) = \mathrm{SNR}_{\mathrm{ADC}}(\mathrm{dBFS}) + 10\lg \frac{F_{\mathrm{s}}/2}{B_{\mathrm{R}}}(\mathrm{Hz}) - 10\lg\left(1 + \frac{S_{\mathrm{AFE}}}{S_{\mathrm{ADC}}}\right) \tag{6.10}$$

　　接收机动态范围需要根据雷达系统总动态要求、雷达系统体制和信号处理方式等决定。雷达总动态与目标回波随距离变化、目标 RCS 变化、检测信噪比、系统各环节损失等相关,而系统能够获得的动态按照接收机瞬时动态、信号处理得益(如 DBF 得益、脉压得益、多脉冲相干积累得益等)来进行分配。

接收机设计中常用的动态范围主要有 1dB 压缩点动态 $\mathrm{SDR}_{-1}$(单音线性动态范围)和无失真信号动态范围 $\mathrm{DR}_{\mathrm{SFDR}}$(双音瞬时动态范围)两种。1dB 压缩点动态范围 $\mathrm{SDR}_{-1}$ 定义为当接收机输出功率大到产生 1dB 增益压缩时,输入信号功率与最小可检测信号或等效噪声的比值。通过推导可得

$$\mathrm{SDR}_{-1}(\mathrm{dB}) = P_{\mathrm{O}-1}(\mathrm{dBm}) + 114 - \mathrm{NF}_{\mathrm{c}}(\mathrm{dB}) - 10\lg B_{\mathrm{R}}(\mathrm{MHz}) - G(\mathrm{dB})$$

(6.11)

$$\mathrm{SDR}_{-1}(\mathrm{dB}) = P_{\mathrm{I}-1}(\mathrm{dBm}) + 114 - \mathrm{NF}_{\mathrm{c}}(\mathrm{dB}) - 10\lg B_{\mathrm{R}}(\mathrm{MHz}) \quad (6.12)$$

式中:$B_{\mathrm{R}}$ 为接收机带宽;$P_{\mathrm{I}-1}$ 为输入 1dB 压缩点;$P_{\mathrm{O}-1}$ 为输出 1dB 压缩点;$G$ 为接收机增益;NF 为接收机噪声系数。

对于 ADC 级联射频数字化系统,模拟前端输出的 1dB 压缩点大于 ADC 满刻度输入电平,因此 $\mathrm{SDR}_{-1}$ 为:

$$\mathrm{SDR}_{-1}(\mathrm{dB}) = P_{\mathrm{FS\_ADC}}(\mathrm{dBm}) + 114 - \mathrm{NF}_{\mathrm{c}}(\mathrm{dB}) - 10\lg B_{\mathrm{R}}(\mathrm{MHz}) - G(\mathrm{dB})$$

(6.13)

无失真信号动态范围 $\mathrm{DR}_{\mathrm{SFDR}}$ 是指接收机三阶互调等于最小可检测信号时接收机输入最大信号功率与三阶互调信号之比。具体定义示意图以及三阶互调与输入/输出功率关系如图 6.24 所示。

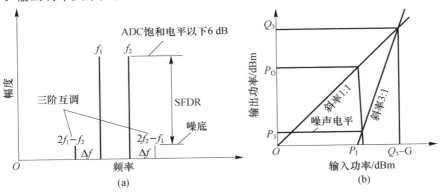

图 6.24　SFDR 定义以及三阶互调与输入/输出功率关系图[33]

图中:$P_3$ 是三阶互调功率电平;$Q_3$ 定义为输出三阶互调交截点,是基波频率信号输入/输出关系曲线与三阶互调产物与输入信号关系曲线的交点。由图 6.24 可得

$$Q_3(\mathrm{dB}) = \frac{3P_{\mathrm{O}} - P_3}{2}(\mathrm{dB}) = \frac{P_1 + 3G - P_3}{2}(\mathrm{dB})$$

(6.14)

对于级联系统的接收机,总的互调交截点与各级增益以及 $Q_3$ 的关系为

$$Q_3 = \frac{G_1 G_2 \cdots G_3}{\dfrac{c_1}{Q_{3,1}} + \dfrac{c_1 c_2}{Q_{3,2}} + \cdots + \dfrac{c_1 c_2 \cdots c_n}{Q_{3,n}}} \tag{6.15}$$

级联系统中的无源器件 $Q_3$ 可以选择一个很大的值来计算(如100dB),由式(6.15)可以看出末级放大器 $Q_3$ 以及系统总增益决定了级联系统总的 $Q_3$ 值。

设三阶互调等于级联系统噪声电平时的输入信号功率为 $P_I$,输出信号功率为 $P_O$,对于 ADC 级联的射频数字化接收系统瞬时动态最大信号为 ADC 满刻度电平减去 6dB(前端与模/数变换匹配),根据 $\mathrm{DR_{SFDR}}$ 定义有

$$P_s(\mathrm{dBm}) = kTB_R(\mathrm{dBm}) + \mathrm{NF}_c(\mathrm{dB}) + G(\mathrm{dB}) \tag{6.16}$$

$$P_O = P_I + G = P_{\mathrm{FS\_ADC}}(\mathrm{dBFS}) - 6 \tag{6.17}$$

$$\begin{aligned} \mathrm{SFDR}(\mathrm{dB}) &= P_O - P_3 = P_{\mathrm{FS\_ADC}}(\mathrm{dBm}) - 6 - kTB_R - \mathrm{NF}_c \\ &= P_{\mathrm{FS\_ADC}}(\mathrm{dBFS}) + 108 - \mathrm{NF}_c - 10\lg B_R - G(\mathrm{dB}) \end{aligned} \tag{6.18}$$

满足上述动态要求的前端级联放大器的总的最小三阶交截点 $Q_3$ 值要求为

$$Q_3 = \frac{3P_O - P_3}{2} = \frac{3P_{\mathrm{FS\_ADC}} - 13 - kTB_R - \mathrm{NF}_c - G}{2}(\mathrm{dB}) \tag{6.19}$$

对于调频广播频段的外辐射源雷达,假设选择 TI 公司 16 位最高 250MHz 采样率 ADS42LB69 作为射频直接数字化采样的 ADC,对 FM 调频广播频段信号进行采样处理(瞬时信号带宽 200kHz),采样率选择 80MHz。从手册可以查得 SNR = 74.5dBFS,ADC 与模拟前端接口阻抗匹配,其满刻度输入为 10dBm。根据前述公式有

$$\mathrm{NF_{ADC}} = P_{\mathrm{FS}} - \mathrm{SNR_{ADC}} - 10\lg\left(\frac{F_s}{2}\right) - kT = 33.5(\mathrm{dB}) \tag{6.20}$$

$$\mathrm{NF_{DDC}} = P_{\mathrm{FS}} - \mathrm{SNR_{ADC}} - 10\lg\left(\frac{F_s}{2B_R}\right) - kT = 10.5(\mathrm{dB}) \tag{6.21}$$

该芯片 16 位 ADC 理论的奈奎斯特带内量化噪声功率谱密度为[34]

$$N_b = P_{\mathrm{FS}}(\mathrm{dBm}) - 6.02 * N - 1.76 - 10\lg\left(\frac{F_s}{2}\right)(\mathrm{Hz}) = -164(\mathrm{dBm/Hz}) \tag{6.22}$$

实际 ADC 芯片在 80MHz 采样率下对 FM 频段采样的带内噪声功率谱密度为

$$S_{\mathrm{ADC}} = P_{\mathrm{FS}}(\mathrm{dBm}) - \mathrm{SNR_{ADC}}(\mathrm{dBFS}) - 10\lg\left(\frac{F_s}{2}\right)(\mathrm{Hz}) = -140.5(\mathrm{dBm/Hz}) \tag{6.23}$$

射频前端输入热噪声谱密度为（室温 290K 下）

$$N_i = kT = -170(\text{dBm/Hz}) \tag{6.24}$$

射频前端输入到 ADC 输入端的噪声谱密度为（室温 290K 下）

$$S_{\text{AFE}} = N_i + \text{NF}_{\text{AFE}} + G(\text{dBm/Hz}) \tag{6.25}$$

射频数字化接收机级联系统的接收灵敏度为

$$S_{\text{MIN}}(\text{dBm}) = N_i + 10\lg(B) + \text{NF}_c \tag{6.26}$$

假定模拟前端输入到 ADC 的幅度固定为 ADC 满刻度输入（不同增益下对应的输入满刻度幅度不同，相应的动态也不同），模拟前端限幅低噪声放大滤波电路增益固定为 22dB 以保证整个链路低的噪声系统，数控衰减放大模块使整个链路总增益变化范围保持在 20~60dB，在增益范围内变化保持射频前端噪声系数近似为 1.8dB。

图 6.25 给出了射频数字化接收机级联噪声系数/灵敏度随增益变化情况，图 6.26 给出了级联信噪比/瞬时动态范围以及需要的最小 $Q_3$ 随增益变化的情况。

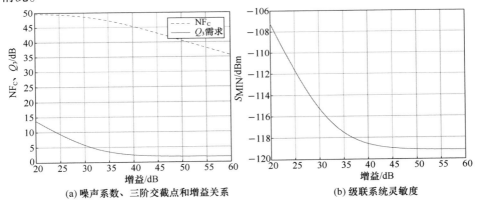

(a) 噪声系数、三阶交截点和增益关系　　　　(b) 级联系统灵敏度

图 6.25　射频数字化接收机级联噪声系数/灵敏度随增益变化

接收机设计的目标是大动态和高灵敏度，但二者一般是互相关联、互相制约的指标。通过前述分析，要求射频前端大动态（选择高的 $Q_3$ 器件和低的前端增益）和高灵敏度（低噪声放大器和高的前端增益），模/数变换大的动态和高的灵敏度（高分辨力和高采样率）；同时射频前端和模/数变换接口还要匹配，包括动态匹配（噪声电平与三阶互调电平匹配，且前端能将信号放大到 ADC 最大允许信号电平）和噪声匹配（前端噪声能使 ADC 量化噪声充分白化，前端带内噪声谱密度远大于 ADC 带宽噪声谱密度）。

需要根据实际应用情况，通过合理分配通道增益、合理选择模拟器件指标、

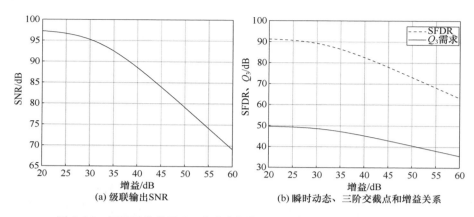

图 6.26　级联系统信噪比/瞬时动态范围及需要的最小 $Q_3$ 随增益变化

合理选择 ADC 指标来进行设计。

接收机需要同时处理微弱的回波信号以及强的输入干扰信号,因此在保证灵敏度指标的情况下,系统的大动态设计非常关键。扩展系统动态是射频直接数字化接收机设计的重要内容。

常规射频数字化接收机动态扩展方法主要包括:

(1) AGC/DVGA 技术扩展动态。文献[35]给出了 ADC 和前端 LNA 确定情况下,通过合理控制相应的数字自动增益控制 DAGC 算法,改变通道可变增益放大器的增益来改善系统在不同环境条件下的动态。文献[36]通过在 LNA 前后加可变衰减器两种方案的比较,给出了在强干扰情况下提高动态防止接收机饱和方法,同时在弱信号接收条件下具有优异的性能,该方法可以扩展接收机的总工作动态。

(2) TIADC 技术扩展动态。白噪声情况下,通过提高 ADC 的采样率可以改善输出 SNR,提高系统瞬时动态,采样率每提高 1 倍 SNR 可以改善 3dB。文献[37]给出了时间交替采样原理,理论上所用并行采样通道完全一致且采样时钟间相位绝对均匀,那么该技术可以完美实现高速采样系统。实际由于电路的不一致性、采样时钟相位的不绝对均匀性(偏置误差、增益误差和时间相位误差),直接重构的信号性能将严重恶化甚至无法使用,必须通过精密的电路设计和复杂的数字后处理算法,通过通道误差失配修正后方可使用[38]。

(3) 并行采样和平均技术扩展动态。多通道 ADC 并行采样后数字信号直接相加处理,只要噪声非相干可以获得 3dB 信噪比的得益。如果时钟抖动变成影响噪声的主要因素,SNR 改善将限制在 3dB,无论并行 ADC 通道数多少[39]。

(4) Stacked – ADC 技术扩展动态。目前,ADC 器件仍然是限制射频数字化接收机性能的主要瓶颈。一种与并行采样后平均类似提高动态的方案是

Stacked – ADC 架构[40,41]。该结构两路并行可提高动态 6dB,四路可提高 11dB 左右。该结构中一个 ADC 通道用于获得最佳灵敏度,其余 ADC 通道输入的幅度电平降低。通过后续数字域处理,选择不饱和的最佳灵敏度 ADC 通道作为当前样本输出,可实现样本级自动增益控制。简化 Stacked – ADC 架构及实际电路测试结果如图6.27 所示。

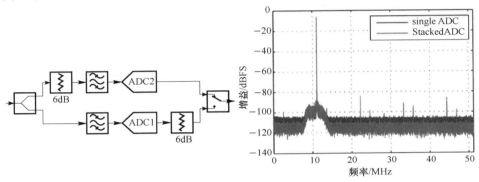

图 6.27　简化 Stacked – ADC 架构及实际电路测试结果(见彩图)

(5) 基于数字非线性均衡技术的动态扩展。在宽带射频数字化接收机多信号同时接收情况下,对射频前端器件线性度提出了更高的要求。基于数字后处理宽带接收机线性化技术,可以改善整个接收机的 SFDR。通过对 TIADC 技术射频直接数字化接收机多信号输入后加自适应滤波处理可以改善 SFDR 指标 16dB 左右[42]。但是该技术需要在线性度指标、计算复杂度以及实时处理能力等方面权衡[43]。图 6.28 给出了基于数字后处理的数字非线性均衡技术动态扩展。

## 6.2.2.4　外辐射源雷达射频数字化接收机特点和组成

射频数字化接收机的特点主要包括:

(1) 射频数字化接收机由于体制先进,没有模拟混频环节,因此在实现射频直接数字化的同时具有系统简洁、功耗低、尺寸小和重量轻等优势。

(2) 多频段并行应用和软件可重构应用。由于射频直接数字化,具有灵活的数字信号处理能力,如多采样率数字下变频处理、全波段 FFT 处理、并行信道化处理、线性相位滤波处理、宽带非线性数字均衡后处理等多功能一体化应用处理。

(3) 高可靠性。模拟环节变少,被可靠的数字信号处理器替代。

外辐射雷达由于主要工作频段相对较低,采用射频直接数字化方案来实现接收机设计,因此具备射频直接数字化接收机的所有特点。同时根据外辐射源

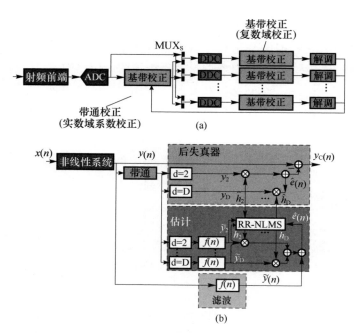

图 6.28　基于数字后处理的数字非线性均衡技术动态扩展（见彩图）

雷达的工作频段、工作带宽、工作环境等因素,外辐射源雷达射频数字化、软件化接收机还有具有如下特点:

（1）大动态。外辐射源雷达在接收到目标回波的同时,还由于反射、绕射、多径效应等接收到很强的直达波干扰信号。另外,该频段信号密集,接收机处理同时多信号接收情况,因此对接收机的高线性度、大动态设计要求高。否则,接收机很容易饱和、阻塞,强干扰信号的非线性互调、强干扰信号由于互易采样造成的噪声和杂散等进入瞬时工作频点带内,因此外辐射源雷达接收机要具有大的瞬时动态和高的总工作动态能力和特点。

（2）高灵敏度。外辐射源雷达需要通过后续直达波干扰对消器来滤除干扰信号[44]。直达波对消器是一种窄带自适应滤波器,对消得益在整个带宽内分布不均,对消剩余扩散在整个带内,该对消剩余将高于接收机输出噪声电平。另外,一般认为直达波对消剩余只与接收机噪声电平有关,而与直达波功率无关（接收机不饱和情况下,直达波信号强对消比强,直达波信号弱对消比弱）。接收的噪声水平将直接决定对消后的干扰对消水平,决定系统的检测灵敏度,因此接收机高灵敏度低噪声设计非常关键。

（3）多频点、多带宽的频谱资源软件调度。外辐射源雷达可以利用 FM 调频广播信号、模拟电视伴音信号、DAB 信号、DVB – T 信号甚至其他该频段雷达信号等作为辐射源信号。同一类辐射源还可以根据接收阵地位置选择不同发射站点的多个发射信号,采用多源、多频段、多基地灵活配置提高目标的发现概率、威力和精度。因此,外辐射源雷达射频数字化接收机需要具有多频点、多带宽并行输出,灵活的软件化、智能化频谱资源调度能力和特点。

(4)抗干扰。外辐射源雷达还存在强的邻频干扰甚至同频干扰。接收机自身电磁兼容性等也会产生该频段相应干扰。附近工业、汽车等也会产生相应干扰信号。因此,接收机设计时需要考虑从频域进行抗干扰设计。

根据外辐射源雷达特点,外辐射源雷达射频数字化接收系统的基本组成如图 6.29 所示。主要组成部分和功能如下:

(1)回波多通道射频数字化接收机:接收目标方向反射回波信号以及多径杂波信号,外辐射源雷达一般采用数字阵列体制,因此接收机为单元级多通道数字化接收机,并根据天线形式采用分离或多通道集成化设计。

(2)参考通道射频数字化接收机:对于平面阵的接收系统,需要一个相对立的参考通道来接收机发射站的直达波信号。对于需要同时利用多个发射站的信号进行目标探测的系统,需要多套参考天线与参考通道接收机系统。而采用圆阵体制的系统,一般没有独立的参考天线,参考的直达波信号是通过与发射站指向的几个天线单元接收信号合成获得的。

(3)频谱资源监测宽带射频数字化接收机:外辐射源雷达工作频段频谱拥挤,电磁环境恶劣,外部环境和电台辐射源信号不断变化,对雷达实现稳定连续目标探测提出了挑战。因此,雷达需要能够智能感知外部电磁环境的变化,从而

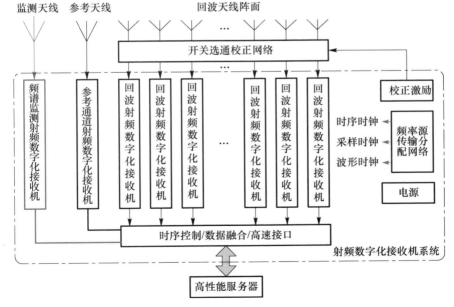

图 6.29　外辐射源雷达射频数字化软件化接收系统基本组成框图

自适应调整雷达空域、频域和时域资源配置,使雷达与环境匹配,实现最佳目标探测性能。频谱资源监测宽带射频数字化接收机能够对雷达周围电磁环境连续监测,用于后续评估、测量分析、频谱规划和数据库建立等。

(4)校正激励源:提供接收数字阵列通道幅度/相位校正的参考激励信号,一般采用基于 DAC 或 DDS 的直接数字化方式产生频率在工作带内任意可变的射频校正信号,同时可以产生与辐射源相同的模拟信号用于系统测试和性能评估。

(5)射频数字化接收系统频率源和传输分配网络:产生射频直接数字化接收系统的高性能 ADC 采样时钟、校正激励 DAC/DDS 的转换时钟以及系统同步时序时钟等各个全相参时钟信号。

### 6.2.2.5 模拟前端

根据具体应用,射频数字化接收机的模拟前端包括窄带前端、多通道并行窄带射频前端、可调带宽射频前端、宽带前端等多种架构。根据不同的应用场合,在性能指标、成本、体积和重量等方面进行折中考虑及选择。

外辐射源雷达需要完成在强的直达波和干扰信号中提取微弱的目标反射波,即要完成在强干扰信号背景下对弱信号的检测。因此,通道设计时重点考虑系统的 SFDR 的设计。射频前端通道以保证基本灵敏度的前提下系统达到最大 SFDR 为原则进行设计。为了实现大动态高灵敏度,射频前端采用宽带低噪声放大器级联多通道并行窄带滤波放大来实现。射频数字化接收机前端功能框图如图 6.30 所示。

图 6.30　射频数字化接收机前端功能框图

预选滤波器用于滤除工作频带外干扰信号,防止带外干扰阻塞通道。由于位于接收机的第一级,因此插损要求小,防止噪声系数恶化太多。一般选择低插损腔体滤波器或 LC 滤波器来实现。

LNA 的噪声系数和放大倍数决定了整个接收系统的噪声系数。同时为了防止外界大功率干扰信号对 LNA 的损坏,需要在 LNA 前加限幅器。

在强干扰环境下应用,一般采用放大 + 预选滤波 + 放大的架构,来实现前端低噪声放大和预选滤波,以平衡系统噪声特性以及对带外干扰抑制的需求。

外辐射源雷达为了防止工作频带内其他信号阻塞后续通道,需要通过开关滤波器组或多个并行窄带滤波器选择瞬时工作子带,减少同时进入后续通道的信号数量提高瞬时动态。同时该滤波器也是采样处理的模拟抗混叠滤波器,防止由于采样造成干扰混叠或噪声折叠对输出信噪比的影响。目前,从集成度和矩形系数指标看,外辐射源雷达频段开关滤波器一般采用基于声表面波技术的表面声波(SAW)开关滤波器实现。

另外一种广泛采用的抗混叠滤波器是电调谐滤波器,包括电流型的 YIG 电调谐滤波器以及电压型的变容管式电调滤波器等。

从小型化以及性能指标的角度,变容管式电调滤波器是米波段雷达抗混叠电调滤波器的优先选择。另外,近年来基于硅腔 MEMS 滤波器设计的电调滤波器也逐渐发展起来,有望在体积和重量(硅基芯片)、性能指标(如矩形系数)、温度特性以及成本上有较大改善。

根据前述动态和灵敏度设计分析,选择相关器件及指标,合理分配增益,保证噪声系数满足要求的情况下最大化系统动态。通过自动增益控制(AGC)放大滤波电路设计也可以提高系统的总工作动态。

基于窄带滤波器射频前端或多通道并行窄带滤波器组射频前端,在频谱资源调度上缺乏灵活性和可编程性,同时体积、重量和成本相对较高。

理想宽开射频直接数字化接收机在电磁环境密集强干扰的情况下,存在一些基本的限制:射频前端压缩,灵敏度降低;本振或采样时钟不理想的互易混频(RM)、互易采样,造成强干扰的杂散和噪声进入瞬时带宽内。

近年来,随着集成化软件无线电芯片的重大进展以及射频电路的技术创新[45-49],宽带集成化抗干扰射频接收前端集成电路设计取得了一定进展。

宽带抗干扰射频电路的创新主要包括三个方面:①噪声对消技术的低噪放 NC - LNA(原理如图 6.31 所示,利用输入阻抗匹配和噪声系数间权衡关系);②$N$ 路无源混频接收技术(原理如图 6.32 所示);③射频跨导放大器技术替换传统 LNA(原理如图 6.33 所示)。

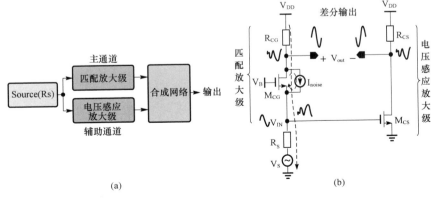

图 6.31　射频噪声对消技术原理[49]

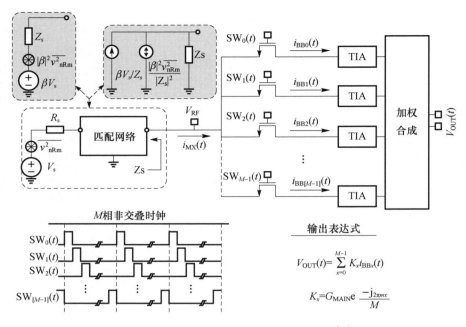

图 6.32　$N$ 路无源混频抗干扰接收机原理[46]

输出表达式

$$V_{OUT}(t)=\sum_{x=0}^{M-1} K_x i_{BBx}(t)$$

$$K_x=G_{MAIN}e^{\dfrac{-j2\pi mx}{M}}$$

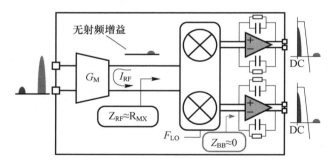

图 6.33　基于射频跨导放大器抗干扰接收机[47]

## 6.2.2.6　采样处理

外辐射源雷达的射频数字化接收机一般采用基于奈奎斯特 – ADC 的低通或带通射频直接数字化技术方式来实现。即 ADC 采样需要满足低通或带通采样定理,同时 ADC 前有抗混叠滤波器滤除其他奈奎斯特带的镜像混叠信号。ADC 后对数字射频/中频信号进行数字下变频(DDC)处理以获得基带 I/Q 数字复信号,用于后续雷达数字信号处理,具体功能框图如图 6.34 所示。

低通奈奎斯特采样要求采样率大于输入信号最高频率 2 倍,这时周期复制的频谱没有混叠,从而能够无损恢复原始信息。带通奈奎斯特采样率大于信号

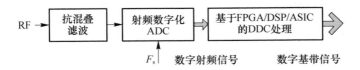

图 6.34　射频数字化采样处理功能框图

带宽 2 倍但低于最高信号频率。当信号频谱落入其中一个奈奎斯特带而不跨越任何两个奈奎斯特带时,带通采样输出信号频谱没有混叠,后续能够恢复原始信号,同时实现了频谱搬移功能。满足带通采样定理的带通采样输入信号带宽、采样率和中心频率三者关系如图 6.35 所示。图中阴影部分是不满足条件的区域。

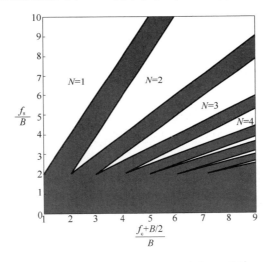

图 6.35　带通采样采样率与频带位置图[50]

　　射频数字化接收机采样后,输出的数字射频信号需要通过数字多速率信号处理变成基带 I/Q 信号,用于后续相关雷达信号处理。外辐射源雷达射频数字化多速率信号处理的主要内容是 DDC 处理。DDC 处理根据具体应有环境可以基于 ASIC 芯片、大规模现场 FPGA 和通用 DSP 来实现。从通用性、灵活性以及开发周期考虑一般是基于 FPGA 来实现 DDC 处理。

　　射频数字化接收机采样处理电路以及后续 DDC 处理电路一般采用集成化一体化设计。该电路是一种高密度、高集成度、高速数/模混合电路设计。在高密度集成设计的同时,重点考虑数字电路各时钟信号及其谐波对模拟电路的干扰、数字电源开关调制频率以及开关噪声对模拟电路的干扰、数字电路时序控制信号对模拟电路的干扰、PCB 分层设计、高速信号完整性设计、电源/地分割以及电源完整性设计等多方面设计问题。设计时需要借助相关 PCB/SI/PI 以及数/模混合电路设计与仿真软件开展设计分析。图 6.36 给出了某多通道射频直接数字化软件化数字接收机实物图。

图 6.36　多通道射频直接数字化软件化数字接收机实物图

### 6.2.3　基于 FPGA 数字下变频处理[51]

#### 6.2.3.1　数字下变频处理技术概述

数字化接收机通过高速 ADC 直接对射频模拟信号进行数字化,再对射频数字信号通过数字下变频(DDC)处理,获得与信号带宽相匹配数字基带信号。目前 DDC 处理可以采用商用 ASIC 芯片来实现[52,53],也可以通过基于 FPGA 的 IP核来实现[54]。

当前,随着雷达多功能一体化应用的需求以及雷达研制周期缩短的迫切需求,DDC 处理基本上采用基于 FPGA 的可编程逻辑方式来进行设计和实现,以灵活适应数字阵列雷达多功能、多带宽、多采样率、多通道一体化设计的需求。

模拟中频信号可以表示为

$$s(t) = A(t)\cos(2\pi ft + \phi(t)) = \mathrm{Re}(A(t)\mathrm{e}^{j\varphi(t)}\mathrm{e}^{j2\pi f_0 t})$$
$$= \frac{A(t)(\mathrm{e}^{j\phi(t)}\mathrm{e}^{j2\pi f_0 t} + \mathrm{e}^{-j\phi(t)}\mathrm{e}^{-j2\pi f_0 t})}{2} \tag{6.27}$$

式中:$f_0$ 为中频/射频频率;$A(t)$、$\phi(t)$ 分别为幅度调制和相位调制信息。

对应离散数字射频/中频信号为

$$s(nT_s) = \frac{A(nT_s)(\mathrm{e}^{j\phi(nT_s)}\mathrm{e}^{j2\pi f_0 nT_s} + \mathrm{e}^{-j\phi(nT_s)}\mathrm{e}^{-j2\pi f_0 nT_s})}{2} \tag{6.28}$$

式中:$T_s$ 为转换器的转换周期,$T_s = 1/f_s$。

上式乘以数字本振信号 $\mathrm{e}^{-j2\pi f_0 n} = \mathrm{e}^{-j\omega_0 n}$ 得到数字混频输出,即

$$s_{\mathrm{mixer}}(n) = \frac{A(n)(\mathrm{e}^{-j\phi(n)}\mathrm{e}^{-j2\pi 2f_0 n} + \mathrm{e}^{j\phi(n)})}{2} \tag{6.29}$$

通过低通滤波滤除 $\mathrm{e}^{-j2\pi 2f_0 n}$ 高频成分以及带外干扰噪声得到基带信号,即

$$s_{\mathrm{bs}}(n) = \frac{A(n)\mathrm{e}^{j\phi(n)}}{2} \tag{6.30}$$

与上述公式推导相对应的常规数字下变频处理的实现结构如图 6.37 所示。DDC 处理包括数字混频和后续抗混叠低通匹配滤波抽取处理,实现高采样

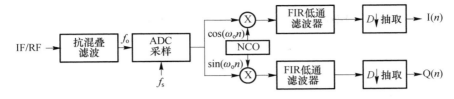

图 6.37　常规 DDC 处理功能框图

率数字中频/射频实信号到与信号带宽相匹配的低采样率基带 I/Q 复信号的变换。其中,低通匹配滤波抽取处理是典型的数字多速率信号处理[55,56]。根据并行处理的通道数、信号带宽的数量和对应的抽取比、采样率与信号带宽的比值,DDC 滤波抽取处理需要采用不同类型、不同实现结构、不同阶数、不同级级联方式来实现。

　　DDC 处理在实现采样率变换、高频成分抑制、带外干扰抑制和抽取抗混叠滤波的同时,可以获得信噪比处理得益或过采样得益。具体信噪比得益为

$$\text{SNR}_{\text{ddc\_gain}} = 10\lg\left(\frac{f_s}{2\text{BW}}\right) \tag{6.31}$$

式中:BW 为信号带宽。

### 6.2.3.2　数字下变频处理实现结构

　　常规低通滤波 DDC 处理实现结构采用图 6.37 所示的低通滤波结构来实现,即数字混频后对 I/Q 两路信号做低通滤波处理,再抽取获得匹配采样率。由于信号复数表示采样率可以降为实数的 1/2,因此 DDC 处理抽取比至少为 2。当 ADC 采样满足采样定理

$$\frac{2f_H}{N} \leqslant f_s \leqslant \frac{2f_L}{N-1} \tag{6.32}$$

同时信号中心频率满足

$$f_s = \frac{4f_0}{2N-1} \tag{6.33}$$

采样为最佳采样。

　　满足最佳采样定理的 DDC 处理数字混频本振 $e^{-j2\pi f_0 n}$,退化为抽取和符号变换。此时 DDC 处理可以采用图 6.38 所示的多相时延滤波法[57]简化结构来实现。

　　该结构混频变成符号变换和直接抽取处理,抽取造成的 I/Q 时延,通过设计一个原型滤波器,对该滤波器进行 1/4 抽取获得四个多相子滤波器,间隔选择两相分别对 I/Q 子路滤波,同时实现 1/2 样本点延迟校正和低通滤波处理。

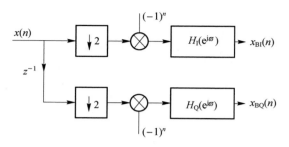

图 6.38　多项时延滤波法 DDC 处理结构

当信号的中频频率 $f_0$、采样频率 $f_s$ 和基带输出采样率 $f_{bs}$、抽取比 $D$ 和 NCO 周期 $M$ 满足

$$\begin{cases} \dfrac{f_0}{f_s} = \dfrac{m}{M}, 1 \leqslant m \leqslant M-1 \\[3mm] \dfrac{f_s}{f_{bs}} = M = D \end{cases} \tag{6.34}$$

时,可以采用混频后置多相滤波[55,58]高效 DDC 处理结构来实现。常规采样/混频/滤波/抽取 DDC 输出为

$$\begin{aligned} y(n) &= \left\{ s(t) e^{-j\omega_0 t} \times h(t) \right\} \sum_{n=-\infty}^{\infty} \delta(t - nM) \\ &= \sum_{k=0}^{K-1} h(k) s(nM-k) e^{-j\omega_0(nM-k)} \end{aligned} \tag{6.35}$$

式中:$h(t)$($t=0,1,\cdots,K-1$)为 FIR 滤波器冲击响应。

满足式(6.34)数字的数字本振序列为

$$e^{-j\omega_0 t} = \exp\left( -j2\pi \frac{m}{M} t \right) \tag{6.36}$$

滤波器设计时系数个数可分解为 $K = M \times L$,通过推导可以获得 DDC 输出为

$$\begin{aligned} y(n) &= \sum_{k=0}^{K-1} h(k) s(nM-k) e^{-j\omega_0(nM-k)} \\ &= \sum_{k=0}^{M-1} e^{-j\omega_0(M-k)} \left\{ \sum_{l=0}^{L-1} h(k+lM) s(nM-k-lM) \right\} \\ &= \sum_{k=0}^{M-1} W_k^M E_k(Z^M) \end{aligned} \tag{6.37}$$

通过选择合适的中频、采样频率、抽取比和滤波器系数,数字本振周期和抽取比相同,保证分配到每个多相滤波器支路上的本振信号为常数,因此混频可以

放到多相滤波后面,整个 DDC 实现结构变成采样、抽取、多相滤波、数字混频。具体实现功能框图如图 6.39 所示。

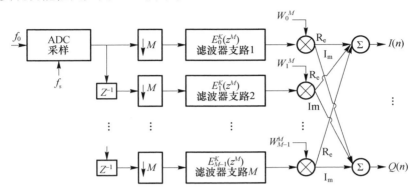

图 6.39　混频后置多相滤波高效 DDC 实现结构

混频后置多相滤波高效 DDC 实现结构,要求中频或射频信号中心频率为基带输出信号采样率的整数倍($f_s = mf_{bs}$)。通过低通滤波和后续复数相位旋转,实现频谱搬移和分离混叠。当需要多个子带同时 DDC 输出时,共用滤波器后接多个并行复数相位旋转即可。当通道数 $M = \lg 2(N)$ 时,滤波后的相位旋转多信道输出可以通过 IFFT/IDFT 来实现[59],具体实现结构如图 6.40 所示。

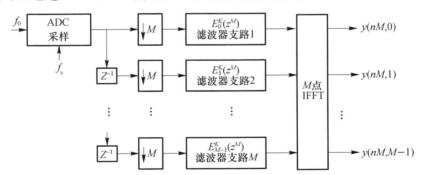

图 6.40　基于 IFFT 实现的混频后置多信道器

混频后置多相滤波高效 DDC 实现结构的优点是:①滤波与混频在低的数据率一端处理,降低了处理速度要求;②滤波处理在混频前和 ADC 后实现,为实数滤波,运算量和资源降低 1/2;③对于多信道、滤波器组或信道化应用,所有信道共用一个滤波器,后接一组、多组或 IFFT 复数相位旋转处理可以获得不同子带同时下变频输出。

上述结构只能针对固定位置射频/中频信号的 DDC 处理。对于对抗应用会造成盲区,基于 Goertzel 算法改进的混频后置多相滤波结构可以实现任意频率位置信号的 DDC 高效处理[60]。传统 Goertzel 算法可以实现均匀分布的频率点处的 DFT/IDFT 处理,通过引入 Goertzel 滤波概念可以获得频带内任意频点的 DFT/IDFT 值。Goertzel 滤波器传递函数为

$$H_k(z) = \frac{1 - W_M^k z^{-1}}{1 - 2\cos\left(\dfrac{2\pi}{M}k\right)z^{-1} + z^{-2}} \tag{6.38}$$

根据 Goertzel 滤波器传递函数,可以获得其直接实现形式。基于 Goertzel 算法改进的混频后置多相滤波结构如图 6.41 所示。

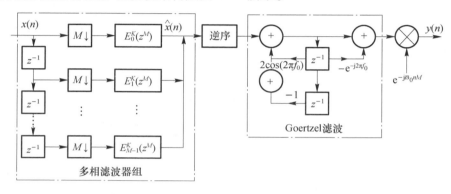

图 6.41　基于 Goertzel 滤波高效 DDC 实现结构

该 DDC 处理结构特点是:①继承了混频后置多相滤波结构所有优点;②通过 Goertzel 滤波器精确调谐实现无盲区接收;③该结构包括多相低通滤波、Goertzel 滤波和移相处理,通过一定运算量增加换取混频序列频点位置的灵活性。

对于吉赫高速宽带 DDC 处理,FPGA 无法在采样频率的速度下直接处理,并且抽取后的采样率也超出 FPGA 处理能力。这种情况下,可以采用广义多相滤波结构[61]来实现。该结构通过对常规多相滤波在频域上进行推导,获得了并行实现的广义多相滤波结构,可以根据具体应用进行速度与资源的平衡来设计宽带并行 DDC 处理。

常规 DDC 处理整个链路抽取比为整数,因此可以通过单级或多级抽取滤波实现。但是对于通信应用、对抗/成像等宽带应用情况下,存在抽取比为分数的情况,需要通过数字重采样滤波结构[62]来实现 DDC 处理。该结构将内插镜像抑制滤波和抽取抗混叠滤波复用,通过选择合适的滤波器阶数以及结构变换来获得高效实现方式。

### 6.2.3.3　数字下变频处理仿真

DDC 处理仿真设计主要包括基于 MATLAB 的仿真设计以及基于 RTL 语言

FPGA 仿真设计两个方面，以获得满足性能指标要求、FPGA 资源要求 DDC 设计。

　　DDC 处理 MATLAB 仿真设计，可以通过点频测试激励验证 DDC 处理级联滤波器性能，包括 DDC 处理镜像抑制度、带外干扰抑制、SNR 得益等。通过有带宽测试信号如线性调频信号，验证带内特性如起伏、线性度等指标。

　　DDC 仿真设计的一个重点内容是数字滤波器仿真设计[63]。雷达应用 DDC 处理需要采用一些高效的线性相位 FIR 滤波器来实现，包括常规 FIR 滤波器、半带滤波器、L 带滤波器、CIC 滤波器、内插滤波器等。滤波器设计可以利用 MAT-LAB 软件自带的 FDATOOL 或其自带的函数来设计。具体滤波器阶数选择、是否多级级联实现、级联方式以及各级滤波器类型选择，需要根据采样率、带宽、抽取比、带内纹波、带外干扰抑制度和 FPGA 实现资源等要求来综合考虑。对于一些特殊应用场合需要考虑采用一些特殊滤波器来进行设计。如应用于干扰比较恶劣的情况下，存在密集干扰以及邻近干扰频率干扰抑制的滤波器设计[64]。基于半带滤波器或互补滤波器的频谱屏蔽滤波器技术[65]可以应用于该场合，该类型滤波器可以实现陡峭的过渡带，同时计算复杂度增加不多。

　　基于 FPGA 的 DDC 仿真设计另一个方面的主要内容是基于 Verilog 语言的 RTL 级实现。重点需要考虑高效算法实现结构、速度与硬件资源间的平衡、FP-GA 特定资源的映射等方面。目前广泛应用的 FPGA 器件包括 ALTERA 公司以及 XILINX 公司的系列 FPGA。基于 FPGA 的 DDC 处理设计主要考虑包括：整个 DDC 处理基于统一的时钟来实现；滤波器结构采用多相滤波器结构，考虑时间复用以降低乘法器和逻辑资源；滤波器系统动态更新以降低并行滤波器数量；采用乘加 DSP 处理结构最小化 FPGA 乘法器资源的利用；高抽取比情况下的滤波器采用基于 FPGA 内部 RAM 来实现 FIR 滤波器移位寄存器，降低寄存器资源利用等。图 6.42 给出了基于 FPGA 内部资源 DPRAM 和多相结构实现 FIR 滤波器的功能框图。

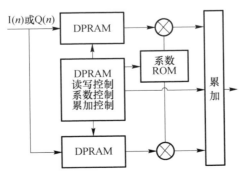

图 6.42　基于 DPRAM 多相 FIR 滤波器实现

RTL 级仿真结果与 MATLAB 仿真结果对比一致,同时资源满足系统需求。

### 6.2.3.4　数字下变频处理设计注意问题

DDC 工程化实现中需要注意如下问题:

（1）SNR 得益。根据式(6.31)DDC 处理可以获得相应 SNR 处理得益。该得益要求滤波器具有陡峭的过渡带。造成滤波器阶数非常高,占用大量的硬件资源,因此需要在得益和资源间进行平衡。实际 SNR 得益较理论得益损失在 0.5 ~ 1.0dB,该损失需要在系统设计时加以考虑。

（2）滤波器带内纹波。FIR 滤波器设计一般基于等纹波设计来实现,造成信号带内频谱由于 FIR 数字滤波附加了周期调制。

（3）直流和截位处理问题。射频采样 ADC 一般采用差分交流耦合输入,差分信号不平衡会造成直流以及杂散。DDC 处理后直流将位于带外,但 DDC 处理过程中截位处理会造成基带直流出现,影响后续信号处理。数字截位处理时必须进行四舍五入处理。截位处理对系统的瞬时动态影响比较大,过多的截位会造成 SNR 损失[67],过少的截位会造成后续信号处理压力和资源浪费。基本原则是保证 SNR 没有损失。在通信等应用场合还可以采用数字 AGC 进行动态截位或增益控制处理。

（4）多通道时序同步问题。多带宽、多速率 DDC 处理内部有各种不同的计数器,多通道特别是多个板子间上电后计数起始不同,因此必须保证所有路 DDC 处理在多个脉冲间以及不同模式间切换时必须在同一个触发下同步复位,这需要通过相应硬件和软件设计加以保证。

### 6.2.3.5　外辐射雷达射频数字化数字下变频处理设计仿真

下面针对工程化应用比较成熟的调频广播信号以及数字电视信号的外辐射源雷达射频数字化接收机,基于 FPGA 的 DDC 处理进行仿真设计和分析。

1）调频广播信号射频数字化 DDC 设计仿真

（1）采样时钟为 80MHz;

（2）输出信号采样率为 200kHz;

（3）瞬时信号带宽小于 150kHz。

调频广播频段信号的特点是工作频带内信号密集。当用其中一个电台信号作为外辐射源目标探测信号时,工作带内其他信号将是强干扰信号,同时该干扰信号与瞬时工作频点可能是邻频的情况。另外,FM 广播信号的瞬时带宽比较窄,一般能量集中在频点中心 150kHz 内,射频数字化 DDC 处理总抽取比为 400,因此 DDC 级联滤波器设计需要考虑高效实现结构。综合信号带宽、采样率、总抽取比以及对带内纹波和带外干扰抑制要求,射频数字化 DDC 处理实现方案采用如图 6.43 所示结构来实现。

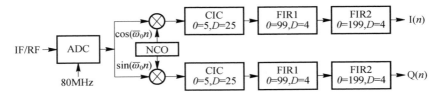

图 6.43　FM 广播频段 DDC 仿真设计功能框图

级联滤波器幅频响应如图 6.44 所示。可以看出,该滤波器对相邻频道干扰信号抑制度大于 95dBc,对邻近频道干扰抑制度大于 100dBc,对远区干扰抑制大于 120dBc。

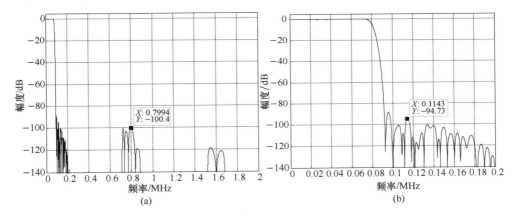

图 6.44　FM 广播频段 DDC 仿真级联滤波器幅频响应曲线

图 6.45 是该 DDC 对点频输入信号进行的仿真结果。从仿真结果看,理论 DDC 处理 SNR 得益为 23.01dB,仿真 DDC 输出 SNR 比输入 ADC 的 SNR 高 22.9dB,处理损失仅 0.3dB。

实际测量的 FM 广播信号经过射频数字化接收机和 DDC 处理后的基带 I/Q 信号时域与频谱如图 6.46 和图 6.47 所示。

2) DVB-T 数字电视频段信号射频数字化 DDC 处理设计仿真

DVB-T 数字电视信号主要工作在 UHF 频段内,设计时选择工作频段为频道 25~频道 52(606~830MHz)内共 224MHz 工作带宽,频道间隔 8MHz。为了提高动态,减少同时进入后续通道的信号数量,射频数字化接收机通道需要有模拟开关滤波器组或电调滤波器。宽带高速射频直接数字化后,通过混频后置 DDC 结构可以实现不同频点的 DVB-T 信号的数字射频到数字基带的变换。DVB-T 宽带射频直接数字化 DDC 处理方案如图 6.48 所示结构来实现。

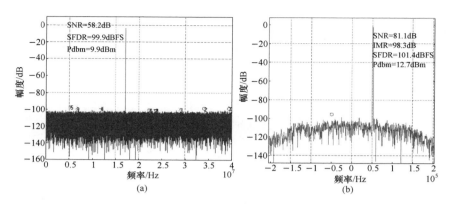

图 6.45　FM 广播频段 DDC 仿真输入/输出信号频谱分析(97.0MHz 中心频率)

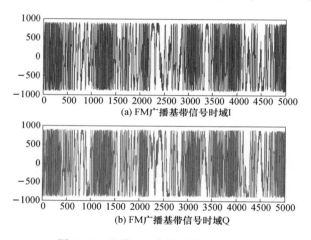

图 6.46　基带 FM 广播时域 I/Q 信号

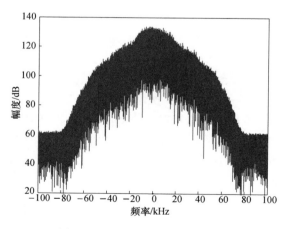

图 6.47　基带 FM 广播信号频谱

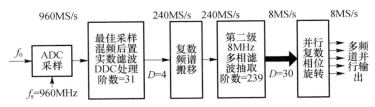

图 6.48　DVB－T 宽带射频直接数字化 DDC 处理方案

该实现方案采样时钟选择 960MHz。第一级采用抽取比为 4 且满足最佳采样宽带实数滤波器，实现整个工作频带的复数频谱搬移和滤波。这时第一级滤波器结构可以简化为图 6.49 所示。第一级滤波后采样率为 240MS/s，通过一次 2MHz 复数频谱搬移将宽带频谱零频对准 722MHz（频道 40），这样保证采样率为每个频道的中心频率的整数倍。此时可以采用采样混频后置多相滤波高效结构，实现宽带频带内任意一个或多通频道基带 I/Q 信号同时输出。且滤波处理的滤波器仅为一个共用的 I/Q 滤波（如果仅一个频道输出，则不需要复数相位旋转处理，采用常规低通滤波 DDC 结构即可实现）。

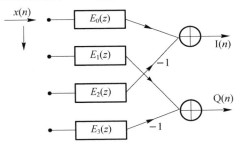

图 6.49　抽取比为 4 的简化最佳采样混频后置宽带 DDC 处理结构

级联滤波器幅频响应如图 6.50 所示。可以看出，该滤波器对相邻频道的干扰信号抑制比大于 80dBc，对远区干扰抑制大于 120dBc。

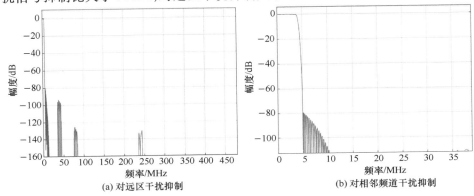

图 6.50　DVB－T 频段 DDC 仿真级带宽 7.6MHz 联滤波器幅频响应

图 6.51 是 DDC 对点频输入信号进行的仿真结果。从仿真结果看,理论 DDC 处理 SNR 得益为 18.0dB,仿真 DDC 输出 SNR 比输入 ADC 的 SNR 高 17.7dB,处理损失 0.3dB。

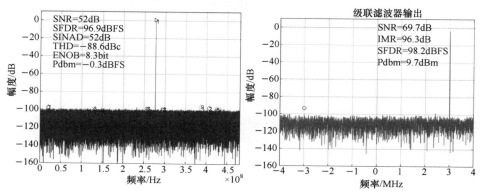

图 6.51 DVB – T 频段 DDC 仿真输入/输出信号频谱分析(754MHz 中心频率)

实际测量的 DVB – T 数字电视信号,经过射频数字化接收机和 DDC 处理后的 DVB – T 基带 I/Q 信号时域与频谱分析如图 6.52 和图 6.53 所示。

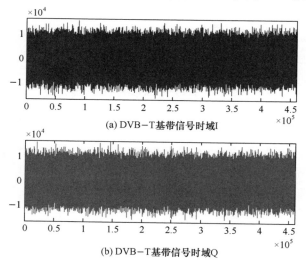

图 6.52 DDC 处理输出基带 DVB – T 数字电视时域 I/Q 信号

## 6.2.4 基于光接口的高速数据传输

射频数字化技术的飞速发展已经将 ADC 以及后续多速率数字处理逐渐推向天线端。同时为了降低模拟信号传输的损耗,基于射频前端 + ADC + 多速率信号处理架构的射频数字化接收机将直接位于天线阵面。

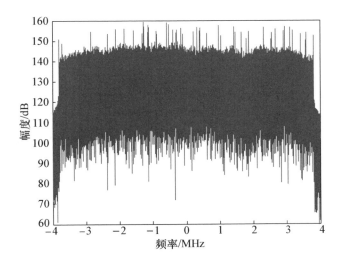

图 6.53　DDC 处理输出基带 DVB - T 数字电视信号频谱

新一代基带雷达信号处理等软件处理将采用高性能多核 DSP 或通用高性能服务器来实现。该高性能多核 DSP 或服务器一般由位于距离雷达天线阵面相对较远的中心处理机房来实现。

射频数字化接收机具体设计时,为了提高集成度、降低雷达体积、重量和成本,一般采用数字阵列模块方式来实现。射频数字化接收机多通道基带 I/Q 信号需要通过数据融合处理后传输到信号处理机房,一般会将 8 通道或 16 通道甚至更多通道集成到一个模块中,因此传输数据量会比较大。

基于光接口的高速数据传输设计实现功能框图如图 6.54 所示。数字接收机接收信号处理或者系统发送的控制指令,产生射频数字化接收机控制参数。同时将采样和下变频后的基带信号打包成帧后,通过高速并串接口传输到电光转换模块,光模块通过光缆发送到远端信号处理分机进行处理。其中高速串行接口通过 FPGA 自带的硬核来实现,光模块实现光电/电光转换,并通过光缆与远端的信号处理分机相连。

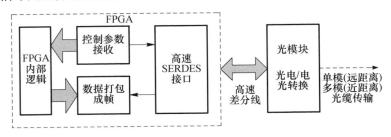

图 6.54　基于光接口的高速数据传输设计实现功能框图

图 6.55 给出了 5 个光模块实物图。

图 6.55　光模块实物图

调频广播频段外辐射源雷达单通道输出基带数据率一般为 0.2MS/s,对于 16 通道集成化接收机,输出数据率为

$$16(通道)\times16\,位\times2(I/Q)\times0.2MS/s\times10/8(8B/10B\ 编码)=128Mb/s$$

数字电视频段外辐射源雷达单通道数据率一般为 8MS/s,对于 16 通道集成化接收机,输出数据率为

$$16(通道)\times16\,位\times2(I/Q)\times8MS/s\times10/8(8B/10B\ 编码)=5.12Gb/s$$

因此,外辐射源雷达中单个多通道集成数字接收机光接口只需要一个速率大于 5.12Gb/s 的光模块,即可满足数据传输要求。

## 6.2.5　射频数字化接收机时钟源

### 6.2.5.1　频率源技术概述

外辐射源雷达工作时,通常采用在时间上相干积累提高信号检测灵敏度。雷达系统本身的频率稳定度直接影响系统相位的稳定,从而影响雷达的分辨率和工作的稳定性。

频率源为雷达系统提供本振信号和相参信号,同时产生全机定时信号,因此频率源是雷达系统的重要部件,是接收系统重要组成部分。

频率源是以一个高稳定基准源为标准(如晶体振荡器、原子钟),通过加、减、乘、除四则运算或相位锁定、数据采集及再生等方式,产生一系列可以预知的稳定频率点。

频率稳定度是一定时间内频率的相对变化值,它是无单位量纲。

取样时间较长时,如时、日、年等,噪声产生的随机抖动被均化了,频率起伏近似为平稳过程。频率稳定度可近似采用标准方差度量,即标准方差适合于平稳过程。取样时间较短时,由于同时存在随机抖动和漂移,且随机抖动是主要问题。频率起伏为非平稳过程,频率稳定度采用阿伦方差度量。阿伦方差定义为对一频率进行连续的多次无间隙测量,得到一组相对频率起伏值,取相邻两次测量值之间的均方根,也称二抽样方差。阿伦方差广泛适应于非平稳随机过程。实际的雷达频率源,相对更关心短期稳定性。为表征频率源稳定性的精细时间特性和噪声频域分布,常采用相位噪声表达。

频率合成器一般由基准源、合成链路和传输线组成。基准源对合成器性能有重要影响。高性能雷达基准源主要有两种:一是恒温晶体振荡器,它频率适中,一般在 100MHz 左右,短期频率稳定度高。中远区相位噪声相对较好,成本适中。在有些系统中对频率精度和长期稳定性有更高的要求,常采用低频晶体振荡器(如 10MHz),其近载频等效噪声较高频晶体振荡器(如 100MHz)更优,即长期稳定性更好。二是原子钟,它频率相对低(一般在 10MHz 左右),超近区相位噪声好,成本相对较高,长期频率稳定度高。但等效中远区相位噪声较恒温晶体振荡器差。在长时积累需求的雷达中,在长期和短期均希望获得高稳定性,可采用原子钟锁相恒温晶体振荡器的方法。随着微波光电技术发展,另外一种新颖的光电振荡器正被人们关注,它频率高(一般在 10GHz 左右),中远区相位噪声较传统的合成器高 1~2 个数量级,但长期频率稳定度低,该技术目前正处于研究阶段。

模拟直接频率合成是一种最基本的频率合成方式,原理简单易实现,相位噪声相对较低。由于这种合成方式通过倍频、混频放大以及开关滤波器来获得所需要的频率信号,因此设备量相对较大,更重要的是当合成方式较复杂时,合成器会产生大量的中间频率分量,不利于电磁兼容性。

锁相频率合成理论基础是控制理论,其核心是相位锁定反馈环路,锁相环路是一个输出频率相位能跟踪输入基准频率相位的闭环自动控制系统。锁相频率合成是使高频微波振荡器相位锁定于高稳定基准源,电路结构简单,几乎无中间频率分量,广泛应用于先进的电子设备与系统中。相位同步性好,易集成,电磁兼容性好。

美国学者 Tierncy 等人首先提出了直接数字频率合成(DDS)概念。近 20 年,随着数字电路和计算机技术发展,其功能和工作频率得到了极大提升,已广泛应用于雷达及相关电子系统中。

## 6.2.5.2　射频数字化时钟相噪、抖动与采样输出有效位数间关系分析

ADC 输出信号的有效位数(ENOB)与输出数字信号的信纳比(SINAD)直接相关。SINAD 和 SNR 的定义以及具体对应关系为

$$ENOB = (SINAD - 1.76)/6.02 \qquad (6.39)$$

$$SINAD = P_S(P_N + P_D) \tag{6.40}$$

$$SNR = P_S/P_N \tag{6.41}$$

式中：$P_S$ 为信号功率；$P_N$ 为噪声功率，由量化噪声、热噪声、抖动噪声等决定；$P_D$ 由与输入信号相关的谐波、杂散等信号决定失真信号功率。

ADC 输出量化噪声由量化位数决定，热噪声决定低频输入信号的信噪比，抖动噪声决定高频输入信号的信噪比。ADC 总输出 SNR 如式（6.43）所示：

$$SNR\_QN_{[dBc]} = 6.02 \times N + 1.76 \tag{6.42}$$

式中：$N$ 为 ADC 量化位数。

$$SNR_{ADC[dBc]} = -20 \times \lg \left( \sqrt{(10^{-\frac{SNR\_QN}{20}})^2 + (10^{-\frac{SNR\_TN}{20}})^2 + (10^{-\frac{SNR\_T_j}{20}})^2} \right)$$

$$\tag{6.43}$$

式中：SNR_QN 为量化噪声决定的信噪比、SNR_TN 为热噪声决定的信噪比、SNR_Tj 为时钟抖动决定的信噪比。

正弦信号输入情况下，抖动噪声限制的输出信噪比为

$$SNR_{Tj[dBc]} = -A \times 20 \times \log(2 \times \pi \times F_{in} \times T_j) \tag{6.44}$$

式中：$F_{in}$ 为输入信号频率；$T_j$ 为总抖动（包括输入时钟源/时钟电路的外部抖动、输入模拟点频信号的抖动、ADC 采样保持电路自身的内部孔径抖动）；$A$ 满刻度时归一化位 1。根据式（6.46），图 6.56 给出了理想 SNR、输入频率与时钟抖动关系曲线。

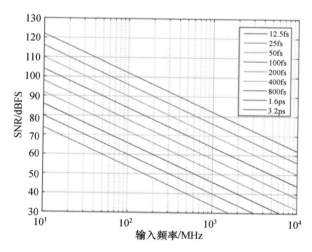

图 6.56　SNR、输入频率与抖动关系曲线（见彩图）

DVB‒T 数字电视信号工作频率主要在 600 ～ 800MHz，对其直接进行射频数字化处理的 ADC 可以选择 ADI 公司的双通道 14 位 1.25GHz 采样率的 AD9680 芯片[14]。根据数据手册提供的相关指标以及(式(6.43))，可以计算出实际 SNR 与输入频率、时钟均方根抖动间关系曲线，如图 6.57 所示。

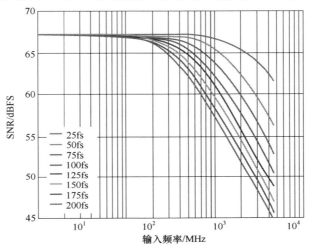

图 6.57　AD9680 芯片 SNR 与输入频率、输入时钟均方根抖动间关系曲线(见彩图)

调频广播信号工作频段主要在 87 ～ 108MHz。进行射频直接数字化处理 ADC 选择比较多，可以考虑选择 TI 公司四通道并行 14 位 500MHz 采样率的 ADS54J54 芯片[68]。该芯片热噪声限制信噪比为 66dBFS，量化噪声限制信噪比为 86dBFS，ADC 自身孔径抖动 98fs，因此 ADC 实际 SNR 与输入信号频率、输入采样时钟均方根抖动间关系曲线如图 6.58 所示。

ADC 采样保持电路中，实际采样时钟边沿位置与理想等效采样点间的时间差值定义为有效孔径延迟时间。有效孔径延迟时间的随机抖动定义为孔径抖动 $T_j$。对于理想输入信号，$T_j$ 等于 ADC 采样保持电路自身的内部孔径抖动和外部输入信号的时钟抖动两部分均方根。时钟抖动主要指时间间隔误差或相位抖动，定义为实际时钟信号边沿跳变时刻与理想时钟边沿跳变时刻的偏差。

时钟抖动是时钟信号频率稳定度在时域的表征，而相位噪声是时钟信号频率稳定度在频域的表征，一般用单边带相位噪声谱密度 $L(f)$ 表示，定义为偏离载频 $f_m$ 处 1Hz 带宽内单边带相位噪声功率与信号功率的比值。

相位噪声与时钟抖动关系如图 6.59 所示。

通过对时钟相位噪声功率谱在一定频带内进行积分，可以获得均方根相位抖动。该相位抖动除以载频即对应时钟信号的均方根时间抖动(但是根据时钟

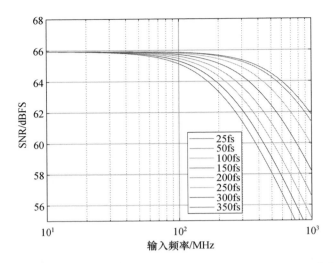

图 6.58 ADS54J54 芯片 SNR 与输入频率、输入时钟均方根抖动间关系曲线（见彩图）

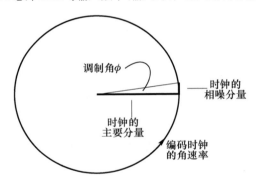

图 6.59 相位噪声与时钟抖动关系

抖动指标并不能推出相位噪声功率谱曲线）。具体计算如下列公式所示[69]。

$$\text{Noise}_{\text{integrated}} = \int_{f_{\text{L}}}^{f_{\text{H}}} L(f) \, \text{d}f \tag{6.45}$$

$$\varPhi_{\text{jrms}} = \sqrt{2 \times 10^{\text{Noise}_{\text{integrated}}/10}} \tag{6.46}$$

$$T_{\text{jrms}} = \frac{\varPhi_{\text{jrms}}}{2\pi F_{\text{clk}}} \tag{6.47}$$

标准时钟抖动计算是对 12kHz ~ 20MHz 范围内的时钟噪声功率进行积分，并根据上述公式来计算均方根抖动值。对于宽带信号采样和数字化处理，宽带噪声对时钟抖动的贡献更大，采样时钟噪声功率积分计算频率范围是 100Hz ~ $f_{\text{s}}/2$。

某宽带射频数字化系统 ADC 选择 TI 公司 12 位 4GHz 采样率的 ADC12J4000

芯片[70]，其 4GHz 采样时钟的性能指标可以通过信号分析仪测量出，获得其近似的相位噪声谱密度曲线如图 6.60 所示。根据上述公式，选择的积分区间为 100Hz~2GHz，可以计算每个区段的等效均方根抖动以及总均方根抖动。从计算结果看，宽带射频数字化采样时钟的宽带噪声对时钟抖动贡献最大。因此宽带射频数字化时钟设计，重点需要考虑降低时钟的宽带噪声谱密度。用该性能指标的时钟作为 ADC12J4000 的采样时钟，其量化噪声限制的 SNR = 74dBFS，热噪声限制的 SNR = 59.8dBFS，ADC 内部孔径抖动为 100fs，则输出 SNR 与输入信号频率间关系曲线如图 6.61 所示。

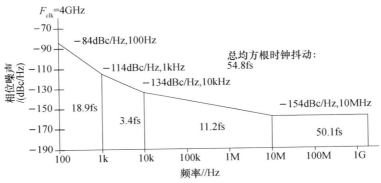

图 6.60　高性能 4GHz 采样时钟均方根时钟抖动计算结果图

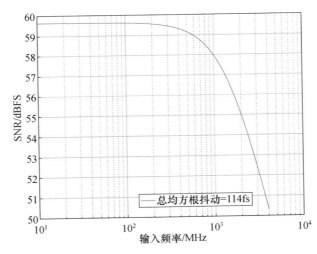

图 6.61　实际 ADC 输出 SNR 与输入频率关系曲线（时钟抖动为 54.8fs）

　　射频数字化采样过程可以等效为输入模拟信号和输入的时钟信号的混频过程。在频域表现为两个信号频谱的卷积，表现为时钟抖动的采样时钟宽带噪声将随采样频率周期性重复出现，恶化 ADC 的输出噪声性能。因此，可以通过带

宽小于 $f_s/2$ 的带通滤波器来改善由于宽带时钟抖动噪声造成的输出噪声恶化。

对于外辐射源雷达中窄带射频数字化采样应用，采样时钟一般有相应带通滤波器可以滤除谐波、杂散以及 $f_s/2$ 以外远区宽带抖动噪声或干扰。后续多级数字滤波器可以滤除 ADC 宽带热噪声，改善热噪声对 SNR 的限制（DDC 处理得益，对于 ADC 可以仅仅考虑自身的热噪声，对于接收系统需要考虑模拟前端增益对噪声幅度的影响）。同时数字 DDC 处理可以通过位宽扩展，提高量化噪声对 SNR 的限制，因此仅考虑 ADC 采样时钟对输出 SNR 的影响（不考虑输入信号）。基于 ADS54J54 的 FM 调频广播瞬时带宽 200kHz 信号采样的情况，抖动、输入频率和 ADC 采样后 DDC 处理输出 SNR 关系曲线如图 6.62 所示（假定采样频率 140MHz，DDC 输出 16 位）。从图中可以看出，输入时钟附加抖动从 100fs ~ 1.0ps，在 100MHz 载频情况下 SNR 恶化 16.0dB。

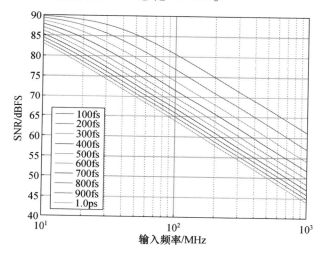

图 6.62　射频数字化窄带输出 SNR、输入频率和抖动关系曲线（见彩图）

某个实际设计的 140MHz 采样时钟的相位噪声测试曲线如图 6.63 所示。其对应的时钟抖动近似计算结果如图 6.64 所示。

从图 6.64 可以看出，窄带射频数字化采样时钟近区的相位噪声对采样时钟抖动贡献最大，该时钟作为采样时钟对 ADC 输出 SNR 的恶化比较大。图 6.65 (a) 给出了某射频数字化接收机输出的窄带信号频谱和 SNR 指标，从频谱的形状可以看出时钟信号的相位噪声特性。通过对该采样时钟加一个千赫级的窄带滤波器，滤波处理后进行射频数字化采样，输出的窄带信号频谱的如图 6.65(b) 所示。可以看出 SNR 改善 10dB 左右。从图 6.64 可以看出，千赫级的窄带滤波器可以将时钟的均方根抖动限制在 200fs 以内，时钟抖动由 1.0ps 降低到 200fs，输出 SNR 将改善 12dB 左右，与图 6.65 测试的 SNR 改善结果基本一致[71]。

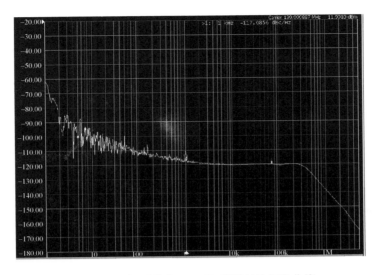

图 6.63　实际测试 140MHz 采样时钟相噪曲线

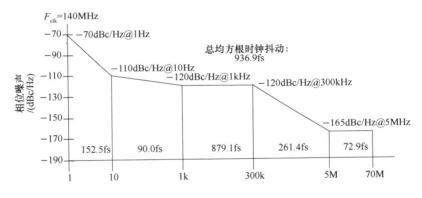

图 6.64　实测 140MHz 采样时钟近似时钟抖动计算

## 6.2.5.3　射频数字化接收机时钟设计

频数字化接收机系统时钟主要包括回波信号直接数字化的 ADC 采样时钟、系统频谱资源和环境感知的宽带 ADC 采样时钟、系统校正信号波形信号产生的 DAC 时钟以及系统时序时钟。时钟种类相对较少且频率相对较低,同时数字阵列体制要求每个时钟相参且保持固定的相位关系,因此射频数字化接收机时钟产生一般是基于一个统一的参考时钟(如恒温晶振等)下通过直接合成的方式产生各个时钟,外加一些合适的滤波器滤除各自时钟的谐波和带外杂散等。

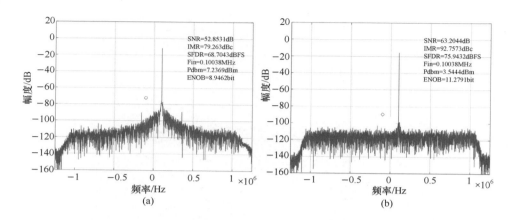

图 6.65　采样时钟晶体滤波器前后射频数字化接收机输出 SNR（改善 11dB 左右）

　　根据前述分析,时钟相位噪声特性或抖动指标将直接影响射频数字化接收机最终输出信号的信噪比。因此,需要根据系统瞬时动态指标要求或射频数字化接收机输出 SNR 要求,确定相应的时钟抖动要求。时钟电路设计时选择合适的高性能参考晶振,根据时钟链路估算其相噪恶化情况确定输出时钟相噪曲线,由相噪曲线估算一定采样率下其抖动指标是否满足系统性能要求。

　　对于射频数字化采样时钟较低的情况下一般直接选择晶振的时钟频率作为采样时钟频率,如常用的 80MHz、100MHz、120MHz 等系统晶振直接输出的频率。对于更高的采样时钟频率一般采用模拟直接合成的方式来产生,如采用倍频/混频的方式产生。图 6.66 给出了一种外辐射源雷达时钟产生方案功能框图,图 6.67 和图 6.68 给出了其中一个时钟的相位噪声测试曲线以及相应抖动估算。

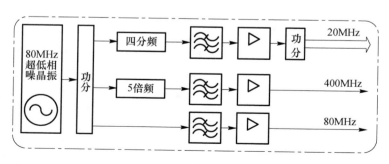

图 6.66　一种外辐射源雷达时钟产生方案功能框图

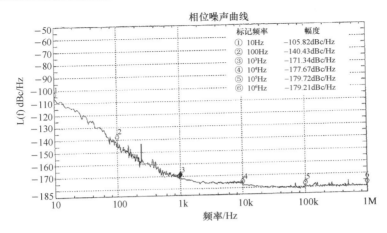

图 6.67　频率源输出 80MHz 采样时钟相位噪声曲线

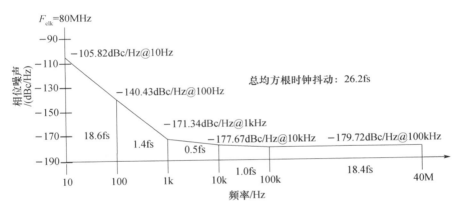

图 6.68　80MHz 采样时钟抖动估算

# 参考文献

[1] 陈顺阳, 杨小牛, 张东坡, 等. 一种新型射频数字化架构及其关键技术研究[J]. 电子对抗, 2014(1)：1－6.

[2] Guerci J R. 认知雷达－知识辅助的全自适应方法[M], 吴顺君, 等译. 北京：国防工业出版社, 2013.

[3] Macera A. Receiver Architecture for Multi－Standard Based Passive Bistatic Radar[C], 2013 IEEE Radar Conference, Ottawa：IEEE, 2013.

[4] Baczyk M K. Comparison of zero－IF and low－IF receiver structures for image suppression in passive radar based on DVB－T signal[C]. 12th International Radar Symposium(IRS), Leipzig：IEEE, 2011.

[5] 王冰, 郑世连, 谭剑美. 米波雷达射频数字化接收系统实验研究[J]. 现代雷达, 2007,

29(6)：80 - 83.

[6] Stevenson, J M. A multi - standard analog and digital TV tuner for cable and terrestrial application[C]. IEEE International Solid - State Circuits Conference, San Francisco, CA：IEEE, 2007.

[7] James Tsui, Bao Yen. Digital Techniques for Wide - band Receivers[M]. Boston - London：Artech House, 2001.

[8] Lee J P Y. Wideband I/Q demodulators：measurement technique and matching characteristics [J]. IEE Proceedings - Radar, Sonar and Navigation, 1996, 143(5)：300 - 306.

[9] 陈曙暄，姜丽敏，向茂生. 基于脉冲分裂的宽带雷达系统通道误差校正方法[J]. 电子与信息学报，2011，33(8)：1858 - 1863.

[10] 张月，杨剑，鲍庆龙，等. 多通道射频数字化接收组件的设计与实现[J]. 数据采集与处理，2010，25(5)：666 - 671.

[11] 卢刚. 射频数字化接收机研究与实现[D]. 成都：电子科技大学，2005.

[12] ADS42LB69. Dual - channel 16bit 250MSPS Analog - to - Digital Converters datasheet[Z]. Texas Instruments, 2012.

[13] LTM9011 - 14. 14bit 125MSPS Low Power Octal ADCs[Z]. Linear Technology, 2011.

[14] AD9680. 14bit 1GSPS JESD204B Dual Analog - to - Digital Converters datasheet[Z]. Analog Device, 2014.

[15] GK3128. 14 位 250MSPS 采样率四通到 ADC[Z], 国科微电子, 2015.

[16] Mitola J. The Software Radio Architecture[J]. IEEE Communications Mag, 1995, 33(5)：26 - 38.

[17] Abidi A A. The path to the software - defined radio receiver[J]. IEEE Journal of Solid - State Circuits, 2007, 42(5)：954 - 966.

[18] Davies N C. A High performance HF software radio[C]. In 8th International Conference on HF Radio Systems and Techniques, Guildford：IET, 2000.

[19] Zheng Shilian, Xiang Haisheng, Wang Bing. The Integration design of transceiver system of Digital Array Radar based on Software - Defined Radio Theory[C]. IEEE CIE ICR, Chengdu：IEEE, 2011.

[20] Akos D M, Stockmaster M, Tsui J B Y, et al. Direct bandpass sampling of multiple distinct RF signals[J]. IEEE Transactions on communications, 1999, 47(7)：983 - 988.

[21] Ashry A, Aboushady H. A 4th order 3.6GS/s RF Sigma - Delta ADC with a FoM of 1pJ/bit [J]. IEEE Transactions on Circuits & Systems I Regular Papers, 2013, 60(10)：2606 - 2617.

[22] Lahouli R, Ben - Romdhane M, Rebai C, et al. Towards flexible parallel sigma delta modulator for software defined radio receiver[C]. Instrumentation and Measurement Technology Conference (I2MTC) Proceedings, Montevideo：IEEE, 2014.

[23] Morgado A. Nanometer CMOS Sigma - Delta Modulators for Software Defined Radio [M]. New York：Springer, 2011.

［24］Wu Charles. A Wideband 400MHz－to－4GHz Direct RF－to－Digital Multimode ΣΔ Receiver［J］. IEEE Journal of Solid－State Circuits, 2014, 49(7): 1639－1652.

［25］Maier S, Yu X, Heimpel H, et al. Wideband base station receiver with analog－digital conversion based on RF pulse width modulation［C］. Microwave Symposium Digest (IMS), 2013 IEEE MTT－S International, Seattle, WA: IEEE, 2013.

［26］Andre P. FPGA－based All－Digital Software Defined Radio Receiver［C］. 2015 IEEE 25th international Conference on FPL, London: IEEE, 2015.

［27］马利祥, 向海生, 卢玉杰. 基于超宽带采样保持器的数字接收机设计［J］. 雷达科学与技术, 2015, 13(3): 320－323.

［28］Ghelfi P, Laghezza F, Scotti F, et al. A fully photonics－based coherent radar system［J］. Nature, 2014, 507(7492): 341－345.

［29］Nyquist H. Thermal Agitation of Electric Charge in Conductors［J］. Phy. Rev. 1928, 32: 110－113.

［30］SkolnikMI. 雷达手册: 第 2 版［M］. 王军, 等译. 北京: 电子工业出版社, 2003.

［31］Kester W. ADC noise figure－An often misunderstood and misinterpreted specification［J］. Analog Devices－MTOO6 Tutorial, 2008: 1－9.

［32］Skolnik M I. Radar Handbook Third Edition［M］. McGraw－Hill Companies, 2008.

［33］James Tsui. Special Design Topics in Digital wideband receivers［M］. USA: Artech House Inc., 2010.

［34］James T. Digital Techniques for Wideband Receivers Second Edition［M］. USA: Artech House Inc., 2001.

［35］Zeng W, Sun Y, Zhu P. The DAGC algorithm design for large dynamic range & high sensitivity radar digital receiver［C］. Fuzzy Systems and Knowledge Discovery (FSKD), 2012 9th International Conference, Sichuan: IEEE, 2012.

［36］Li Kun. Research on Receiver Dynamic Range Extension with Adjustable Attenuator［C］. IEEE ICWCNMC, Beijing: IEEE, 2009.

［37］Black W C, Hodge D A. Time Interleaved Converter arrays［J］. IEEE J. of Solid－State Circuits, 1980, 15(6): 1022－1029.

［38］李玉生. 超高速并行采样模拟/数字转换的研究［D］. 合肥: 中国科学技术大学, 2007.

［39］Lauritzen K C. Impact of decorrelation techniques on sampling noise in radio frequency applications［J］. IEEE Transaction on Instrumentation and Measurement, 2010, 59(9): 2272－2279.

［40］Cruz P M. Improving dynamic range of software－defined radio receivers for multi－carrier wireless systems［J］. IET Microw. Antennas & Propagation, 2015, 9(1): 16－23.

［41］Ulbricht G. Experimental Investigations on a Stacked Analog－to－Digital Converter Configuration for a High Dynamic Range HF Receiver［C］. IEEE GeMiC, Nuremberg: IEEE, 2015.

［42］Vansebrouck R. Digital distortion compensation for wideband direct digitization RF receiver［C］. IEEE 13th International conference, Grenoble: IEEE, 2015.

［43］Allen M. Digital Post – Processing Based Wideband Receiver Linearation for Enhanced Spectrum Sensing and Access［C］. 2014 IEEE CROWNCOM, Oulu：IEEE, 2014.

［44］李飞, 赵洪立, 郑恒. 基于 FM 广播的无源探测系统干扰抑制研究［J］. 雷达科学与技术, 2010, 8(1)：1 – 6.

［45］Murphy D. A Blocker – Tolerant, Noise – cancelling Receiver Suitable for Wideband Wireless Applications［J］. IEEE J. of Solid – State Circuits, 2012, 47(12)：2943 – 2963.

［46］Mohyee Mikhemar. A cancellation Technique for Reciprocal – Mixing Caused by Phase Noise and Spurs［J］. IEEE J. of Solid – State Circuits, 2013, 48(12)：3080 – 3089.

［47］Klumperink E A M, Nauta B. Software defined radio receivers exploiting noise cancelling：a tutorial review［J］. IEEE communications magazine, 2014, 52(10)：111 – 117.

［48］Darabi H, Murphy D, Mikhemar M, et al. Blocker tolerant software defined receivers［C］. European Solid State Circuits Conference, ESSCIRC 2014 – 40th, Venice Lido：IEEE, 2014.

［49］Lin F, Mak P I, Martins R P. Wideband receivers：design challenges, tradeoffs and state – of – the – art［J］. IEEE Circuits and Systems Magazine, 2015, 15(1)：12 – 24.

［50］Coulson A J. A Generalization of Nonuniform Bandpass Sampling［J］. IEEE Transaction On Signal Processing, 1995, 43(3)：694 – 704.

［51］伍小保, 王冰, 陶玉龙. 基于 FPGA 多通道、多带宽、多速率数字下变频设计与实现［J］. 雷达科学与技术, 2016, 14(4)：410 – 422.

［52］AD6636. 150MSPS Wideband digital down – converter［Z］. USA：Analog Devices, 2004.

［53］伍小保, 章仁飞, 王冰, 等. 数字阵列雷达数字下变频器 ASIC 芯片设计［J］. 雷达科学与技术, 2008, 6(6)：496 – 500.

［54］PG147. DUC/DDC Compiler V3.0 Product Guide［Z］. USA：Xilinx Inc., 2015.

［55］Fredric J H. 通信系统中的多采样率信号处理［M］. 王霞, 等译. 西安：西安交通大学, 2008.

［56］Ljiljana Milic. Multi – rate Filtering for Digital Signal Processing：MATLAB Applications［M］. New York：Information Science Reference, 2009 .

［57］杨小牛等. 软件无线电原理与应用［M］. 北京：电子工业出版社, 2001.

［58］Wang H, Lu Y, Wan Y, et al. Design of wideband digital receiver［C］. Communications, Circuits and Systems, 2005. Proceedings. 2005 International Conference, Hong Kong：IEEE, 2005.

［59］Harris F J, Dick C, Rice M. Digital receivers and transmitters using polyphase filter banks for wireless communications［J］. IEEE transactions on microwave theory and techniques, 2003, 51(4)：1395 – 1412.

［60］Li Bing, Ge Lindong, Zheng Jin. An Efficient Architecture for Wideband Digital Down Conversion Based on the Goertzel Filter［C］. Wireless Communications, Networking and Mobile Computing, WICOM International Conference, Wuhan：IEEE 2006.

［61］张飞, 伍小保. 广义多相滤波及其应用［J］. 雷达科学与技术, 2014, 12(6)：262 – 266.

[62] 伍小保, 王冰. 宽带数字下变频和重采样处理 MATLAB 仿真与 FPGA 实现[J]. 现代电子技术, 2015, 38(23): 6 – 9.

[63] Mitra S K. Digital Signal Processing: A Computer – based Approach 4th Edition[M]. McGraw – Hill Companies, Inc., 2011.

[64] 伍小保, 王冰, 郑世连, 等. 米波雷达射频数字化接收机抗干扰设计[C]. 第十三届全国雷达学术年会论文集, 2014.

[65] Lim Y C. Frequency – response masking approach for the synthesis of sharp linear phase digital filters[J]. IEEE transactions on circuits and systems, 1986, 33(4): 357 – 364.

[66] 陆甸应, 梁甸农. 调频线性度对线性调频信号性能影响分析[J]. 系统工程与电子技术, 2005, 27(8): 1384 – 1386.

[67] Bernard W. Quantization noise round off Error in Digital Computation[M]. Cambridge UK: Cambridge University Press, 2008.

[68] ADS54J54. ADS54J54 Quad Channel 14 – Bit 500MSPS ADC datasheet[Z]. Texas Instruments, 2015.

[69] Brannon B. Sampled Systems and the Effects of Clock Phase Noise and Jitter[Z], AN – 756 Application, ADI Inc., 2004.

[70] ADC12J2700. 12Bit 4 GPSP ADC with Integrated DDC datasheet[Z]. Texas Instruments, 2014.

[71] 伍小保, 王冰. 采样时钟抖动、相噪与输出 SNR 关系研究[J]. 信息通信, 2016, 6: 31, 32.

# 第 **7** 章

# 多源检测定位与跟踪

## ◣ 7.1　概　　述

外辐射源雷达的发射信号是不受控制的,同时每个辐射源难以实现在目标空间的方位维和仰角维的连续覆盖。一般情况下,民用广播电视源所处的米波波段,无论发射波束或接收波束的垂直维覆盖都不连续,其垂直面的发射和接收波束会出现裂化凹口。所以,在外辐射源雷达系统的设计和部署使用过程中,都需要考虑地形遮蔽和收发合成波束方向图等影响。利用不同频段和不同位置的辐射源进行互补,达到空间的连续性,是最直接有效的方法。

从信号稳定性上看,外辐射源的信号特性是时变的。使用单个源进行探测时,由于带宽恶化或加载信号的停顿等原因,会引起目标分辨能力下降、跟踪不连续、漏警等现象。利用丰富的辐射源资源,多源同时检测,可以减小波形时变的影响,改善目标探测的连续性。

受天线孔径的限制,低频段外辐射源雷达不易获得较高的角度分辨力,所以单源下的双基地系统测角精度受到约束,定位精度往往较低。而多源多发射站系统可以融合多个发射站的目标测量信息,通过雷达端、目标与各辐射源之间形成的多组双基地距离和椭球面(或双曲面)在目标位置处进行方程组求解,提高目标定位性能。

## ◣ 7.2　多源互补改善空间覆盖

广播电视等外辐射源大多工作在 VHF 和 UHF 频段。外辐射源的发射天线和雷达端的接收天线都不可能太大,受到天线口径的限制,所有米波天线的波瓣宽度一般较宽。波束打地后受到地(水)面反射的影响,形成地(水)面多径信号的干涉,天线垂直面波瓣会发生分裂。仰角波瓣的分裂和上翘,使发射波束空域覆盖不连续,并存在低角盲区。

本节从收发天线一体的单基地雷达开始分析。

仅考虑地面导电性能、地面粗糙度等因素的影响,不考虑地球曲率的影响。根据叠加原理,在目标处的电场强度是直达波电场强度与反射波电场强度的矢量叠加,得到考虑多径效应后天线的波瓣为

$$f(\theta, \theta_0) = \sqrt{f_0^2(\theta_d, \theta_0) + \rho^2 f_0^2(\theta_r, \theta_0) + 2\rho f_0(\theta_d, \theta_0) f_0(\theta_r, \theta_0) \times \cos(\varphi_d - \varphi_r - \varphi_g + 2\pi\delta/\lambda)}$$

$$\Delta\varphi = \varphi_d - \varphi_r - \varphi_g + 2\pi\delta/\lambda$$

$$(7.1)$$

式中:$f_0(\theta, \theta_0)$ 为自由空间天线垂直面的幅度波瓣函数,其中 $\theta_0$ 为波瓣最大值的指向角;$\delta$ 为直达波与反射波在目标处的波程差;$S_d$ 为照射目标的电场强度;$S_r$ 为目标反射电场强度;$\varphi_d$ 为自由空间天线波瓣在直达波仰角 $\theta_d$ 处的相位;$\varphi_r$ 为自由空间天线波瓣在直达波仰角 $\theta_r$ 处的相位;$f_0(\theta_d, \theta)$ 为自由空间天线波瓣在直达波仰角 $\theta_d$ 处的幅度值;$f_0(\theta_r, \theta)$ 为自由空间天线波瓣在直达波仰角 $\theta_r$ 处的幅度值;$\rho$ 为地面反射系数的幅值;$\varphi_g$ 为地面反射系数的相位。

（1）当 $\Delta\varphi = (2n+1)\pi(n = 0,1,2,\cdots)$ 时,$f_{min}(\theta, \theta_0) = f_0(\theta_d, \theta_0) - \rho f_0(\theta_r, \theta_0)$,为地面反射后天线波瓣的极小值。当 $\rho = 1$,$f_0(\theta_d, \theta_0) = f_0(\theta_r, \theta_0)$ 时,$f(\theta, \theta_0) = 0$,天线波瓣出现零点(盲点),即凹口。

（2）当 $\Delta\varphi = 2n\pi(n = 0,1,2,\cdots)$ 时,$f_{min}(\theta, \theta_0) = f_0(\theta_d, \theta_0) + \rho f_0(\theta_r, \theta_0)$,为地面反射后天线波瓣的极大值。

单基地雷达接收到的回波信号功率密度相对于自由空间回波,考虑收发互易性,双程路线相同,可以归一化为[1]

$$\eta^4 = 16 \times \sin^4\left(\frac{2\pi h_{ant} h}{\lambda R}\right) \tag{7.2}$$

式中:$\eta^2$ 为目标处信号功率密度相对于自由空间回波处功率密度之比;$\lambda$ 为波长;$h_{ant}$ 为天线相位中心高度;$h$ 为目标高度;$R$ 为目标距离。

在仰角 $\theta_n = (n + 0.5)\lambda/2h_{ant}(n = 1,2,\cdots)$ 和仰角 $\theta_n = n\lambda/2h_{ant}(n = 1,2,\cdots)$ 处分别出现谷值和峰值。

文献[2]对单基地米波雷达的空间覆盖的分集设计进行了论述。频率或天线高度分集的设计,可以改善米波雷达的空域覆盖。采用频率分集的办法,理想状态下波长要跨倍频程才能实现完全互补。天线高度空间分集,即利用各天线单元不同的相位中心高度来实现空间波瓣的峰谷互补。前提是各天线单元的发射信号在空间没有相干叠加,如米波综合脉冲孔径雷达,它是一种典型的多频MIMO 雷达。

而双基地构型下,由于辐射源、雷达站的高度及位置差异,上述现象则更为复杂:

$$\eta^4 = 16 \times \sin^2\left(\frac{2\pi h_{\mathrm{T}} h}{\lambda R_{\mathrm{T}}}\right) \times \sin^2\left(\frac{2\pi h_{\mathrm{R}} h}{\lambda R_{\mathrm{R}}}\right) \tag{7.3}$$

式中：$h_{\mathrm{T}}$、$h_{\mathrm{R}}$ 分别为外辐射源发射天线的高度、外辐射源雷达的阵地高度；$R_{\mathrm{T}}$、$R_{\mathrm{R}}$ 分别为目标到发站、收站距离；$\lambda$ 为辐射源的波长。

可见，空间裂化和低空覆盖的性能均与波长 $\lambda$ 及收、发站位置 $h_{\mathrm{T}}$、$h_{\mathrm{R}}$ 等参数相关。

广播电视发射台的高度从地面 90m 到高山 1000m 以上不等。通过多源的频率高低和发站高度高低的组合，为外辐射源雷达改善空域覆盖提供了可能性。

当辐射源 1 的波长与高度比为 2 时，辐射源发射波瓣的第一波谷 $\theta_{1\mathrm{notch}} = \lambda_1 / 2h_{\mathrm{a}1}$，如果另一辐射源 2 的波长与高度比为 4 时，其发射波瓣的第一波峰 $\theta_1 = \lambda_2 / 4h_{\mathrm{a}2}$ 重合时，发射裂化波瓣凹口得到互补。当然，发射天线高度远大于波长。图 7.1 通过设定典型电台的频率和天线中心高度，多源互补对仰角空间覆盖进行了对比。频率分集，发站高度分集的措施，利用不同频率、不同高度的反射方向图峰谷互补，空域覆盖得到了一些改善。

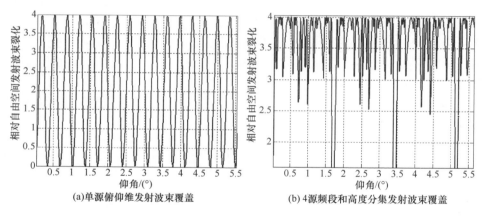

(a)单源俯仰维发射波束覆盖　　　　　(b)4源频段和高度分集发射波束覆盖

图 7.1　单源与多源组合波束仰角发射覆盖比较

在辐射源优化方面，选择不同波长、不同站高的辐射源，优化空间互补的能力，所以辐射源数据库是外辐射源雷达的关键基础数据。通过辐射源数据库和地理数据库的支持，外辐射源雷达综合各种辐射源类型、频点、站址、极化等参数，获得多源的组合优化。

## 7.3　多源联合提高检测能力

多源联合检测是通过同时接收和处理多个外辐射源的反射回波。通过多源信号的频率分集、空间分集，减小回波起伏影响，提高目标的发现概率。

多源积累检测方式有相参积累、非相参积累以及二进制积累等处理方式。

首先,非相参积累是将各源对应的目标回波,通过距离 – 多普勒处理后的包络值进行累加。由于各源的发射信号完全不相干、频率不同、回波相位不同,使得目标在各辐射源的距离 – 多普勒二维空间时,相互存在差异。

即使同一发射点,不同发射频率的目标回波能够完成距离以及多普勒对齐;但是目标对不同辐射源信号的散射系数是随机的。加上目标 RCS 起伏,不同辐射源、不同目标的回波相位会处处不同,必然会出现回波信号相位不一致。非相参积累则回避了相位随机变化和不同源回波信噪比差异的问题。图 7.2 对相参与非相参积累下的目标检测性能进行了对比。

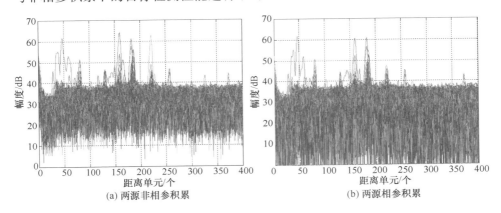

图 7.2　同一发射台址下两源积累(相参、非相参)实验对比(见彩图)

其至当位于不同发射路径的辐射源,由于对空间目标的各自双基地距离和都不相同;且多普勒频率是双基地角、目标航速/航向的函数。在多目标环境下,不同辐射源下、不同目标间的多普勒速度必须旋转对齐。而距离单元和多普勒通道的两维交互搜索和相位对齐,运算量也较大。

所以,多源积累的方式需要根据外辐射源资源和处理能力进行取舍。

图 7.3 说明了一个多源的定位处理基本流程。

各辐射源回波的积累,首先需要进行距离 – 多普勒维处理优化,以保证检测单元在频域上能够对齐。对各源回波的距离 – 多普勒二维处理时,根据对噪声电平的估计进行归一化;空间坐标转换(逐点对齐)后,各源归一化处理的包络值按波束、按距离 – 多普勒单元积累检测后进行恒虚警判决。

积累检测过程中,对各源的点迹互关联检测,剔除了杂波因素的影响,降低了虚警。而对不同发射台的回波数据,可以进行距离和椭圆交叉定位。尤其是准确的目标速度矢量测量能够为精确航迹处理提供支撑。

利用多个不同位置发射台,构成 $T^nR$ 的多基地探测系统。利用几何约束关

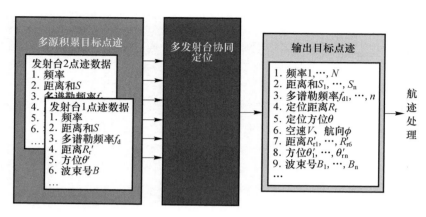

图 7.3　多发射站协同定位处理流程图

系,将测量到的不同源下的多组距离和参数进行集中处理,克服单站测角误差大对定位精度的影响。在基本布站形式下,同时利用不同方向外辐射源。基线长度合适时,多源下的目标定位精度可以得到提升。而且基于高精度的多普勒频率测量,解算出目标的航速和航向。

　　多源利用是利用多个不同空间位置的辐射源构成分布式探测系统。在探测区域上形成空间互补、协同检测和定位,增强雷达的使用效能。多源利用,对于互补区域,能够扩展雷达的探测覆盖范围;对于共同覆盖空域,利用多源协同检测定位技术能够提高对目标的检测稳定性和精度。技术核心主要包括多站协同定位技术和多辐射源组合优化技术。

## 7.4　外辐射源雷达目标定位与跟踪

　　目标定位与跟踪是外辐射源雷达系统的主要功能之一。外辐射源雷达通过对目标的测量值进行处理,来确定目标的位置和运行轨迹,从而完成监控、跟踪等任务。就测量信息而言,主要有方位角及方位角变化率(DOA)、到达时间及到达时间差、多普勒频率差及频率变化率(FDOA)等。利用不同的测量信息,可以得到与测量信息相对应的定位与跟踪方法。

　　由于工作在低频波段,使得天线波束的测向能力不强,造成到达方位角的测量精度不高。基于频率变化率的定位方法,由于频率变化率在某些情况下(如目标径向或接近径向时)非常小,较难准确获取,所以也有一定的局限。

　　在基于到达时间测量的外辐射源雷达中,每个发射站信号经目标反射后到达接收站的时间(即距离和)会形成一个椭球面。多个发射站 – 目标 – 接收站组合对就形成多个交叉椭球面。可利用多个椭球面交叉进行目标定位。由于外辐射源雷达中到达时间的测量精度较高,相对而言,能够获得较好的定位效果。

具体而言,DOA 定位法以一条直线形式在空间上体现出来,多个接收站的 DOA 定位就是多条直线在空间上的交汇求解[3]。由于通过解线性方程组即可求解,因此 DOA 定位法比较简单,仅需用最小二乘法即可得到定位解。DOA 定位法是最早使用的定位方法,但定位精度低。为消除系统误差对定位精度的影响,多站定位技术中又出现了圆定位法[4]、三点定位法和螺旋航迹法[5,6]等。

TOA 定位法在空间上表现为椭球或双曲面,因为其定位方程非线性,所以很难直接求解。Foy[7] 提出的泰勒级数法定位精度比较高,但是需要一个较好的初始解,如果初始解选取不当,迭代有可能发散或收敛到一个错误解。其他定位算法有 Friedlander[8] 的去距离最小二乘法、Smith 等人[9]研究的球面相交法、Chan 等人研究的两步最小二乘法和近似极大似然法[10,11]、Stoiea 等人研究的渐进迭代最小二乘法[12]等。其中,两步最小二乘法对于固定辐射源给出了近似最大似然估计的闭式解,是解决双曲线定位问题公认的最好方法之一,应用较为广泛。

FDOA 与目标位置和速度矢量都有关,故其在空间表现为非常复杂的曲面,与 TDOA 定位方法类似,影响 FDOA 定位精度的一个重要因素是多普勒频差的测量精度。Chan[13] 提出了一种基于 FDOA 的二维平面定位算法,在实际应用中,经常将 FDOA 与其他定位方法联合使用,如 Ho[14,15] 提出的 TDOA 联合 FDOA 定位。

1998 年,英国的 Howland 用位于水晶宫的 BBC 电视台和一个接收机组成无源双基雷达系统[16],对空中目标进行探测。把电视图像载波信号回波的多普勒频移和方位角作为测量信息,利用卡尔曼滤波(KF)关联同一目标的多普勒和 DOA,然后利用扩展卡尔曼滤波(EKF)对距离接收站 260km 内的目标进行了持续跟踪。2005 年,Howland 等人[17]研究了基于 FM 广播的外辐射源雷达目标跟踪,采用一个发射站和一个与之相距 50km 的接收站,依靠距离、方位和多普勒测量信息,利用卡尔曼滤波在距离 - 多普勒域关联目标回波。Howland 认为,在关联目标之后,可利用非线性滤波器如扩展卡尔曼滤波或粒子滤波对目标的位置进行估计。徐伟杰等人[18]研究了多发单收体制的外辐射源雷达跟踪技术,提出基于初始化算法的 EKF 方法,解决了 EKF 的收敛速度慢和易发散的问题。

下面围绕多个辐射源下的外辐射源雷达的目标定位问题,对定位算法、定位跟踪精度进行分析,并给出了部分试验验证结果。

## 7.5　外辐射雷达定位技术

### 7.5.1　定位算法

目标定位方法分为基于线线、线面、面面相交的几何定位方法和利用现代信号处理技术的滤波算法。但无论采用何种定位算法,测量函数都是关于目标位置、角度、速度以及接收机位置等测量量的多元非线性函数。其本质在于求解复杂的非线性方程组。目前常用的定位解算算法,包括高斯牛顿法、扩展卡尔曼滤波、最大似然估计法、多种智能算法等。这些方法虽然应用较广泛,但都普遍存在对初始值要求高、计算量大、需要近似线性化处理、收敛时间较长等缺陷。

### 7.5.1.1 定位的几何基础

从几何角度看,确定空间的一个点,可以由三个或三个以上的曲面或平面在三维空间内相交而得出。

雷达从散射体(或辐射体)目标获得的定位参数或测量量,如方位角、俯冲角、斜距、距离和、距离差、高度等,这些参数几何上都对应一个平面或曲面。

利用探测系统获得的同一个目标的定位参数所对应的面称为定位面。通过一定的组合,使面面相交得线,线线或面线相交得点,从而确定出目标位置点。面面相交得出的是定位线,而线线、线面相交得出的即是定位点。(表 7.1)

表 7.1 常用定位面

| 测量量 | 定位面 | 表达式 |
|---|---|---|
| 斜距 $r$ | | $r = \sqrt{(x - x_i)^2 + (y - y_i)^2 + (z - z_i)^2}$ |
| 方位角 $\alpha$ | | $\tan\alpha = \dfrac{y - y_i}{x - x_i}$ |

（续）

| 测量量 | 定位面 | 表达式 |
|---|---|---|
| 俯仰角 $\beta$ | | $\tan\beta = \dfrac{(z-z_i)}{\sqrt{(x-x_i)^2+(y-y_i)^2}}$ |
| 距离和 $S$ | | $S = r_i + r_j = \sqrt{(x-x_i)^2+(y-y_i)^2+(z-z_i)^2}$ $+ \sqrt{(x-x_j)^2+(y-y_j)^2+(z-z_j)^2}$ |
| 距离差 $\Delta R$ | | $\Delta R = r_i - r_j = \sqrt{(x-x_i)^2+(y-y_i)^2+(z-z_i)^2}$ $- \sqrt{(x-x_j)^2+(y-y_j)^2+(z-z_j)^2}$ |

　　在外辐射源雷达定位中,可以利用的观测量有信号到达角、到达时间、到达时间差、信号的多普勒频率等。对应的常用定位方法有测向定位法、距离和定位法、时差定位法、差分多普勒定位法以及几种方法的联合定位法等。

　　对于外辐射源雷达的目标定位问题,获取的目标数据信息通常被提取为方向、距离和、多普勒频率信息等。不同信息类型的定位系统具有不同的特性。

　　利用方向信息的方位定位技术,成熟而经典,其良好的数学特征极易得到线性化处理,但定位精度较低;利用距离和信息的椭圆定位技术,要比方位定位精度高;利用多普勒频率的外辐射源雷达定位系统,由于其严重复杂的非线性,使得它常常仅作为方向定位系统和距离和定位系统的一种辅助优化信息,共同构成联合定位系统。下面主要对基于广播电视信号的非合作外辐射雷达的常用定位方法进行介绍。

### 7.5.1.2　距离和定位法

由上节定位几何基础可知,距离和量测对应一个空间定位的回转椭球面,目标即位于这个定位面上。在二维平面内,多个外辐射源信号到达接收站的距离和确定了以发站和收站为焦点的多个椭圆,解算椭圆之间的交点就可以确定目标的位置,如图7.4所示。

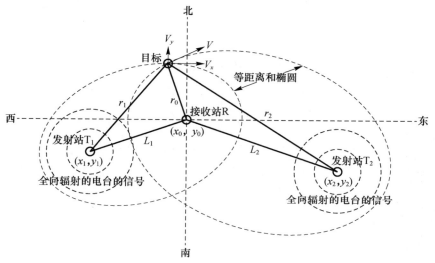

图 7.4　$T^2R$ 距离和交叉定位原理

设一个多基地系统中,接收站为$(x_0,y_0)$,发射站为$(x_i,y_i)$ $(i=1,2)$,目标位置为$(x,y)$。$r_0$表示目标到接收站的距离,$r_i$表示目标到发射站$i$的距离,$r_{si}$表示目标到接收站和到第$i(i=1,2)$个发射站之间的距离和。则有

$$\begin{cases} r_0 = \sqrt{(x-x_0)^2 + (y-y_0)^2} \\ r_i = \sqrt{(x-x_i)^2 + (y-y_i)^2} , i=1,2 \\ r_{si} = r_i + r_0 \end{cases} \tag{7.4}$$

相对于 $TR$ 系统常用的角度/距离和定位方法,利用接收站采集到的多个外辐射源的距离和进行定位,最大优点是定位精度高。但从图7.4中可以看出,单纯使用距离和将存在定位模糊的问题。因此在此定位过程中使用角度信息解模糊。

对式(7.4)整理化简,可得

$$(x_0 - x_i)x + (y_0 - y_i)y = k_i - r_0 r_{si} \tag{7.5}$$

式中

$$k_i = \frac{1}{2}\left[ r_{\text{s}i}^2 + (x_0^2 + y_0^2) - (x_i^2 + y_i^2) \right], \quad i = 1,2 \tag{7.6}$$

将 $r_0$ 看作已知量,因此可以得到如下矩阵表达式:

$$\boldsymbol{Ax} = \boldsymbol{B} \tag{7.7}$$

式中

$$\boldsymbol{A} = \begin{bmatrix} x_0 - x_1 & y_0 - y_1 \\ x_0 - x_2 & y_0 - y_2 \end{bmatrix}, \boldsymbol{x} = \begin{bmatrix} x \\ y \end{bmatrix}, \boldsymbol{B} = \begin{bmatrix} k_1 - r_0 r_{\text{s}1} \\ k_2 - r_0 r_{\text{s}2} \end{bmatrix}$$

通过最小二乘求解 $\boldsymbol{x}$,即

$$\boldsymbol{x} = \boldsymbol{A}^{-1} \boldsymbol{B} \tag{7.8}$$

令

$$(\boldsymbol{A}^{\text{T}} \boldsymbol{A})^{-1} \boldsymbol{A}^{\text{T}} = \begin{bmatrix} a_{11} & a_{12} & a_{13} \\ a_{21} & a_{22} & a_{23} \\ a_{31} & a_{32} & a_{33} \end{bmatrix}$$

得目标估计位置:

$$\begin{cases} x = m_1 - n_1 r_0 \\ y = m_2 - n_2 r_0 \end{cases} \tag{7.9}$$

式中

$$\begin{cases} m_1 = a_{11} k_1 + a_{12} k_2 \\ m_2 = a_{21} k_1 + a_{22} k_2 \end{cases}, \quad \begin{cases} n_1 = a_{11} r_{\text{s}1} + a_{12} r_{\text{s}2} \\ n_2 = a_{21} r_{\text{s}1} + a_{22} r_{\text{s}2} \end{cases}$$

代入式(7.4)$r_0$ 表达式中,可得

$$a r_0^2 - 2 b r_0 + c = 0 \tag{7.10}$$

式中

$$\begin{cases} a = n_1^2 + n_2^2 - 1 \\ b = (m_1 - x_0) n_1 + (m_2 - y_0) n_2 \\ c = (m_1 - m_0)^2 + (m_2 - y_0)^2 \end{cases} \tag{7.11}$$

由求解得到 $r_0$ 的过程可以看出,解得的 $r_0$ 可能有两个值 $r_{01}$、$r_{02}$。若 $r_{01}$、$r_{02}$ 都为负,则取正值作为 $r_0$;若 $r_{01}$、$r_{02}$ 都为正,存在定位模糊问题,需要角度信息去模糊。

将 $r_0$ 代入式(7.9),可求解出目标位置 $[x,y]$。目标方位角为

$$\theta' = \arctan \frac{y - y_0}{x - x_0} \qquad\qquad (7.12)$$

### 7.5.1.3 多普勒/距离和联合定位法

多源的多基地椭圆交叉面较大时,点迹会在圆弧交叉面左右跳动。如何减小点迹的距离和误差扩散成为关键(图7.5)。多普勒频率定位法是利用目标运动引起的多普勒频率实现目标定位的,在目前可达到的测频测时精度下,其定位精度较高,优于距离和椭圆交叉定位的精度,因此结合多普勒的联合定位技术成为解决问题的发展方向。

多普勒/距离和联合定位方法,能够抑制交叠弧面点迹摆动,有效提高定位角精度。同时,对机动目标的点迹滤波处理,能够提高机动跟踪性能。

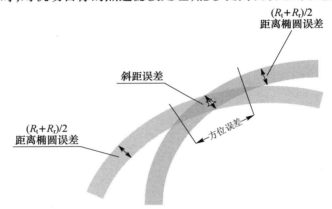

图7.5 椭圆交叉定位点迹方位误差分布

理想状况下,双多基地雷达在 $t$ 时刻相对第 $i$ 个发射站的获取的多普勒频率为

$$f_{di} = -\frac{1}{\lambda}\left[\frac{(x - x_0)v_x + (y - y_0)v_y}{r_0} + \frac{(x - x_i)v_x + (y - y_i)v_y}{r_i}\right] \qquad (7.13)$$

由上式可知,使用多普勒频率定位需要知道目标速度的大小和方向。而使用距离和定位可以估计出目标运动过程中两点的位置,并由此估计出目标运动的速度矢量。因此,算法的指导思想:首先使用距离和定位估计出目标的运动方向,然后使用多普勒频率定位技术修正时差定位中估计出的目标位置,进一步提高定位精度。

目标距离两个发射站和接收站的距离和为 $(r_{s1}, r_{s2})$,目标的多普勒频率 $(f_{d1}, f_{d2})$,结合已知的接收站位置 $[x_0, y_0]$,发射站位置 $([x_1, y_1]、[x_2, y_2])$ 和发射频率 $(f_1, f_2)$,根据定位原理得到系统量测方程为

$$\begin{cases} r_{si} = \sqrt{(x-x_0)^2 + (y-y_0)^2} + \sqrt{(x-x_i)^2 + (y-y_i)^2} \\ f_{di} = -\dfrac{1}{\lambda}\Big[\dfrac{(x-x_0)v_x + (y-y_0)v_y}{r_0} + \dfrac{(x-x_i)v_x + (y-y_i)v_y}{r_i}\Big] \\ \theta = \arctan\dfrac{y-y_0}{x-x_0} \end{cases} \quad (7.14)$$

定位求解首先利用距离和量测,使用一种直接求解显式椭圆方程组的非递归算法对目标位置进行一次估计。在求解目标位置后,通过测量两个源的目标多普勒频率求解得到目标运动的速度。将当前时刻得到的目标位置和速度代入目标运动集合,得到目标位置的下一时刻估计集合。将椭圆交叉定位得到的目标位置与估计集合进行加权融合,迭代获得目标最终位置。

具体求解过程如图 7.6 所示。

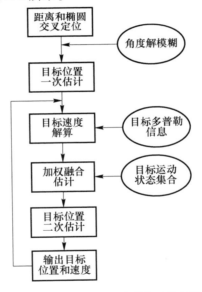

图 7.6　多普勒 – 距离和的联合递归定位解算流程图

(1) 目标位置一次估计。

根据式(7.4) ~ 式(7.11)将目标位置[x,y]求解出来。

(2) 目标速度估计。

在求解目标位置后,通过测量两个频点的目标多普勒频率 $f_{d1}$ 和 $f_{d2}$ ,可以将公式(7.14)写成以下矩阵形式:

$$Ax = B \quad (7.15)$$

式中

$$A = \begin{bmatrix} \dfrac{x-x_0}{r_0} + \dfrac{x-x_1}{r_1} & \dfrac{y-y_0}{r_0} + \dfrac{y-y_1}{r_1} \\[3mm] \dfrac{x-x_0}{r_0} + \dfrac{x-x_2}{r_2} & \dfrac{y-y_0}{r_0} + \dfrac{y-y_2}{r_2} \end{bmatrix}, x = \begin{bmatrix} v_x \\ v_y \end{bmatrix}, B = \begin{bmatrix} -\lambda_1 f_{d1} \\ -\lambda_2 f_{d2} \end{bmatrix}$$

使用最小二乘求解 $x$，即

$$x = A^{-1}B \tag{7.16}$$

求解得到目标速度轴向分量 $v_x$ 与 $v_y$。

（3）目标位置二次估计。

将目标当前时刻的位置估计 $(x_k', y_k')$ 和速度估计 $(v_x, v_y)$ 代入目标运动模型集中，得到目标下一时刻位置估计集合 $\Omega = \{(x_{k+1}^i, y_{k+1}^i)\}$。

（4）目标位置融合估计。

使用椭圆交叉定位得到目标位置一次估计 $(x_{k+1}, y_{k+1})$ 和二次估计得到的目标位置集合 $\Omega = \{(x_{k+1}^i, y_{k+1}^i)\}$ 进行加权融合，得到目标位置新的估计值 $(x_{k+1}', y_{k+1}')$，循环迭代。

$$\begin{cases} x'_{k+1} = w_a \cdot x_{k+1} + \sum_i w_{bi} \cdot x_{k+1}^i \\[2mm] y'_{k+1} = w_a \cdot y_{k+1} + \sum_i w_{bi} \cdot y_{k+1}^i \end{cases} \tag{7.17}$$

式中

$$w_{bi} = \frac{1 - w_a}{n-1}\left(1 - \frac{\sigma_i^2}{\sum \sigma_i^2}\right), \sigma_i^2 = (x_{k+1} - x_{k+1}^i)^2 + (y_{k+1} - y_{k+1}^i)^2$$

多源定位的同时，多普勒/距离和联合定位方法除了可以修正和提高目标的定位精度，可以得到对目标的速度、航向测量。其基本原理和效能见以下论述：

$$\begin{cases} f_1 = \dfrac{2v}{\lambda_1}\cos\delta_1\cos\dfrac{\beta_1}{2} \\[3mm] f_1 = \dfrac{2v}{\lambda_2}\cos\delta_2\cos\dfrac{\beta_2}{2} \end{cases}, \begin{cases} \delta_1 = \theta + \dfrac{\beta_1}{2} \\[3mm] \delta_2 = \theta - \dfrac{\beta_1}{2} \end{cases} \tag{7.18}$$

可以解出

$$\delta_1 = \arctan \frac{\cos\dfrac{\beta_1}{2}f_2\lambda_2 \Big/ \cos\dfrac{\beta_2}{2}f_1\lambda_1 - \cos\dfrac{\beta_1+\beta_2}{2}}{\sin\dfrac{\beta_1+\beta_2}{2}} \tag{7.19}$$

由此可以计算出目标的速度

$$v = \frac{f_1 \lambda_1}{2\cos\delta_1 \cos\dfrac{\beta_1}{2}} \tag{7.20}$$

及目标航向

$$\psi = \left(\arctan\frac{y}{x} + 180 - \frac{\beta_1}{2} + \delta_1\right)\bmod(360) \tag{7.21}$$

高精度的航速、航向测量,为目标定位和航迹滤波增加了一维参考量,如图 7.7 所示。

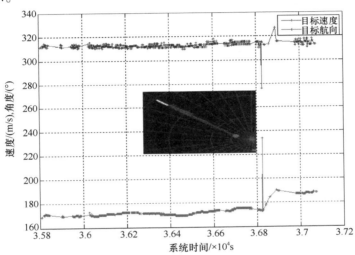

图 7.7 双源(基线 45km)协同定位单帧航速、航向测量(见彩图)

## 7.5.2 定位精度分析

定位精度除与外辐射源雷达单源信道环境、回波信噪比、距离和测量精度,以及使用的定位算法有关以外,还与雷达、辐射源、目标三者的几何布局密切相关。

任何一种定位系统,在空间的不同位置处,定位精度是不同的。因此,需要研究定位误差和定位参与者之间的几何布局。在几何布局已定的条件下,了解这种布局对不同空间位置上目标的定位误差的影响,对有效地使用这种定位系统,以实现对目标的精确定位和跟踪,具有重要的意义。

目前常用的目标定位性能指标有定位精度的几何稀释(GDOP)、圆误差概率(CEP)等。

GDOP 用来描述定位误差的三维几何分布,即目标在空间不同位置时定位误差的大小,实质是位置估值点距目标真实位置的空间距离[4]:

$$\text{GDOP} = \sqrt{\sigma_{\hat{x}}^2 + \sigma_{\hat{y}}^2 + \sigma_{\hat{z}}^2} \tag{7.22}$$

式中：$\sigma_{\hat{x}}^2$、$\sigma_{\hat{y}}^2$、$\sigma_{\hat{z}}^2$ 分别为在 $x$、$y$、$z$ 方向上定位误差的方差。

假如在半径为 $r$ 的球（圆）内，误差概率为 50%，这个半径就称为圆概率误差。CEP 有很多近似表达式，一般采用下列圆误差估算公式：

$$\text{CEP} = 0.75(\sigma_{\hat{x}}^2 + \sigma_{\hat{y}}^2 + \sigma_{\hat{z}}^2)^2 \tag{7.23}$$

$$\text{CEP} = 0.563\max(\sigma_{\hat{x}} + \sigma_{\hat{y}} + \sigma_{\hat{z}}) + 0.614\min(\sigma_{\hat{x}} + \sigma_{\hat{y}} + \sigma_{\hat{z}}) \tag{7.24}$$

### 7.5.2.1　距离和定位法

假设外辐射源雷达位于坐标原点，发射站分别位于 $(x_i, y_i)(i = 1, 2)$，目标的位置为 $(x, y)$，可以建立定位的数学模型如下：

$$\boldsymbol{y} = \boldsymbol{H}\boldsymbol{x} + \boldsymbol{v} \tag{7.25}$$

式中：$\boldsymbol{y} = (r_{s1}, r_{s2})^{\text{T}}$，$\boldsymbol{x} = (x, y)^{\text{T}}$。

对 $\boldsymbol{x}$ 和 $\boldsymbol{y}$ 求全微分可得

$$\mathrm{d}\boldsymbol{y} = \boldsymbol{H}\mathrm{d}\boldsymbol{x} \tag{7.26}$$

式中：$\mathrm{d}\boldsymbol{y} = (\mathrm{d}r_{s1}, \mathrm{d}r_{s2})^{\text{T}}$；$\mathrm{d}\boldsymbol{x} = (\mathrm{d}x, \mathrm{d}y)^{\text{T}}$；$\boldsymbol{H}$ 为雅可比矩阵，且有

$$\boldsymbol{H} = \begin{bmatrix} \dfrac{\partial r_{s1}}{\partial x} & \dfrac{\partial r_{s2}}{\partial x} \\[3mm] \dfrac{\partial r_{s1}}{\partial y} & \dfrac{\partial r_{s2}}{\partial y} \end{bmatrix} \tag{7.27}$$

其中

$$\frac{\partial r_{si}}{\partial x} = \frac{x - x_0}{r_0} + \frac{x - x_i}{r_i}$$
$$\frac{\partial r_{si}}{\partial y} = \frac{y - y_0}{r_0} + \frac{y - y_i}{r_i} \tag{7.28}$$

根据信号检测与估计理论中的高斯 – 马尔可夫定理，使用最佳线性无偏估计器（BLUE）对式(7.26)进行求解，可得 $\mathrm{d}\boldsymbol{y}$ 的最佳线性无偏估计，即

$$\mathrm{d}\hat{\boldsymbol{y}} = (\boldsymbol{H}^{\text{T}}\boldsymbol{Q}^{-1}\boldsymbol{H})^{-1}\boldsymbol{H}^{\text{T}}\boldsymbol{Q}^{-1}\mathrm{d}\boldsymbol{y} \tag{7.29}$$

定位估计误差方差为：

$$\text{var}(\mathrm{d}\hat{\boldsymbol{y}}) = (\delta_x^2, \delta_y^2, \delta_z^2) = \text{diag}[(\boldsymbol{H}^{\text{T}}\boldsymbol{Q}^{-1}\boldsymbol{H})^{-1}] \tag{7.30}$$

式中：$\boldsymbol{Q}$ 为噪声协方差矩阵，且有

$$\boldsymbol{Q} = \begin{bmatrix} \delta_{r_{s1}}^2 & 0 \\ 0 & \delta_{r_{s2}}^2 \end{bmatrix} \qquad (7.31)$$

由此可得 GDOP 为

$$\mathrm{GDOP} = \sqrt{\delta_x^2 + \delta_y^2} = \sqrt{\mathrm{trace}\left(\boldsymbol{H}^{\mathrm{T}}\boldsymbol{Q}^{-1}\boldsymbol{H}\right)^{-1}} \qquad (7.32)$$

根据椭圆交叉定位系统精度分析结果,分别给出一字型布站下基线长度为 60km 和 100km 时系统 GDOP 分布。

接收站接收到的信息均来自于调频广播信号,预设参数在 200km × 200km 卡西尼卵形线上,单源的距离和测量误差 $\sigma_r = 300\mathrm{m}$。融合得到 GDOP 分布见图 7.8 ~ 图 7.9。基线长度 60km 时,在 250km × 250km 和 ±45° 扇区内 GDOP 分布均优于 2.4km。

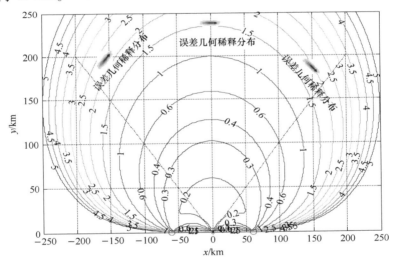

图 7.8　基于 FM 信号的椭圆交叉定位(基线 60km)(见彩图)

而基线修改为 100km,在 250km × 250km 处,由于基线增大,±45° 扇区内 GDOP 分布均优于 1.5km。

#### 7.5.2.2　多普勒/距离和联合定位法

假设外辐射源雷达位于坐标原点,两个辐射源发射台站分别位于 $(x_i, y_i)$ $(i = 1, 2)$,目标的位置为 $(x, y)$,可以建立定位的数学模型如式(7.25)所示
式中

$$\boldsymbol{y} = (r_{s1}, r_{s2}, f_{d1}, f_{d2})^{\mathrm{T}}, \boldsymbol{x} = (x, y)^{\mathrm{T}}$$

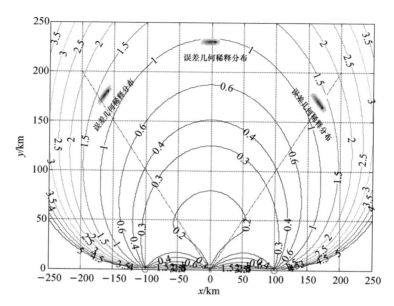

图 7.9　基于 FM 信号的椭圆交叉定位(基线 100km)(见彩图)

对 $x$ 和 $y$ 求全微分,可得式(7.26)

式中:$\mathrm{d}\boldsymbol{y} = (\mathrm{d}r_{s1}, \mathrm{d}r_{s2}, \mathrm{d}f_{d1}, \mathrm{d}f_{d2})^{\mathrm{T}}$;$\mathrm{d}\boldsymbol{x} = (\mathrm{d}x, \mathrm{d}y)^{\mathrm{T}}$;$\boldsymbol{H}$ 为雅可比矩阵,且有

$$\boldsymbol{H} = \begin{bmatrix} \dfrac{\partial r_{s1}}{\partial x} & \dfrac{\partial r_{s2}}{\partial x} & \dfrac{\partial f_{d1}}{\partial x} & \dfrac{\partial f_{d2}}{\partial x} \\[2mm] \dfrac{\partial r_{s1}}{\partial y} & \dfrac{\partial r_{s2}}{\partial y} & \dfrac{\partial f_{d1}}{\partial y} & \dfrac{\partial f_{d2}}{\partial y} \end{bmatrix}^{\mathrm{T}} \tag{7.33}$$

其中

$$\begin{cases} \dfrac{\partial f_{di}}{\partial x} = -\dfrac{1}{\lambda} \left\{ \dfrac{(y - y_0)[v_x(y - y_0) - v_y(x - x_0)]}{r_0^3} \right. \\ \qquad\qquad \left. + \dfrac{(y - y_i)[v_x(y - y_i) - v_y(x - x_i)]}{r_i^3} \right\} \\[3mm] \dfrac{\partial f_{di}}{\partial y} = -\dfrac{1}{\lambda} \left\{ \dfrac{(x - x_0)[v_y(x - x_0) - v_x(y - y_0)]}{r_0^3} \right. \\ \qquad\qquad \left. + \dfrac{(x - x_i)[v_y(x - x_i) - v_x(y - y_i)]}{r_i^3} \right\} \\[3mm] \dfrac{\partial r_{si}}{\partial x} = \dfrac{(x - x_0)}{r_0} + \dfrac{(x - x_i)}{r_i} \\[3mm] \dfrac{\partial r_{si}}{\partial y} = \dfrac{(y - y_0)}{r_0} + \dfrac{(y - y_i)}{r_i} \end{cases} \tag{7.34}$$

噪声协方差矩阵为

$$\boldsymbol{Q} = \begin{bmatrix} \delta_{r_{s1}}^2 & 0 & 0 & 0 \\ 0 & \delta_{r_{s2}}^2 & 0 & 0 \\ 0 & 0 & \delta_{f_{d1}}^2 & 0 \\ 0 & 0 & 0 & \delta_{f_{d2}}^2 \end{bmatrix} \tag{7.35}$$

由此可得 GDOP 为

$$\mathrm{GDOP} = \sqrt{\delta_x^2 + \delta_y^2} = \sqrt{\mathrm{trace}(\boldsymbol{H}^\mathrm{T} \boldsymbol{Q}^{-1} \boldsymbol{H})^{-1}} \tag{7.36}$$

当外辐射源雷达接收到的数据均来自于调频广播信号。假设两发射源频率分布为 93.5MHz 和 107.8MHz。同样设定 200km×200km 处,各源的距离和测量误差仍然设 $\sigma_r = 300\mathrm{m}$。而多普勒频率的测量误差设为 0.15Hz。分析基线 60km 的目标不同运动速度下的 GDOP 分布。

仿真分析,在 60km 基线下 250km×250km 处, ±45°扇区内,航速为 300m/s、航向为 90°的目标和航速为 200m/s、航向为 90°的目标,GDOP 均优于 0.51km。图 7.10(a)、(b)分别显示仿真的不同目标速度下的误差分布情况。

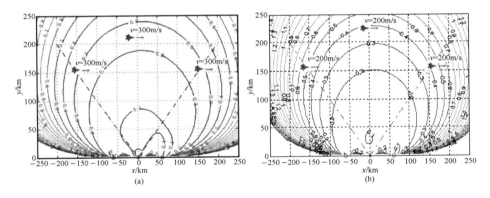

图 7.10　距离和 – 多普勒定位(基线为 60km,航向为 90°)(见彩图)

当航速为 200m/s,航向为 180°,GDOP 均优于 1.6km。图 7.11(a)、(b)分别显示仿真不同速度下的精度分布情况。

同样参数,将航向设为 315°,GDOP 均优于 2km;航速为 200m/s,航向为 315°,GDOP 均优于 2.5km。图 7.12(a)、(b)分别显示仿真的 GDOP 分布情况。

### 7.5.3　定位算法的试验分析

试验中,我们合理配置多源协同探测试验平台。试验采集记录了并行输出

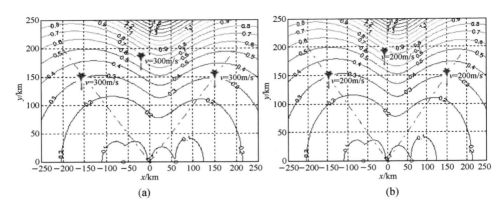

图 7.11　FM 源的距离和 - 多普勒定位(基线为 60km,航向为 180°)(见彩图)

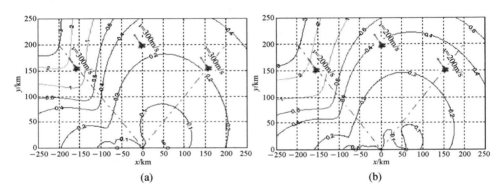

图 7.12　FM 源的距离和 - 多普勒定位(基线为 60km,航向为 315°)(见彩图)

的各源点迹数据文件(包括距离、方位、时间),以及记录了民航 ADS - B 点迹数据。

　　试验中利用两个不同方向的调频广播电台,发射频率分别为 A 频率 93.5MHz 和 B 频率 108.4MHz。以 ADS - B 记录的民航点迹数据看作目标的真实位置,对多批目标分别计算两种定位算法的定位点迹。分别通过距离和椭圆交叉定位和距离和/多普勒联合定位进行数据处理,并进行对比。

　　表 7.2 给出 ADS - B 航班文件与单源点迹文件批号的对应关系:

表 7.2　ADS - B 航班文件与单源点迹文件批号对应关系表

| 航班号 | 780720 | 79A011 | 7808A2 |
|---|---|---|---|
| 批号 | T995 | T960 | T024 |

　　以上面三批目标为例,对两种定位算法进行分析。图 7.13、图 7.14 和图 7.15 的(a)中,蓝色和绿色圆圈分布代表信号处理模块输出的两个发射频率下探测到的点迹,红色曲线为多普勒/距离和联合定位跟踪曲线。

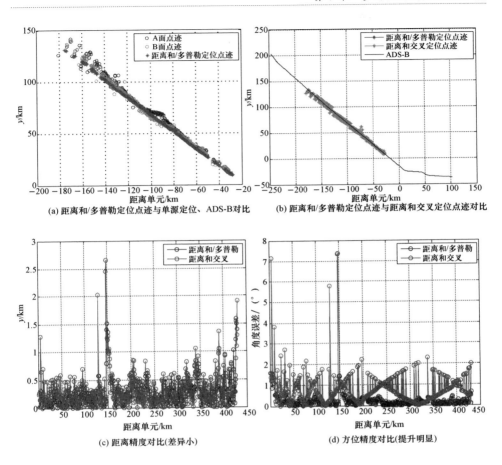

(a) 距离和/多普勒定位点迹与单源定位、ADS-B对比　　(b) 距离和/多普勒定位点迹与距离和交叉定位点迹对比

(c) 距离精度对比(差异小)　　(d) 方位精度对比(提升明显)

图 7.13　780720 航班点迹分析(见彩图)

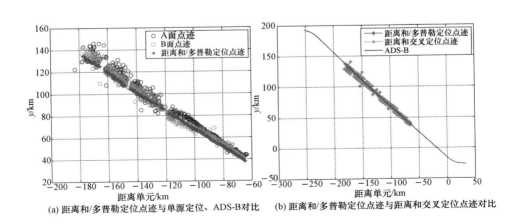

(a) 距离和/多普勒定位点迹与单源定位、ADS-B对比　　(b) 距离和/多普勒定位点迹与距离和交叉定位点迹对比

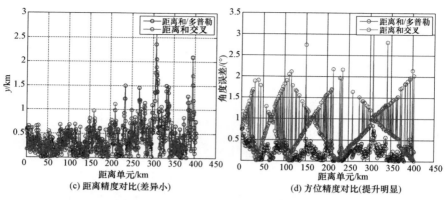

(c) 距离精度对比(差异小)　　　　　　(d) 方位精度对比(提升明显)

图 7.14　79A011 航班点迹分析(见彩图)

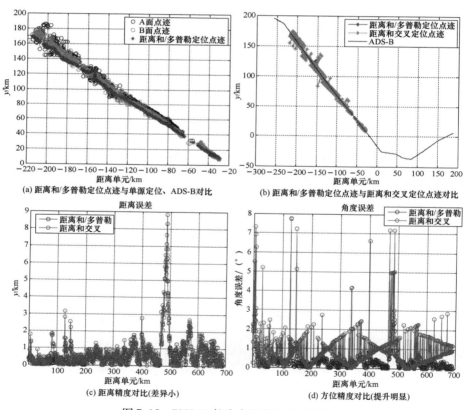

(a) 距离和/多普勒定位点迹与单源定位、ADS-B对比　　(b) 距离和/多普勒定位点迹与距离和交叉定位点迹对比

(c) 距离精度对比(差异小)　　　　　　(d) 方位精度对比(提升明显)

图 7.15　7808A2 航班点迹分析(见彩图)

　　将 ADS – B 系统的轨迹作为目标的真实飞行轨迹,图 7.13、图 7.14 和图 7.15的中将两种定位算法得到的定位跟踪曲线与 ADS – B 中飞行记录数据进行比较。由图可以看出距离和交叉定位点迹会在左右跳动,而距离和/多普勒

定位方法能有效抑制交叠弧面点迹摆动,提高定位角精度,如图 7.13(d)所示。

为了验证算法的普适性,表 7.3 给出两种定位算法的定位精度量化比较。

表 7.3　定位精度量化比较

| 雷达航迹号 | 民航航迹号 | 民航航班号 | 距离和/多普勒定位误差/m | 交叉定位误差/m | 跟踪点迹数 |
|---|---|---|---|---|---|
| T024 | 7808A2 | CHH7736 | 697 | 928 | 692 |
| T995 | 780720 | CES2991 | 587 | 993 | 432 |
| T960 | 79A011 | CES5275 | 750 | 1093 | 405 |

采集多组试验数据,通过多源协同联合定位的性能分析可以看出,在相同的距离和、角度和多普勒测量误差下:

(1)在 $T^2R$ 条件下,距离和/多普勒联合定位的精度要高于距离和椭圆交叉定位方法。其中,几何稀释精度和方位角精度有明显提高。在外辐射源系统中,多源的距离和/多普勒联合定位方法达到预计的能力。

(2)加入多普勒信息可以提升对机动目标的跟踪能力,但必须配合相应的机动跟踪算法,提高航迹质量。

## 7.6　外辐射源雷达目标跟踪技术

在机载单站测角被动跟踪系统中,为了使系统可观测,对平台运动提出了苛刻的要求,即平台的运动阶数必须高于目标的运动阶数,且传感器的观测方向与运动方向不能在一条直线上。但即使满足这些条件,基于 EKF 的被动式单站跟踪性能也不尽如人意[19-21]。

被动式跟踪系统在笛卡儿坐标系下建立的系统状态方程通常是线性方程,量测方程是非线性方程。另外,由于它的量测不完备性,整个系统被定义为是一个弱可观测、强非线性系统[22]。对于这类非线性系统,因为它需要处理无穷维积分运算[23,24],要得到精确的最优滤波解很困难甚至不可能,只能通过一些近似非线性滤波方法给出其次优解。这些近似非线性滤波可以归为:函数近似(解析近似)、确定性采样近似和随机性采样近似三类,见表 7.4 所列。

表 7.4　近似非线性滤波算法与分类

| 近似方法 | 函数近似 | | 确定性采样近似 | 随机性采样近似 |
|---|---|---|---|---|
| | 泰勒级数展开 | 插值多项式展开 | | |
| 标准算法 | EKF | DDF/CDF | UKF | PF |
| 改进算法 | U-D 分解、L-D 分解、二阶 EKF、迭代 EKF、平方根滤波 | 高斯混合 DDF、平方根 DDF | 高斯混合 UKF、平方根 UKF | EPF、UPF、RPF、APF 等 |

在实际应用中,由于实时处理和计算存储量的要求,通常选用递归贝叶斯方法来求解此类问题[25]。递归贝叶斯估计的核心思想是基于所获得的量测,求得非线性系统状态矢量的概率密度函数,即系统状态估计完整描述的后验概率密度函数。在递归贝叶斯估计中,根据动态系统噪声模型的不同,算法可以大体分为针对高斯噪声动态模型的滤波算法簇和针对非高斯噪声动态模型的滤波算法簇两大类:

## 7.6.1　状态空间模型

Kalman 在现代控制理论中的一个重大的贡献是提出了动态系统的状态空间法。该方法不仅仅适用于控制理论,而且适用于许多动态随机过程。该方法的核心思想有三点:①引入状态变量概念;②建立描述状态变化的模型——状态方程;③给出了对状态进行观测的观测方程。状态是比信号更广泛、更灵活的概念,它非常适合处理多变量系统,也非常适合处理信号估值问题,信号可视为状态或状态的分量,系统状态变量是能体现系统特征、特点和状况的变数。例如在目标跟踪问题中,可以将位置视为目标的状态,也可以将位置、速度、加速度视为目标的状态。状态变量的维数依具体问题和具体要求而定。

状态空间方法的关键技术包括状态空间模型和基于射影理论的状态估计方法。状态方程是描写状态变化规律的模型,它描写了相邻时刻的状态转移变化规律。观测方程描写对状态进行观测的信息,通常含有观测噪声,且通常只能对部分状态变量进行观测。通常用 $n \times 1$ 的列矢量表示状态变量,$n$ 是状态的维数。在 $t$ 时刻 $x(t)$ 取值于 $n$ 维欧氏空间 $\Re^n$ 中的点,即 $x(t) \in \Re^n$,$\Re^n$ 即状态空间,利用状态空间模型可以将传统模型转化为成相应的状态模型。

下面给出在离散滤波中建立动态方程和观测方程所需要的定义。

**定义 7.1**　采样时间间隔 $\Delta t$:系统采样间隔通常由系统点迹数据率需求以及系统的实时信号处理能力而定。

**定义 7.2**　状态矢量 $\boldsymbol{x}_k$:$\boldsymbol{x}_k$ 表示在时刻 $t = k\Delta t$ 系统的状态采样。

**定义 7.3**　状态序列 $x_{1:k}$:$x_{1:k} = \{x_1, x_2, \cdots, x_k\}$ 表示 $t = \Delta t, 2\Delta t, \cdots, k\Delta t$ 内的一个状态序列。

正因为状态演化过程中的噪声或过程本身的不确定性,$x_k$ 通常视为随机变数。通常假设存在一个观测过程传递这类未知的系统状态序列所包含的信息。类似于系统状态序列的定义,观测矢量和观测序列定义如下:

**定义 7.4**　观测矢量 $z_k$:$z_k$ 表示在时刻 $t = k\Delta t$ 系统产生的观测矢量。由于随机观测噪声的影响,观测矢量 $z_k$ 是随机变量。

**定义 7.5**　观测序列 $z_{1:k}$:$z_{1:k} = \{z_1, z_2, \cdots, z_k\}$ 表示 $t = \Delta t, 2\Delta t, \cdots, k\Delta t$ 内的一个观测序列。

在状态空间模型内相应的动态方程和观测方程分别为

$$\boldsymbol{x}_{k+1} = \boldsymbol{f}(x_k) + \boldsymbol{w}_k \tag{7.37}$$

$$\boldsymbol{z}_k = \boldsymbol{h}(x_k) + \boldsymbol{v}_k \tag{7.38}$$

## 7.6.2  贝叶斯滤波基本原理

贝叶斯滤波原理的实质是试图用所有已知信息来构造系统状态变量的后验概率密度,即用系统状态转移模型预测状态的先验概率密度,再使用最近的观测值进行修正,得到后验概率密度。这样,通过观测数据 $z_{1:k}$ 来递推计算状态 $x_k$ 取不同值时的置信度 $p(x_k|z_{1:k})$,由此获得状态的最优估计,其基本步骤分为预测和更新两步。

假设已知概率密度的初始值 $p(x_0|z_0) = p(x_0)$,并定义 $x_k$ 为系统状态(目标的运动状态,如位移、旋转、尺度等), $z_k$ 为对系统的观测值。

递推过程分为两个步骤:

第一步:预测,即由系统的状态转移模型,在未获得 $k$ 时刻的观测值时,实现先验概率 $p(x_{k-1}|z_{1:k-1})$ 至先验概率 $p(x_k|z_{1:k-1})$ 的推导。

假设在 $k+1$ 时刻, $p(x_{k-1}|z_{1:k-1})$ 是已知的,对于一阶马尔可夫过程( $k$ 时刻的概率仅与 $k+1$ 时刻的概率有关),由 Chapman – Kolmogorov 方程,有

$$p(x_k \mid z_{1:k-1}) = \int p(x_k \mid x_{k-1}) p(x_{k-1} \mid z_{1:k-1}) \mathrm{d}x_{k-1} \tag{7.39}$$

即得到不包含 $k$ 时刻观测值的先验概率,并可以由系统的状态转移概率 $p(x_k|x_{k-1})$ 来计算。

第二步:更新,即由系统的观测模型,在获得 $k$ 时刻的观测值 $z_k$ 后实现先验概率 $p(x_k|z_{1:k-1})$ 至后验概率 $p(x_k|z_{1:k})$ 的推导。

根据贝叶斯公式可得

$$p(x_k|z_{1:k}) = \frac{p(z_{1:k}|x_k)p(x_k)}{p(z_{1:k})} = \frac{p(z_k,z_{1:k-1}|x_k)p(x_k)}{p(z_k,z_{1:k-1})} \tag{7.40}$$

其中利用了 $p(z_{1:k}|x_k) = p(z_k,z_{1:k-1}|x_k)$ , $p(z_{1:k}) = p(z_k,z_{1:k-1})$ 。

由条件概率定义

$$p(z_k,z_{1:k-1}) = p(z_k|z_{1:k-1})p(z_{1:k-1}) \tag{7.41}$$

由联合分布概率公式

$$p(z_k,z_{1:k-1}|x_k) = p(z_k|z_{1:k-1},x_k)p(z_{1:k-1}|x_k) \tag{7.42}$$

又根据贝叶斯公式

$$p(z_{1:k-1}|x_k) = \frac{p(x_k|z_{1:k-1})p(z_{1:k-1})}{p(x_k)} \tag{7.43}$$

假设各次观测之间统计独立,即有

$$p(z_k|z_{1:k-1},x_k) = p(z_k|x_k) \tag{7.44}$$

将式(7.41)~式(7.44)代入式(7.40),可得

$$p(x_k|z_{1:k}) = \frac{p(z_k|x_k)p(x_k|z_{1:k-1})}{p(z_k|z_{1:k-1})} \tag{7.45}$$

式中:$p(z_k|x_k)$为似然性,表征系统状态由 $x_{k-1}$ 转移到 $x_k$ 后和观测值的相似程度;$p(x_k|z_{1:k-1})$为上一步系统状态转移过程所得,称为先验概率;$p(z_k|z_{1:k-1})$称为证据,一般是归一化常数。

这样式(7.39)和式(7.45)构成了一个由先验概率 $p(x_{k-1}|z_{1:k-1})$ 推导至后验概率 $p(x_k|z_{1:k})$ 的递推过程。首先由 $k$ 时刻的先验概率 $p(x_{k-1}|z_{1:k-1})$($k-1$ 时刻的后验概率)出发,利用系统状态转移模型来预测系统状态的先验概率密度 $p(x_k|z_{1:k-1})$,再使用当前的观测值 $z_k$ 进行修正,得到 $k$ 时刻的后验概率密度 $p(x_k|z_{1:k})$。

由上两步求得状态变量 $x_{0:k}$ 的后验概率分布 $p(x_{0:k}|z_{1:k})$ 后,根据蒙特卡罗仿真原理,那么任意函数 $g(\cdot)$ 的数学期望

$$E(g(x_{0:k})) = \int g(x_{0:k})p(x_{0:k}|z_{1:k})\mathrm{d}x_{0:k} \tag{7.46}$$

可以用

$$\overline{E(g(x_{0:k}))} = \frac{1}{N}\sum_{i=1}^{N} g(x_{0:k}^i) \tag{7.47}$$

来近似。其中离散样本 $\{x_{0:k}^i, i=0,\cdots,N\}$ 是从后验概率密度分布函数中产生的 $N$ 个点的独立同分布序列。当 $N$ 足够大时,$\overline{E(g(x_{0:k}))}$ 绝对收敛于 $E(g(x_{0:k}))$。

根据式(7.39)和式(7.45)可以得到一种求后验概率的递推方法,但这只是理论上的处理方法,实际上由于式(7.39)的积分很难实现,不可能进行精确的分析。在某些限制性条件下,有几种可实现的方法,如卡尔曼滤波器和网格滤波器。

### 7.6.3　EKF 原理

在利用贝叶斯方法对状态进行估计时,需要建立基于已获信息的后验概率密度函数。由于这个后验概率密度函数包含所有的目标统计信息,故可以认为它是目标估计的完全解。原则上讲,从后验概率密度函数可以获取一个最优估计。卡尔曼滤波就是贝叶斯估计的实现形式之一。

卡尔曼滤波理论是 Kalman 于 1960 年提出的,是贝叶斯估计对一类问题的解决方法之一。在后验概率密度函数、状态模型噪声以及观测噪声都是高斯分

布,状态方程、测量方程都是线性方程的限制条件下,它能使得状态估计协方差阵的迹最小化,从而得到关于状态的线性最小均方误差(MMSE)估计。

以 KF 为代表的线性滤波器在许多领域有着非常广泛的应用。近代估值理论和控制理论大部分是从线性无偏递推卡尔曼滤波技术出发来讨论的。

在目标跟踪领域,KF 主要用来解决目标航迹的最佳估计问题。但是其所使用的动态方程和观测方程均是线性的,或者假设传感器能够直接得到笛卡儿坐标系中的信息(位置、速度、加速度)。

但是在雷达目标跟踪等许多实际应用中,传感器所给出的是目标的斜距、方位角和俯仰角,量测和目标之间又是非线性关系。同时,目标的状态方程只有在笛卡儿坐标系中才是线性的。这就导致若在笛卡儿坐标系和极坐标系中,只选择在一个坐标系中建立系统动态方程,要么是状态方程是线性的观测方程是非线性的,要么状态方程是非线性的观测方程是线性的。这便是在现代雷达等跟踪中往往采用混合坐标系的原因。更加一般的情况是目标的状态方程和观测方程均为非线性方程。要得到非线性滤波问题的最优解,需要条件概率密度的完整确切的描述,这在实际中是无法实现的,目前工程上广泛使用的各种非线性滤波方法都是近似的并只能得到次优解,EKF 就是其中最简单也是应用最广的一种方法。

### 7.6.3.1　基本 EKF 滤波算法

EKF 是先将随机非线性系统模型动态方程和观测方程 $f(\cdot)$ 和 $h(\cdot)$ 围绕滤波值线性化得到系统线性化模型,然后应用 KF 基本方程解决非线性滤波问题。首先将需要求解的问题定义如下:非线性离散系统可以用动态方程(7.37)和观测方程(7.38)描述。同时过程噪声和观测噪声仍然为白噪声,即满足

$$E(w_k)=0, E(w_k w_j')=\boldsymbol{Q}(k)\delta_{kj}, E(v_k)=0, E(v_k v_j')=\boldsymbol{R}(k)\delta_{kj} \qquad (7.48)$$

且过程噪声与测量噪声彼此独立,并且有初始状态估计 $\hat{x}_0$ 和协方差矩阵 $\boldsymbol{P}_0$。在 $k$ 的状态估计值为

$$\hat{x}_k = E(x_k|z_{1:k}) \qquad (7.49)$$

它是一个近似的条件均值,其对应的矩阵 $\boldsymbol{P}_k$ 也是近似的误差协方差矩阵。

EKF 滤波器是贝叶斯估计的一种实现,它区别于 KF 的地方是将非线性的状态方程与观测方程进行了一阶泰勒近似达到非线性方程线性化的目的,然后利用 KF 算法进行滤波。

为了获得状态转移矩阵,可以将非线性状态方程在上一时刻的估计值 $\hat{x}_k$ 处进行矢量函数一阶泰勒展开,即

$$x_{k+1} = f(\hat{x}_k) + \frac{\partial f}{\partial x_k}(x_k - \hat{x}_k) + \cdots + w_k \qquad (7.50)$$

定义 $F_k$ 是状态函数 $f(\cdot)$ 雅可比矩阵,称为状态转移矩阵,且有

$$F_k = \frac{\partial f}{\partial x_k}[\nabla_x f(x)]\mid_{x=\hat{x}_k}$$

$$\nabla_x = \left[\frac{\partial}{\partial x_k(1)}, \cdots, \frac{\partial}{\partial x_k(n)}\right]$$

式中:$x_k(i)$ 是矢量 $x_k$ 的第 $i$ 个分量。

省去式(7.50)的高阶项,可以得到 $k$ 时刻的预测值为

$$\hat{x}_{k+1|k} = f(\hat{x}_k) \qquad (7.51)$$

同样方法应用于观测方程,则观测矩阵为

$$H_{k+1} = \frac{\partial h}{\partial x}[\nabla_x H(x)]\mid_{x=\hat{x}_{k+1|k}}$$

得到状态转移矩阵和观测矩阵以后,可以利用 KF 算法进行滤波,具体算法如下:

(1)预测过程:

根据初始估计做状态预测,即

$$\hat{x}_{k+1|k} = f(\hat{x}_k) \qquad (7.52)$$

与其对应的预测误差协方差矩阵为

$$P_{k+1|k} = F_k P_k F_k^{\mathrm{T}} + Q_k \qquad (7.53)$$

(2)时间更新过程:

残差协方差矩阵为

$$S_{k+1} = H_{k+1} P_{k+1|k} H_{k+1}^{\mathrm{T}} + R_{k+1} \qquad (7.54)$$

滤波增益矩阵为

$$K_{k+1} = P_{k+1/k} H_{k+1}^{\mathrm{T}} S_{k+1}^{-1} \qquad (7.55)$$

滤波输出为

$$\hat{x}_{k+1} = \hat{x}_{k+1/k} + K_{k+1}(z_{k+1} - \hat{z}_{k+1/k}) \qquad (7.56)$$

式中:$\hat{z}_{k+1/k} = f[\hat{x}_{k+1/k}]$。

滤波协方差阵为

$$P_{k+1} = P_{k+1/k} - K_{k+1} S_{k+1} K_{k+1}^{\mathrm{T}} \qquad (7.57)$$

重复以上过程就可以实现跟踪过程。

EKF 算法总结如下:

(1)$S_{k+1}$ 观测的协方差矩阵,该矩阵在目标跟踪中被广泛地应用,特别是在

计算 Mahalanobis 距离(加权欧氏距离)是用于得到跟踪椭圆的大小。

（2）初始状态估计 $\hat{x}_0$ 和协方差矩阵 $P_0$ 已知。初始状态可以取一个经验值或是用常规方法求解出前若干次观测的结果,取平均。

（3）过程噪声协方差矩阵与观测噪声协方差矩阵均已知。这在实际系统中可根据系统测量精度的计算或估计得出。

EKF 算法在近几十年来一直是估值领域应用最广、最成熟的非线性递推滤波方法。但是由于其基于非线性状态方程和测量方程在状态预测值附近的局部线性化近似(通过对非线性系统一阶线性化,也就是泰勒级数展开在一阶截断),对变化后的分布的均值和方差进行估计时,估计包含了由于采用线性化而引进的线性化误差。特别是在强非线性、大初始估计误差等情况下,局部线性化可能会导致有偏估计甚至滤波发散。这一点在应用时应引起注意。

### 7.6.3.2　改进的机动目标的跟踪 EKF 算法

上述的 EKF 算法中,在状态空间中没有考虑对目标加速度的跟踪,所以对机动目标的跟踪效果不佳。对于机动目标的跟踪,可以把加速度分量加入上述算法的状态空间中,这一方法虽然可行,但是状态空间维数的增加会带来运算量的大幅增加,而且会导致算法的收敛性变差,为此使用下述方法。

目标的机动性根据 Quigley—Holmes 界 $J_0$ 来判定。

$$J = [f(\hat{x}_k) - z_{k+1}]^{\mathrm{T}} [H_{k+1}P_{k+1|k}H^{\mathrm{T}} + R_{k+1}]^{-1} [f(\hat{x}_k) - z_{k+1}] \qquad (7.58)$$

算法根据 $J$ 的大小来修改 $W(k)$,某一时刻若 $J \leqslant J_0$,则判决目标没有机动,$W(k) = W_0(k)$;若 $J \geqslant J_0$,则目标有机动,$W(k) = N \cdot W_0(k)$($N$ 根据实际情况选取,一般选大于 100)。算法的意义在于将机动目标的加速度当作较大的随机加速度扰动来处理,从而在目标机动时以较大的 $Q(k)$ 来得到较大来预测波门,从而捕捉位置变化迅速的目标。

## 7.6.4　粒子滤波器原理

### 7.6.4.1　贝叶斯重要性采样

如式(7.47)所示,一个函数的后验分布可以用一系列离散的粒子来近似表示,近似的程度高低依赖于粒子的数量 $N$。通常函数的后验分布密度是无法直接得到,而贝叶斯重要性采样定理描述了这个问题的求解方法。

贝叶斯重要性采样定理(BIS)是先从一个已知的,容易采样的参考分布 $q(x_{0:k}|z_{1:k})$ 中采样,通过对参考分布的采样粒子点进行加权来近似 $p(x_{0:k}|z_{1:k})$。

对式(7.46)做变形,可得

$$E(g(x_{0:k})) = \int g(x_{0:k}) \frac{p(x_{0:k} \mid z_{1:k})}{q(x_{0:k} \mid z_{1:k})} q(x_{0:k} \mid z_{1:k}) \mathrm{d}x_{0:k} \tag{7.59}$$

由贝叶斯公式可得

$$p(x_{0:k} \mid z_{1:k}) = \frac{p(z_{1:k} \mid x_{0:k}) p(x_{0:k})}{p(z_{1:k})} \tag{7.60}$$

将式(7.60)代入式(7.59),可得

$$E(g(x_{0:k})) = \int g(x_{0:k}) \frac{p(z_{1:k} \mid x_{0:k}) p(x_{0:k})}{p(z_{1:k}) q(x_{0:k} \mid z_{1:k})} q(x_{0:k} \mid z_{1:k}) \mathrm{d}x_{0:k}$$

$$= \int g(x_{0:k}) \frac{w_k(x_{0:k})}{p(z_{1:k})} q(x_{0:k} \mid z_{1:k}) \mathrm{d}x_{0:k} \tag{7.61}$$

式中

$$w_k(x_{0:k}) = \frac{p(z_{1:k} \mid x_{0:k}) p(x_{0:k})}{q(x_{0:k} \mid z_{1:k})} \tag{7.62}$$

其中

$$p(z_{1:k}) = \int p(z_{1:k}, x_{0:k}) \mathrm{d}x_{0:k}$$

$$= \int \frac{p(z_{1:k} \mid x_{0:k}) p(x_{0:k}) q(x_{0:k} \mid z_{1:k})}{q(x_{0:k} \mid z_{1:k})} \mathrm{d}x_{0:k}$$

$$= \int w_k(x_{0:k}) q(x_{0:k} \mid z_{1:k}) \mathrm{d}x_{0:k} \tag{7.63}$$

将式(7.63)代入式(7.61)可得

$$E(g(x_{0:k})) = \frac{\int g(x_{0:k}) w_k(x_{0:k}) q(x_{0:k} \mid z_{1:k}) \mathrm{d}x_{0:k}}{\int w_k(x_{0:k}) q(x_{0:k} \mid z_{1:k}) \mathrm{d}x_{0:k}} \tag{7.64}$$

从参考分布中采样后,数学期望近似表示为

$$\overline{E(g(x_{0:k}))} = \frac{\frac{1}{N} \sum_{i=1}^{N} g(x_{0:k}^{(i)}) w_k(x_{0:k}^{(i)})}{\frac{1}{N} w_k(x_{0:k}^{(i)})} = \sum_{i=1}^{N} g(x_{0:k}^{(i)}) \widetilde{w}_k(x_{0:k}^{(i)}) \tag{7.65}$$

式中: $\widetilde{w}_k(x_{0:k}^{(i)}) = \dfrac{w_k(x_{0:k}^{(i)})}{\sum\limits_{i=1}^{N} w_k(x_{0:k}^{(i)})}$ 为归一化权值, $x_{0:k}^{(i)}$ 是从 $q(x_{0:k} \mid z_{1:k})$ 采样得到。

### 7.6.4.2　序贯重要性采样

为了对后验分布进行递推形式的估计,将上述 BIS 算法写成序列形式,即序

贯重要性采样(SIS)算法[26]。此时将参考分布 $q(x_{0:k}|z_{1:k})$ 改写为

$$q(x_{0:k}|z_{1:k}) = q(x_k|x_{0:k-1}, z_{1:k}) q(x_{0:k-1}|z_{1:k-1}) \qquad (7.66)$$

假设系统的观测模型服从马尔可夫过程,则通过由 $q(x_{0:k-1}|z_{1:k-1})$ 采样得到的支撑点集 $x_{0:k-1}^i$ 和由 $q(x_{0:k}|x_{0:k-1}, z_{1:k})$ 采样得到的支撑点 $x_k^i$ 可以获得新的支撑点 $x_{0:k}^i$。

权值更新公式可以做进一步推导,将式(7.73)代入式(7.69)可得

$$w_k(x_{0:k}) = \frac{p(z_{1:k}|x_{0:k}) p(x_{0:k})}{q(x_k|x_{0:k-1}, z_{1:k}) q(x_{0:k-1}|z_{1:k-1})} \qquad (7.67)$$

因为

$$w_{k-1}(x_{0:k-1}) = \frac{p(z_{1:k-1}|x_{0:k-1}) p(x_{0:k-1})}{q(x_{0:k-1}|z_{1:k-1})} \qquad (7.68)$$

合并式(7.67)、式(7.68)可得

$$w_k(x_{0:k}) = w_{k-1}(x_{0:k-1}) \frac{p(z_{1:k}|x_{0:k}) p(x_{0:k})}{p(z_{1:k-1}|x_{0:k-1}) p(x_{0:k-1}) q(x_k|x_{0:k-1}, z_{1:k})}$$

$$= w_{k-1}(x_{0:k-1}) \frac{p(z_k|x_k) p(x_k|x_{k-1})}{q(x_k|x_{0:k-1}, z_{1:k})} \qquad (7.69)$$

进一步,如果状态估计的过程是最优估计,则参考分布概率密度函数只依赖于 $x_{k-1}$ 和 $z_k$,即

$$q(x_k|x_{0:k-1}, z_{1:k}) = q(x_k|x_{k-1}, z_k) \qquad (7.70)$$

进行抽样后,对每一个粒子赋予权值 $w_k^i(x_{0:k})$,将式(7.70)代入式(7.67),可得

$$w_k(x_{0:k}) = w_{k-1}(x_{0:k-1}) \frac{p(z_k|x_k^i) p(x_k|x_{k-1}^i)}{q(x_k|x_{k-1}^i, z_k)} \qquad (7.71)$$

这样,参考分布的选择的关键是如何合理选择 $q(x_k|x_{k-1}^i, z_k)$,当然 $q(x_k|x_{k-1}^i, z_k)$ 的最优选取方式为

$$q(x_k|x_{k-1}^i, z_k)_{\text{opt}} = p(x_k|x_{k-1}^i, z_k) \qquad (7.72)$$

在这种选择下,参考分布 $q(x_k|x_{k-1}^i, z_k)$ 等于真实分布,则对于任意 $x_{k-1}^i$,都有权值 $w_k^i = 1/N$,$\text{var}(w_k^i) = 0$,此时

$$w_k(x_{0:k}) = w_{k-1}(x_{0:k-1}) \int p(z_k|x_k') p(x_k'|x_{k-1}^i) \mathrm{d}x_k' \qquad (7.73)$$

上述参考分布的最优选择方法带来的问题是，$p(x_k^i | x_{k-1}^i, z_k)$ 无法直接获得，而且上式的积分一般无法求解。

一般情况下，选取先验密度函数作为参考分布：

$$q(x_k^i | x_{k-1}^i, z_k) = p(x_k | x_{k-1}^i) \tag{7.74}$$

式(7.81)代入式(7.71)可得

$$w_k(x_{0:k}) = w_{k-1}(x_{0:k-1}) p(z_k | x_k^i) \tag{7.75}$$

### 7.6.4.3 标准的粒子滤波器算法

对 SIS 算法增加再采样步骤后，就形成了标准粒子滤波算法。

假定一组随机样本 $\{x_{k-1}^1, x_{k-1}^2, \cdots, x_{k-1}^N\}$，$k-1$ 时刻服从先验概率密度函数为 $p(x_{k-1} | z_{1:k-1})$ 的分布，粒子滤波通过对样本进行时间更新和测量更新，使得 $\{x_k^1, x_k^2, \cdots, x_k^N\}$ 大致服从以 $p(x_k | z_{1:k})$ 为概率密度函数的分布。也就是说，粒子滤波试图通过调节样本的分布来描述所需的后验概率密度函数。

在状态初始概率分布 $p(x_0)$，过程噪声的分布 $p(w_k)$ 以及似然函数 $p(z_k | x_k)$ 已知的条件下，粒子滤波的具体实现步骤如下：

（1）初始化。$k=0$ 时，生成服从分布 $p(x_0)$ 的 $N$ 个样本 $\{\hat{x}_0^1, \hat{x}_0^2, \cdots, \hat{x}_0^N\}$，即根据分布 $p(x_0)$ 采样得到初始样本，可在 $p(x_0)$ 峰值处取样本数多些，在 $p(x_0)$ 小处取样本数少些。

（2）时间更新。$k=1, 2, \cdots, N$ 时，按系统方程 $x_{k|k-1}^i = f_{k-1}(x_{k-1}^i) + w_{k-1}^i$ 进行状态预测，则由 $\{x_{k-1}^1, \cdots, x_{k-1}^N\}$ 更新得到新的点集 $\{\hat{x}_k^1, \cdots, \hat{x}_k^N\}$。

（3）测量更新。$k$ 时刻，获得新测量值 $z_k$，则计算各个粒子的权值

$$\hat{w}_k^i = w_{k-1}^i p(z_k | x_{k|k-1}^i) \tag{7.76}$$

再进行权值的归一化

$$w_k^i = \hat{w}_k^i \Big/ \sum_{j=1}^N \hat{w}_k^j \tag{7.77}$$

（4）输出 $k$ 时刻的状态估计。状态估计和方差估计分别为

$$\bar{x}_k = \sum_{i=1}^N w_k^i \hat{x}_k^i \tag{7.78}$$

$$P_k = \sum_{i=1}^N w_k^i (\bar{x}_k - \hat{x}_k^i)(\bar{x}_k - \hat{x}_k^i)^\mathrm{T} \tag{7.79}$$

（5）重采样。粒子 $\{\hat{x}_k^1, \hat{x}_k^2, \cdots, \hat{x}_k^N\}$ 服从 $p(x_k | z_{1:k-1})$ 分布，为使样本粒子服从 $p(x_k | z_{1:k})$，对样本进行重采样，即产生一组新样本 $\{x_k^1, x_k^2, \cdots, x_k^N\}$，满足

$p(x_k^i = \hat{x}_k^i) = w_k^i$。

（6）循环递归。在 $k+1$ 时刻,返回步骤(2)。

上述的粒子滤波过程如图 7.16 所示。

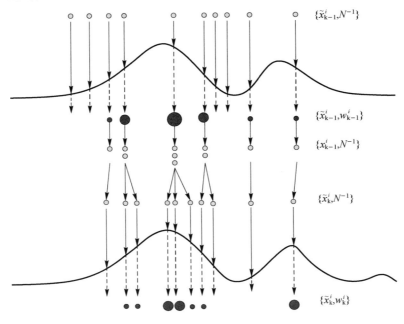

图 7.16　粒子滤波过程

关于粒子滤波器的一些说明:

（1）初始化过程中,在先验分布未知的情况下,可取 $p(x_0)$ 为均匀分布。近年来,有研究认为初始阶段先验分布的选取对贝叶斯估计结果的影响是很小的。

（2）测量更新过程中,测量误差服从正态分布时,有

$$p(z_k \mid \hat{x}_k^i) = \frac{1}{\sqrt{(2\pi)^n |R|}} \exp\left\{ -\frac{1}{2}\left[ z_k - h(\hat{x}_k^i) \right]^{\mathrm{T}} R^{-1}\left[ z_k - h(\hat{x}_k^i) \right] \right\} \quad (7.80)$$

式中:$|R|$ 为测量误差协方差矩阵的行列式。

对于测量误差服从非正态分布的情况,需要代入相应的概率密度函数进行计算。从式(7.80)可以看出,如果由样本粒子 $\hat{x}_k^i$ 计算得到的 $h(\hat{x}_k^i)$ 与测量值 $z_k$ 接近,说明 $\hat{x}_k^i$ 和真实值较为接近,由它计算出来的权值较大;反之,如果 $h(\hat{x}_k^i)$ 与测量值 $z_k$ 相差较大,由它计算出来的权值应较小。

（3）输出 $k$ 时刻的状态估计时。直观上可认为,准确的估计值相应加权较大,使得估计值 $\bar{x}_k$ 接近于真实值 $x_k$。理论上讲,根据离散型随机变量数学期望的定义,状态估计可按下式进行:

$$E(x_k) = x_k^1 p(x_k = x_k^1) + x_k^2 p(x_k = x_k^2) + \cdots + x_k^N p(x_k = x_k^N) \qquad (7.81)$$

式中：$p(x_k = x_k^j)$ 为随机变量的分布率，即 $x_k$ 取各个可能值的概率。

因此，当 $N$ 趋于无穷时，估计值趋于随机变量的数学期望。

### 7.6.4.4　序贯重要性采样的退化现象

序贯重要性取样方法中存在的问题是权值退化，即粒子经过几次迭代之后，会出现其中的一个粒子的归一化权值趋于 1，而其他粒子的重要性可忽略不计的现象，导致许多状态更新的轨迹对估计不起任何作用，在浪费大量计算资源的同时降低了粒子滤波器的性能。权值退化问题主要原因是重要性权值的方差随时间变化不断增加。为了解释这一点，将式（7.62）展开如下：

$$
\begin{aligned}
w_k(x_{0:k}) &= \frac{p(z_{1:k}|x_{0:k})p(x_{0:k})}{q(x_{0:k}|z_{1:k})} \\
&= \frac{p(z_{1:k}, x_{0:k})p(x_{0:k})}{q(x_{0:k}|z_{1:k})} \\
&= \frac{p(x_{0:k}|z_{1:k})p(z_{1:k})}{q(x_{0:k}|z_{1:k})} \\
&\propto \frac{p(x_{0:k}|z_{1:k})}{q(x_{0:k}|z_{1:k})} \qquad (7.82)
\end{aligned}
$$

式（7.82）最后一行的算式称为重要性比，可以证明，它的方差随着时间的增加而增加，随之带来重要性权值方差的增加。重要性权值方差的增加会引起粒子的退化现象。理解如下：

在理想情况下，如果能够直接从 $q(x_k|x_{k-1}^i, z_k)_{opt} = p(x_k|x_{k-1}^i, z_k)$ 分布中取样，则如

$$E_{q(x_{0:k}|z_{1:k})}\left(\frac{p(x_{0:k}|z_{1:k})}{q(x_{0:k}|z_{1:k})}\right) = 1 \qquad (7.83)$$

$$\mathrm{var}_{q(x_{0:k}|z_{1:k})}\left(\frac{p(x_{0:k}|z_{1:k})}{q(x_{0:k}|z_{1:k})}\right) = E_{q(x_{0:k}|z_{1:k})}\left(\left(\frac{p(x_{0:k}|z_{1:k})}{q(x_{0:k}|z_{1:k})} - 1\right)^2\right) = 0 \qquad (7.84)$$

所示，重要性权值的均值为 1、方差为 0，粒子滤波器可以达到很好的估计性能。

但在实际执行过程中，重要性权值的方差会随时间变化而不断增长，退化问题不可完全避免。Gordon[27] 于 1993 提出了在重要性取样步骤后加入选择步骤的 bootstrap 滤波算法，基本思想是复制高权值的粒子，抛弃低权值的粒子，重新分配权值并归一化。再取样方法主要包括 Multinomial 再取样方法、Systematic 再取样方法和 Residual 再取样方法，三种算法的复杂度都是 $O(N)$，Residual 算

法性能最高。由于再取样方法是在高权值的粒子区域取样,需不断复制大量相同的粒子,因此随着时间的改变,会慢慢损失粒子的多样性,给粒子滤波器带来许多新的问题。

### 7.6.4.5　参考分布的选择

从以上分析可以看出,参考分布的选取是粒子滤波器设计中很重要的一环,参考分布选取的好坏直接影响滤波器的性能。

理想情况下,如果能够直接从 $q(x_k|x_{k-1}^i,z_k)_{opt}=p(x_k|x_{k-1}^i,z_k)$ 分布中取样,可以使重要性权值的方差最小,但实际上这是不可能的,因为 $p(x_k|x_{k-1}^i,z_k)$ 是未知的,而且一般的方法很难逼近地描述它。

较为常用的方法是用状态转移概率分布 $p(x_k|x_{k-1})$ 来代替后验概率分布 $p(x_k|x_{k-1}^i,z_k)$,即

$$q(x_k|x_{k-1}^i,z_k)\approx p(x_k|x_{k-1}) \tag{7.85}$$

这种参考分布的选取比较容易实现,利用上一时刻的粒子输出以及过程噪声代入状态方程即可得到。然而由于这种分布没有包含最新的观测信息,会使得抽取得到的样本与真实的后验分布产生的样本存在着较大的偏差,特别是当似然函数位于系统状态转移概率密度的尾部或者观测精度较高时,这种偏差尤为明显。因此,很多样本由于其归一化权值很小(称为无效样本),从而使这种方法采样效率变低,影响粒子滤波器的性能。

选择合适的重要性密度函数对提高滤波性能非常重要,已经成为粒子滤波器设计中最关键的步骤,目前研究者已经研究了很多方法。文献[28]提出用扩展的卡尔曼滤波来产生重要性概率密度函数。尽管基于 EKF 的粒子滤波方法在估计性能上有所改善,但由于 EKF 在模型线性化和高斯假设中引入了过多的误差,其改进效果不是很明显。

无迹粒子滤波器(UPF),使用 UKF 产生重要性密度。试验表明 UPF 算法可以极大地减少 PF 所用的粒子数,因而大大缩短了运算时间,同时与普通的粒子滤波相比滤波精度也有很大的提高。

粒子滤波算法在性能方面具有很多优越性,但是可能存在的退化现象严重地制约了它的工程应用。因此,合理选择重要性密度函数来有效遏制退化现象,对促进粒子滤波算法获得广泛的应用具有非常重要的意义。

### 7.6.5　跟踪算法仿真试验

仿真试验一:初始化算法对外辐射源雷达跟踪精度的改善

建立平面笛卡儿坐标系,接收机 R 位于坐标原点,外辐射源分别位于

$T_1(-32,-33,0.05)$km、$T_2(0,-45,0.06)$km 和 $T_3(-10,-90,0.1)$km 处,距离和测量误差服从零均值的高斯分布,三个发射站对应的距离和测量误差标准差均为 $\sigma_\rho=200$m;假定目标的初始点位置为 $(-100,150,10)$km,其飞行的速度 $\dot{x}=200$m/s,$\dot{y}=-100$m/s,对其位置的初始估计为 $(-80,130,8)$km。假定目标在 $x$、$y$、$z$ 轴方向分别受到均值为 0,方差为 $1$m/s$^2$、$1$m/s$^2$、$0.01$m/s$^2$ 的随机扰动的影响。分别采用基本 EKF 方法与有初始化算法的 EKF 方法对目标进行跟踪,作 50 次蒙特卡罗仿真,结果如图 7.17 所示。

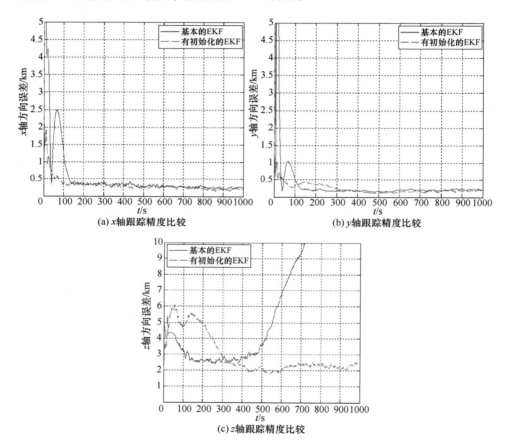

(a) $x$ 轴跟踪精度比较 　　　　　(b) $y$ 轴跟踪精度比较

(c) $z$ 轴跟踪精度比较

图 7.17　初始化算法对 EKF 滤波算法的改善

从图 7.17 可以看出,基本的 EKF 算法需要 150s 才能收敛,且 450s 以后高度维跟踪发散;利用初始化算法在 10s 内就可完成对目标初始位置较为准确的估计,有了初始位置,EKF 很快可以收敛,20s 内可以收敛到满足需要的精度范围,对应 200m 距离误差目标水平位置跟踪精度可达 300m,且高度维跟踪不发散;在图 7.17(c)中,由于受布站不理想,距离测量误差较大等因素影响以及目标主要在水平方向飞行导致算法在高度维调节不充分,目标高度维的跟踪结果依然存在一定的误差。在跟踪初始化阶段(前 20s 左右),有初始化的 EKF 算法很快获得了较高的精度,但跟踪进程转交到 EKF 算法后,均方误差却略有向上起伏,这在高度维表现得更加明显,这是 EKF 的跟踪调节过程(误差协方差矩阵的收敛过程),这和 EKF 自身收敛较慢的分析是一致的。利用跟踪滤波的方法,虽然三个发射站以及接收站的布站布局情况不理想,但是依然可以获得相当可观的定位精度。

仿真试验二:距离测量精度对外辐射源雷达跟踪精度的影响

距离和的测量精度对外辐射源雷达定位精度影响很大。外辐射源雷达跟踪同样如此,利用仿真试验一中的有初始化的 EKF 算法,分别取距离测量误差 $\sigma_\rho$ 为 200m 和 50m 两种情况,结果如图 7.18 所示。

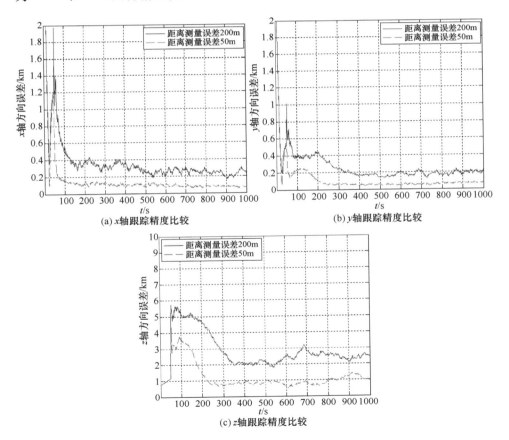

(a) x 轴跟踪精度比较　　　　　　(b) y 轴跟踪精度比较

(c) z 轴跟踪精度比较

图 7.18　不同的距离测量精度对外辐射源雷达跟踪的影响

从图 7.18 可以看出,较高的距离测量精度会带来较好的外辐射源雷达跟踪精度。但是距离测量误差增大 4 倍,跟踪误差大约增大 2 倍,这也说明了外辐射源雷达跟踪对于提高定位精度的优越性。

仿真试验三:布站布局对外辐射源雷达跟踪精度的影响

多个发射站与接收站之间的相对位置即布站布局对外辐射源雷达定位精度影响很大。良好的布站布局可以有效地提高定位精度。首先采用如仿真试验一的布站方式,利用有初始化的 EKF 算法,然后改变发射接收站的布局如下:接收机 R 坐标( -36,0,0.1 )km,辐射源分别位于 $T_1$( -108, -124.7,0 )km、$T_2$( -108,124.7,0 )km、$T_3$(108,0,0)km。其余仿真条件同仿真试验一,仿真结果如图 7.19 所示。

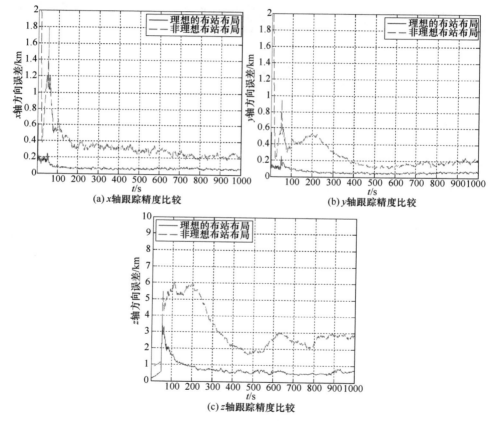

(a) $x$ 轴跟踪精度比较

(b) $y$ 轴跟踪精度比较

(c) $z$ 轴跟踪精度比较

图 7.19　不同的布站布局对外辐射源雷达跟踪的影响

从图 7.19 可以看出,如果采用了良好的布站布局(发射站满足正三角形分布,接收站位于该三角形的几何中心),取得非常好的跟踪效果,200m 的距离测量精度下可以达到 70 ~ 80m 的目标水平位置定位精度,且高度维的定位精度也大大的改善。

这就要求在实际的外辐射源雷达系统设计时,尽量选择分布较为理想的多个辐射站。值得注意的是,相比直接解算的方法,布站布局对外辐射源雷达跟踪的影响要小得多。

仿真试验四:不同的飞行姿态目标的外辐射源雷达跟踪

从仿真试验一可以看出,当目标处于水平飞行时,"三发一收"外辐射源雷达定位方法由于其固有的特性,对高度维的定位精度较差。然而如果目标在高度维上有速度分量时,此时 EKF 算法在高度维分量得到调节,可以得到较好的高度维跟踪精度。

图 7.20 分别是利用有初始化的 EKF 算法对水平飞行目标、慢速爬升目标(高度维速度分量 50m/s)以及快速爬升目标(高度维速度分量 500m/s)的跟踪结果。

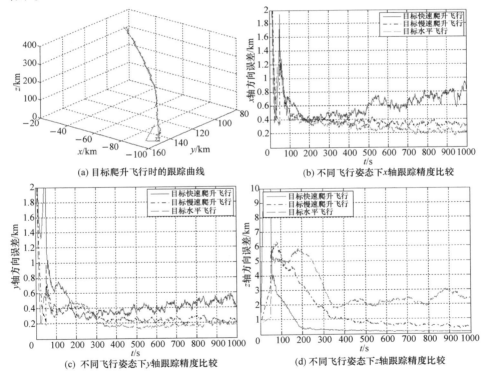

(a) 目标爬升飞行时的跟踪曲线　　(b) 不同飞行姿态下 x 轴跟踪精度比较

(c) 不同飞行姿态下 y 轴跟踪精度比较　　(d) 不同飞行姿态下 z 轴跟踪精度比较

图 7.20　目标不同的飞行姿态对外辐射源雷达跟踪的影响

仿真表明,目标的垂直分量速度越高,高度维的跟踪的精度越高。当目标快速爬升时,目标高度的跟踪精度大大提高,已经与水平坐标的精度相当,当然此时目标的水平定位精度有稍微地下降。

仿真试验五:机动目标的跟踪

布站布局以及接收站测量精度、目标的初始位置以及初始速度等条件同仿真试验一,目标在第 $450 \sim 550s$ 之间机动,加速度为 $a_x = -8\text{m/s}^2$,$a_y = 10\text{m/s}^2$。图 7.21 为仅利用初始化算法的 EKF 和机动目标跟踪 EKF 算法对上述目标进行跟踪的结果。

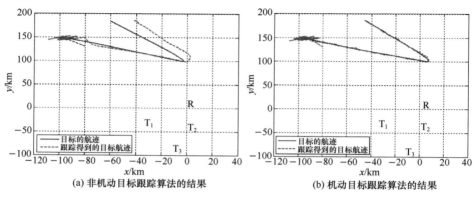

图 7.21  算法对机动目标的跟踪精度比较(见彩图)

从图 7.21 可以看出,二者均可较快的实现收敛;但机动目标跟踪算法可以很好地捕捉机动目标的飞行轨迹,从而精确的跟踪目标,而基本的 EKF 算法在目标做机动时出现了很大的偏差甚至发散。

仿真试验六:"两发一收"外辐射源雷达跟踪的去模糊方法

由以上可见,利用"三发一收"可以实现对目标的跟踪定位,然而实际条件下,由于目标 RCS 起伏、广播电台节目的短暂停顿,目标相对于发射电台的位置远近不同,各发射、接收站之间对同一目标的信息往往会有很频繁的中断,很难在同一时刻得到三个以上发射站的回波信息,但同时得到两个发射站的回波信息的概率是很大的,且实际雷达应用中往往更关心目标的水平位置,这些使得我们考虑在必要时采用"两发一收"的跟踪体制。

利用两个发射站一个接收站对目标进行定位的方法是利用空间由目标、发射站、接收站决定的两个椭圆曲线相交而得出目标的位置。但一般情况下,两个椭圆相交会有两个甚至两个以上的点,所以此种方法是存在定位模糊的。与"三发一收"不同,"两发一收"方式在发射站与接收站之间的连线以及两个发射站连线的延长线部分存在着误差很大的定位盲区,但是如仅仅对发射、接收站点一侧的目标进行定位,精度相对较高。

利用"两发一收"的布站方式可以对目标进行平面二维定位,但定位是模糊的,即除目标的正确位置外,还会有一个模糊解。这就使得"两发一收"跟踪面临的主要问题是去除可能的模糊航迹。仿真试验显示:真假航迹位于站点两侧;

跟踪能否得到正确的航迹取决于跟踪初始值距离真实航迹的距离与初始值距离虚假航迹的距离谁大谁小,只要初始值相对来说接近真实航迹,跟踪的结果就是正确的。可以把这一特点形象地描述为"跟踪起始的就近原则"。实际条件下,利用接收天线主瓣的指向性,正确的初始值是不难选取的。

选取仿真试验一中的 $T_1$ 和 $T_2$ 发射站配合接收站,测量精度等条件同仿真试验一,目标的初始位置为 $(5,5)$ km,飞行速度 $\dot{x}=100\text{m/s},\dot{y}=200\text{m/s}$,利用天线的波束指向性,已知目标在第一象限,所以可取目标的初始位置为 $(30,5)$ km。仿真结果如图7.22所示。

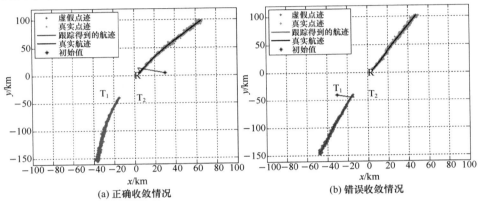

(a) 正确收敛情况      (b) 错误收敛情况

图7.22 "两发一收"外辐射源雷达跟踪收敛性分析

图中红色和绿色的点迹是利用单次测量数据解算出的结果,得到了分布在站点两侧的一真一假两行点迹,站点右上方为真实点迹,左下方为虚假点迹。如果初始值接近目标的真实航迹一侧,则结果是正确的(图7.22(a));反之,如初始值接近目标的虚假航迹一侧,则结果是错误的(图7.22(b))。

仿真试验七:改进的 EKF 与 PF 滤波效果的对比

粒子滤波器可以实现高精度的目标跟踪,然而在仿真试验中发现这种高精度的滤波跟踪是需要较高精度的初始值,否则粒子滤波的收敛时间会比较长。不过这一缺点也是可以克服的,有了前面的初始化算法,高精度目标位置初值是不难保证的。选用仿真试验一的条件,不同的是选择不同的初始值。情况一,假设目标的初始值为 $(-98,152,9)$ km,结果如图7.23所示;情况二,假设目标的初始值为 $(-100,150,10)$ km,即初始位置零误差情况,结果如图7.24所示。

从图7.23和图7.24可以看出,在零误差的情况下,PF 性能要优于改进的 EKF。但是在有误差的情况下,粒子滤波的收敛速度相对较慢,不过一旦收敛后其精度要高于改进的 EKF 算法。也注意到,由于定位方法的影响,在目

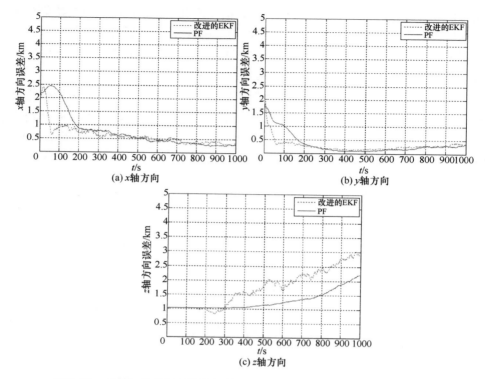

图 7.23　目标初始位置有误差情况下改进的 EKF 与 PF 的跟踪精度对比

标水平飞行的情况下,采用 PF 算法得到 $z$ 轴方向的精度依然比较低,两种算法都会有轻微的发散现象,但是 PF 算法精度较高。从上述结果还可以看出,基本的 PF 在性能上的优势并不明显,所以还需要对 PF 各种改进方法进行深入研究。

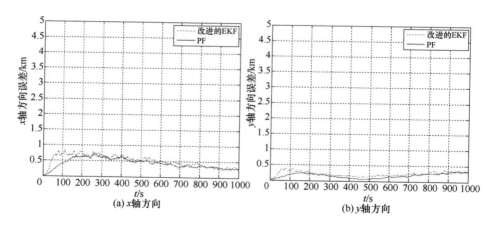

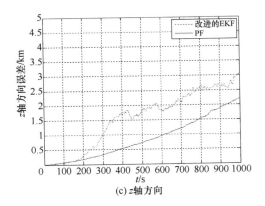

(c) z 轴方向

图 7.24　目标初始位置零误差情况下改进的 EKF 与 PF 的跟踪精度对比

# 7.7　小　结

外辐射源雷达在探测到目标并获得有关参数的基础上,利用适当的数据处理手段,确定出目标在空间中的位置。从雷达到电子侦察系统,常见的目标定位方法有测向定位法、时差定位法、多普勒频率定位法、相位差变化定位法、角度多普勒频率联合定位方法等。

对于连续波或者有较长持续时间的信号辐射源,回波信号包含了目标观测器发射机之间的相对运动引起的多普勒成分,该多普勒成分对应目标运动的速度以及航向信息。准确地提取出该多普勒信息,可以在目标定位和跟踪过程中提供辅助量。利用频率变化率的定位方法在某些情况下(如目标径向或接近径向时),频率变化率非常小以至于较难准确获取,而且高精度多普勒的测量技术相对来说较为复杂。而相位差变化率等方法同样存在测量参数技术复杂、对接收天线的要求高等缺点。

$T^n R$ 型系统中,通常的做法是利用单次测量的多个发射站对应的 TOA 形成的多个椭球面(或双曲面)在目标位置处的交点进行求解。采用基于双基地距离和(回波到达时间 TOA)测量的 $T^n R$ 型定位与跟踪技术,在外辐射源雷达中可以获得相对较好的定位性能。融合多个辐射源的目标测量信息,还可以在接收端利用不同双基地角的回波信息有效地抑制目标 RCS 的闪烁,从而更有效地完成目标检测。

**参考文献**

[1] Skolnik M I. 雷达系统导论第 3 版[M]. 左群声,徐国良,等译. 北京:电子工业出版社,2001.

[2] 吴剑旗. 先进米波雷达技术[M]. 北京: 电子工业出版社, 2015.

[3] Taff L G. Target Localization From Bearings – only Observations[J]. IEEE Transaction on Aerospace and Electronic Systems, 1997, 33(1): 2 – 9.

[4] 孙仲康, 周一宇, 何黎星. 单多基地有源无源定位技术[M]. 北京: 国防工业出版社, 1996.

[5] Carter C R. Three bearing method for passive triangulation in systems with unknown deterministic biases[J]. IEEE Transactions On Aerospace and Electronic Systems, 1981, 17(6): 814 – 819.

[6] 易旭. 高精度单站无源定位与跟踪技术[D]. 成都: 电子科技大学, 2007.

[7] Foy W H. Position location solutions by Taylor series estimation[J]. IEEE Transaction on Aerospace and Electronic Systems, 1976, 12(3): 187 – 194.

[8] Friedlander B. A Passive localization algorithm and its accuracy analysis[J]. IEEE J. Ocean. Eng., 1987, 12(1): 234 – 245.

[9] Smith J O, Abel J S. Closed – form least – square source location estimation from range – difference measurements[J]. IEEE Transaction. Acoust, Speech, Signal Processing, 1987, 35(11): 1661 – 1669.

[10] Chan Y T, Ho K C. A simple and efficient estimator for hyperbolic location[J]. IEEE Transactions on Signal Processing, 1994, 42(8): 1905 – 1915.

[11] Chan Y T, Herman Yau, Chin Hang, et al. Exact and Approximate Maximum likelihood localization Algorithms[J]. IEEE Trans on VTC, 2006, 55(1): 10 – 16.

[12] Stoiea P, Li Jian. Source Localization from Range – Difference Measurements[J]. IEEE Signal Processing Magazine, 2006, 63(11): 63 – 65.

[13] Chan Y T, Towers J J. Sequential localization of a radiating source by Doppler – shifted frequency measurements[J]. IEEE Transactions on Aerospace and Electronic Systems, 1992, 28(4): 1084 – 1090.

[14] Ho K C, Chan Y T. Geolocation of a known altitude object from TDOA and FDOA measurements[J]. IEEE Transactions on Aerospace and Electronic systems, 1997, 33(3): 770 – 783.

[15] Ho K C, Xu Wenwei. An accurate algebraic solution for moving source location using TDOA and FDOA measurements[J]. IEEE Transactions on Signal Processing, 2004, 52(9): 2453 – 2463.

[16] Howland P E. Targettrackingusingtelevision – basedbistaticradar[J]. IEE Proceedings on Radar, Sonar and Navigation, 1999, 146(3): 166 – 174.

[17] Howland P E, Maksimiuk D, Reitsma G. FM radio based bistatic radar[J]. IEE Proceedings on Radar, Sonar and Navigation, 2005, 152(3): 107 – 115.

[18] 徐伟杰, 王俊. 基于 TOA 测量的 Tn – R 型无源雷达目标跟踪算法[J]. 系统工程与电子技术, 2010, 32(3): 512 – 517.

[19] Moorman M J, Bullock T E. A Stochastic Perturbation Analysis of Bias in the Extended Kal-

man Filter as Applied to Bearings – Only Estimation[C]. Proceeding of 31st Conference on Decision and Control, Tucson, AZ: IEEE, 1992.

[20] Bar S Y. Multitarget – Multisensor tracking: Principles and Techniques[M]. Storrs, CT: YBS Publishing, 1995.

[21] Bar – Shalom Y, Li X R, Kirubarajan T. Estimation with applications to tracking and navigation[M]. NewYork: John Wiley&Sons, Inc. , 2001.

[22] Pham D T. Some Quick and Efficient Methods for Bearing – Only Target Motion Analysis[J]. IEEE Transactions on signal processing, 1993, 41(9): 2737 – 2751.

[23] Tanizaki H. Nonlinear filters: estimation and applications[M]. New York: Springer, 1996.

[24] Kushner H J. Dynamical equations for optimum nonlinear filtering[J]. Journey of Differential Equations, 1967, 26(3): 179 – 190.

[25] Ho Y C, Lee R C K. A Bayesian approach to problems in stochastic estimation and control [J]. IEEE Transactions on Automatic Control, 1964, 9(1): 333 – 339.

[26] Yardim C, Gerstoft P, Hodgkiss W S. Tracking Refractivity from Clutter using Kalman and Partice Filter[J]. IEEE Trans on Antennas and Propagation,2008,56(4):1060 – 1069.

[27] Gordon N, Salmond D. Novel approach to non – linear and non Gaussian Bayesian state estimation[J]. Proc. Inst. Elect. Eng. F. 1993,140:107 – 113.

# 主要符号表

| | |
|---|---|
| $2E/N_0$ | 匹配滤波器输出端最大信噪比 |
| $A$ | 信号幅度 |
| $a(t)$ | 受调制信号 |
| $B_j$ | 干扰信号带宽 |
| $B_n$ | 接收带宽 |
| $C_B$ | 带宽修正因子 |
| $D_{0j}$ | 干扰背景下检测因子 |
| $D_0$ | 检测因子 |
| $d(n)$ | 回波通道的输入信号 |
| dBd | 天线增益(以偶极子天线为基准) |
| dBi | 天线增益(以各向同性天线为基准) |
| $d_i(m_c)$ | 数据符号 |
| $E$ | 信号能量 |
| $E(\cdot)$ | 求期望 |
| $e(n)$ | 误差矢量 |
| $F$ | 调频副载波的二分频 |
| $F_k$ | 状态转移矩阵 |
| $F_r$ | 从目标到接收天线路径的方向图传播因子 |
| $F_{rj}$ | 接收站天线在干扰方向的方向图传播因子 |
| $F_t$ | 从发射天线到目标路径的方向图传播因子 |
| $F_{tj}$ | 干扰辐射源到接收站的方向图传播因子 |
| $f_0(\theta,\theta_0)$ | 自由空间天线垂直面波瓣函数 |
| $f_0(\theta_d,\theta)$ | 自由空间天线波瓣在直达波仰角 $\theta_d$ 处幅度值 |
| $f_0(\theta_r,\theta)$ | 自由空间天线波瓣在直达波仰角 $\theta_r$ 处幅度值 |
| $f_d$ | 目标多普勒频移 |
| $G_{tj}$ | 干扰源的天线增益 |
| $G_{rj}$ | 接收天线在干扰方向的增益 |

| $G_r$ | 接收天线功率增益 |
|---|---|
| $G_t$ | 发射天线功率增益 |
| $g(t)$ | 脉冲广播成形函数 |
| $\boldsymbol{H}_{k+1}$ | 观测矩阵 |
| $H_{\text{ref}}(\omega)$ | 参考通道特性 |
| $H(\omega)$ | 均衡滤波器的滤波特性 |
| $H_2(\omega)$ | 待均衡通道的通道特性 |
| $H_\Delta(\omega)$ | 滤波特性 |
| $h_{\text{ant}}$ | 天线相位中心高度 |
| $h_R$ | 外辐射源雷达阵地高度 |
| $h_T$ | 外辐射源发射天线高度 |
| ISL | 积分副瓣电平 |
| $J(n)$ | 代价函数 |
| $\mathrm{J}_n(\cdot)$ | $n$ 阶第一类贝塞尔函数 |
| $\boldsymbol{K}_{k+1}$ | 滤波增益矩阵 |
| $k$ | 玻耳兹曼常数 |
| $L$ | 基线长度 |
| $L_{t_j}$ | 干扰辐射源发射损耗因子 |
| $L_r$ | 回波接收和处理检测总损耗 |
| $L_t$ | 发射损耗 |
| $M$ | 调制度 |
| | 子载波总个数 |
| $M_c$ | 数据子载波个数 |
| $M_p$ | 导频子载波个数 |
| $m_f$ | 调频指数 |
| $N$ | 有效采样点数 |
| $N_0$ | 噪声功率 |
| $N_c$ | 子载频个数 |
| NF | 噪声系数 |
| $P_{ij}$ | 干扰源发射峰值功率 |
| $\boldsymbol{P}_{k+1|k}$ | 预测误差协方差矩阵 |
| $\boldsymbol{P}_{k+1}$ | 滤波协方差阵 |
| $P_t$ | 发射功率 |

| | |
|---|---|
| $p(x_k \mid z_{1:k-1})$ | 先验概率 |
| $p(x_k \mid z_{1:k})$ | 置信度 |
| $p_i(m_\mathrm{p})$ | 导频 |
| $\lvert R \rvert$ | 测量误差协方差矩阵的行列式 |
| $R_\mathrm{d}$ | 干扰源到接收站的距离 |
| $R_\mathrm{l}R_\mathrm{r}$ | 双基地雷达距离积 |
| $\Re^n$ | 状态空间 |
| $R_\mathrm{r}$ | 目标到接收站距离 |
| $R_\mathrm{s}$ | 双基地雷达距离和 |
| $R_\mathrm{t}$ | 目标到发射站距离 |
| $R_\mathrm{x}$ | 接收站 |
| $\boldsymbol{R}$ | 输入信号矢量的自相关矩阵 |
| $r$ | 斜距 |
| $S$ | 距离和 |
| $S(\omega)$ | 发射信号频谱 |
| $S_\mathrm{d}$ | 射照到目标的信号强度 |
| $\boldsymbol{S}_{k+1}$ | 残差协方差矩阵 |
| $S_\mathrm{r}$ | 目标反射信号强度 |
| $s_\mathrm{echo}$ | 目标回波信号 |
| $s_\mathrm{ref}$ | 直达波信号 |
| $T$ | 符号持续时间 |
| $T_0$ | 相关处理截取的参考信号时间长度 |
| $T_\mathrm{cp}$ | 循环前缀持续时间 |
| $T_\mathrm{c}$ | 单次积累时间 |
| $T_\mathrm{g}$ | 目标 |
| $T_\mathrm{s}$ | 接收系统噪声温度 |
| $T_\mathrm{u}$ | 有用符号持续时间 |
| $T_\mathrm{x}$ | 辐射源 |
| $\boldsymbol{x}_{1:k}$ | 状态序列 |
| $\hat{\boldsymbol{x}}_{k+1\mid k}$ | 状态预测 |
| $\hat{\boldsymbol{x}}_{k+1}$ | 滤波输出 |
| $\boldsymbol{x}_k$ | 状态矢量 |
| $\boldsymbol{y}(n)$ | 滤波器输出矢量 |

| | |
|---|---|
| $z_{1:k}$ | 观测序列 |
| $z_k$ | 观测矢量 |
| $\beta$ | 双基地角 |
| | 与信号波形相关、信号带宽的函数 |
| $\beta_0$ | 回波通道中目标回波复振幅 |
| $\beta_1$ | 回波通道中直达波复振幅 |
| $\Delta f_{max}$ | 载频最大频偏 |
| $\Delta R$ | 距离差 |
| | 双基地雷达距离分辨力 |
| $\Delta \varphi$ | 接收站天线方向图半功率宽度 |
| $\delta_j$ | 干扰信号极化匹配因子 |
| $\delta$ | 直达波与反射波在目标处波程差 |
| $\varphi(t)$ | 调频信号瞬时相位 |
| $\varphi_0$ | 信号初始相位 |
| $\varphi_d$ | 自由空间天线波瓣在直达波仰角 $\theta_d$ 处相位 |
| $\varphi_{r0}$ | 目标相对于接收站方位角 |
| $\varphi_r$ | 目标相对于接收站的立体空间角 |
| $\varphi_{t0}$ | 目标相对于发射站方位角 |
| $\varphi_t$ | 目标相对于发射站立体空间角 |
| $\phi_g$ | 地面反射系数的相位 |
| $\gamma$ | 均方根孔径宽度 |
| $\gamma_0$ | 参考通道直达波复振幅 |
| $\eta^2$ | 目标处信号功率密度相对自由空间的功率密度之比 |
| $\theta_0$ | 波瓣最大值指向角 |
| $\theta_r$ | 目标相对于接收站俯仰角 |
| $\theta_t$ | 目标相对于发射站俯仰角 |
| $\lambda$ | 波长 |
| $\lambda_j$ | 干扰辐射源波长 |
| $\lambda_{max}$ | 自相关矩阵 $R$ 的最大特征值 |
| $\mu(n)$ | 自适应步长 |
| $\rho$ | 地面反射系数幅值 |
| $\sigma$ | 雷达目标双基地截面积 |
| $\sigma_L$ | 基线测量精度 |

| | |
|---|---|
| $\sigma_\tau$ | 时间测量精度 |
| $\tau$ | 发射信号经目标反射到达接收机与发射信号直接到达雷达接收机的时间差 |
| $\boldsymbol{\omega}(n)$ | 自适应滤波器权矢量 |
| $\omega(t)$ | 调频信号瞬时角频率 |
| $\omega_c$ | 信号载频 |
| $\psi$ | 目标航向 |

# 缩略语

| | | |
|---|---|---|
| ADC | Analog to Digital Converter | 模/数变换器 |
| ADS - B | Automatic Dependent Surveillance Broadcast | 广播式自动相关监视 |
| AGC | Automatic Gain Control | 自动增益控制 |
| AOA | Angle of Arrival | 到达角 |
| APF | Auxiliary Particle Filter | 辅助粒子滤波器 |
| ASIC | Application Specific Intergrated Circuit | 专用集成电路 |
| BPSK | Binary Phase Shift Key | 二进制相移键控 |
| CDF | Calendar Day Frame | 日帧 |
| CDMA | Code Division Multiple Access | 码分多址 |
| CEP | Circular Error Probability | 圆误差概率 |
| CFO | Carrier Frequency Offset | 载频偏移 |
| CIC | Cascaded Integrator - comb | 积分 - 梳状级联 |
| CMMB | China Mobile Multimedia Broadcasting | 中国移动多媒体广播 |
| CMOS | Complementary Metal Oxide Semiconductor | 金属氧化物半导体 |
| COFDM | Coded Orthogonal Frequency Division Multiplexing | 编码正交频分复用 |
| CP - OFDM | Cyclic - prefix Orthogonal Frequency Division Multiplexing | 循环前缀正交频分复用 |
| CPU | Central Processing Unit | 中央处理器 |
| CR | Cognitive Radio | 认知无线电 |
| CSI | Channel State Information | 信道状态信息 |
| CUDA | Compute Unified Device Architecture | 统一计算设备架构 |
| DAB | Digital Audio Broadcast | 数字音频广播 |
| DBF | Digital Beam Forming | 数字波束形成 |
| DDC | Direct Digital Control | 直接数字控制系统数字下变频 |

| DDS | Direct Digital Synthesis | 直接数字频率合成 |
| DFT | Discrete Fourier Transform | 离散傅里叶变换 |
| DMA | Direct Memory Access | 直接存储器访问 |
| DPRAM | Dual Port Random Access Memory | 双端口随机存储器 |
| DSP | Digital Signal Processor | 数字信号处理器 |
| DTMB | Digital Television Terrestrial Multimedia Broadcasting | 地面数字多媒体广播 |
| DTTB | Digital Television Terrestrial Broadcasting | 数字电视地面广播 |
| DVB | Digital Video Broadcast | 数字电视广播 |
| DVB – T | Digital Video Broadcast – Terrestrial | 地面数字电视广播 |
| DVGA | Digital Variable Gain Amplifier | 数字可变增益放大器 |
| EKF | Extended Kalman Filter | 扩展卡尔曼滤波 |
| ENOB | Effective Number of Bits | 有效位数 |
| FBD | Focus Before Detect | 检测前聚焦 |
| FDMA | Frequency Division Multiple Access | 频分多址 |
| FDOA | Frequency Difference of Arrival | 频率变化率 |
| FEC | Forward Error Correction | 前向纠错 |
| FET | Field Effect Transistor | 场效应晶体管 |
| FFT | Fast Fourier Transform | 快速傅里叶变换 |
| FIFO | First Input First Output | 先入先出队列 |
| FIR | Finite Impulse Response | 有限长单位冲激响应 |
| FM | Frequency Modulation | 调频广播 |
| FPDP | Front Panel Data Port | 前面板数据接口 |
| FPGA | Field Programmable Gate Array | 可编程逻辑阵列 |
| GDOP | Geometrical Dilution of Precision | 定位精度的几何稀释 |
| GHF | Gauss – Hermite Filter | 高斯－厄米特滤波器 |
| GHPF | Gauss – Hermite Particle Filter | 高斯－厄米特粒子滤波器 |
| GMSK | Gaussian Minimum Shift Keying | 高斯最小频移键控 |
| GNSS | Global Navigation Satellite System | 全球导航卫星系统 |
| GPS | Global Position System | 全球定位系统 |
| GPU | Graphic Processing Unit | 图形处理器 |
| GSM | Global System for Mobile Communication | 全球移动通信系统 |
| HOS | Higher Order Statistics | 高阶统计量 |

| ICI | Inter Carrier Interference | 载波间干扰 |
| IDFT | Inverse Discrete Fourier Transform | 离散傅里叶逆变换 |
| IFFT | Inverse Fast Fourier Transform | 快速傅里叶逆变换 |
| ISL | Integrated Sidelobe Level | 积分副瓣电平 |
| KF | Kalman Filter | 卡尔曼滤波器 |
| LMS | Least Mean Square | 最小均方误差 |
| LNA | Low Noise Amplifier | 低噪声放大器 |
| LTCC | Low Temperature Co – fired Ceramic | 低温共烧陶瓷 |
| LTE | Long Term Evolution | 长期演进技术 |
| MEMS | Micro – Electro – Mechanical System | 微机电系统 |
| MGT | Multi – Gigabit Transceiver | 高速串行接口 |
| MIMO | Multiple Input Multiple Output | 多输入多输出 |
| MLE | Maximum Likelihood Estimation | 最大似然估计 |
| MMIC | Monolithic Microwave Integrated Circuit | 单片微波集成电路 |
| MMSE | Minimum Mean Square Error | 最小均方误差 |
| MPEG | Moving Picture Experts Group | 动态专家组 |
| MPI | Message Passing Interface | 信息传递接口 |
| MSINR | Maximum Signal to Interfere Noise Ratio | 最大信干噪比 |
| MVSSLMS | Modified Varible Step – Size Least Mean Square | 标准可变步长最小均方误差 |
| NCO | Numerically Controlled Oscillator | 数控振荡器 |
| NLMS | Normalized Least Mean Square | 归一化最小均方误差 |
| OFDM | Orthogonal Frequency Division Multiplexing | 正交频分复用 |
| OpenMP | Open Multi – Processing | 共享存储并行编程 |
| PAL | Phase Alteration Line | 电视广播制式(逐行导向) |
| PBR | Passive Bistatic Radar | 无源双多基地雷达 |
| PCB | Printed Circuit Board | 印制电路板 |
| PCI | Peripheral Component Interconnect | 外设互联标准 |
| PCLR | Passive Coherent Location Radar | 无源相干定位雷达 |
| PCR | Passive Covert Radar | 无源隐蔽雷达 |
| PD | Pulse Doppler | 脉冲多普勒 |
| PF | Particle Filter | 粒子滤波 |

| PN | Pseudo – Noise | 伪随机噪声 |
|---|---|---|
| PRN | Pseudo Random Number | 伪随机码 |
| PR | Passive Radar | 无源雷达 |
| PSL | Peak Sidelobe Level | 峰值副瓣电平 |
| PWM | Pulse Width Modulation | 脉冲宽度调制 |
| QAM | Quadrature Amplitude Modulation | 正交振幅调制 |
| QPSK | Quadrature Phase Shift Keying | 正交相移键控 |
| RAFS | Rubidium Atomic Frequency Standard | 铷原子频标 |
| RAM | Random Acess Memory | 随机存取存储器 |
| RCS | Radar Cross Section | 雷达散射截面积 |
| RESSLMS | Relative Error Step – size Least Mean Square | 相对误差变步长最小均方误差 |
| RF | Radio Frequency | 射频信号 |
| RLS | Recursive Least Squares | 递归最小二乘 |
| RM | Reciprocal Mixing | 互易混频 |
| SAW | Surface Acoustic Wave | 声表面波 |
| SDR | Signal Direct Ratio | 回波与直达波功率比 |
| SDRAM | Synchronous Dynamic Random – access Memory | 同步动态随机存取内存 |
| SFDR | Spurious Free Dynamic Range | 无杂散动态范围 |
| SFN | Single Frequency Network | 单频网 |
| SINAD | $(S+N+D)/(A+D)$ | 信纳比 |
| SINR | Signal to Interference Plus Noise Ratio | 信号与干扰加噪声比 |
| SMI | Sample Matrix Inversion | 采样矩阵求逆 |
| SNR | Signal to Noise Ratio | 信噪比 |
| STBC | Space Time Block Code | 空时分组编码 |
| TDMA | Time Division Multiple Access | 时分多址 |
| TDOA | Time Difference of Arrival | 到达时间差 |
| TDS – OFDM | Time Domain Synchronous Orthogonal Frequency Division Multiplex | 时域同步正交频分复用 |
| TOA | Time of Arrival | 到达时间 |
| TSOA | Time Summation of Arrival | 到达时间之和 |
| TV | Television | 电视 |

| UKF | Unscented Kalman Filter | 无损卡尔曼滤波 |
| UMTS | Universal Mobile Telecommunications System | 通用移动通信系统 |
| UPF | Unscented Particle Filter | 无迹粒子滤波器 |
| UHF | Ultra High Frequency | 特高频 |
| VSSLMS | Varible Step – Size Least Mean Square | 可变步长最小均方误差 |
| VHF | Very High Frequency | 甚高频 |
| WCDMA | Wideband Code Division Multiple Access | 宽带码分多址 |
| WiFi | Wireless Fidelity | 无线保真技术 |
| WiMAX | Worldwide Interoperability for Microwave Access | 全球微波互联接入 |
| WLAN | Wireless Local Area Networks | 无线局域网 |

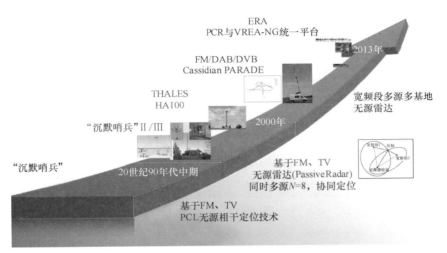

ERA
PCR与VREA-NG统一平台

FM/DAB/DVB
Cassidian PARADE

THALES
HA100

"沉默哨兵"II/III

2000年

"沉默哨兵"

20世纪90年代中期

2013年

宽频段多源多基地
无源雷达

基于FM、TV
无源雷达(PassiveRadar)
同时多源N=8，协同定位

基于FM、TV
PCL无源相干定位技术

图 1.5　国外外辐射源雷达技术发展

图 1.6　1998 年"沉默哨兵"试验设备

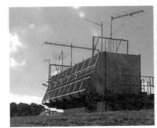

(a)Thales HA100　　　　(b)SELEX Aulos　　　　(c)ERA PCL

图 1.8　小型化多源定位 PCL 系统

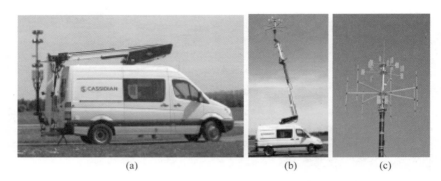

图 1.9　Cassidian 公司的多波段外辐射源雷达系统[16]

图 1.11　CORA – COvert 雷达系统[17]

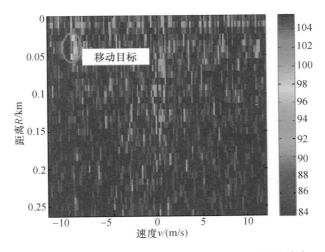

图 1.12　分离出单个发射站的回波信号谱分析结果[18]

图 1.13　GPS 双基地雷达的 32 单元接收天线[20]

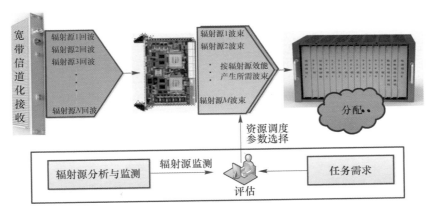

图 1.14　外辐射源雷达多源协同探测一体化处理架构

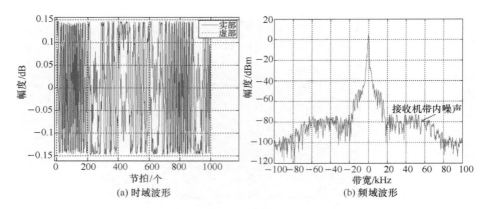

图 3.4　调频广播信号的时域和频域波形

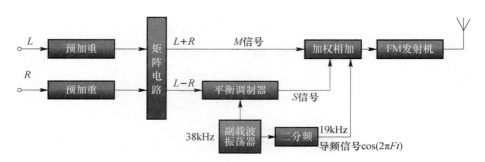

图 3.5　典型调频立体声广播信号调制过程

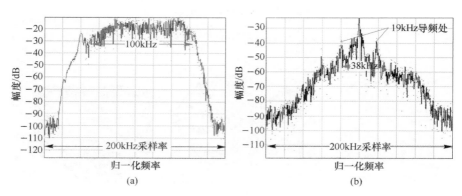

图 3.7　不同音频信号调制的调频广播频谱（调制节目不同，信号带宽不同）

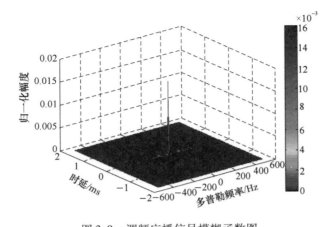

图 3.9  调频广播信号模糊函数图

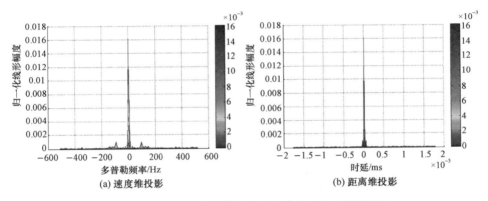

(a) 速度维投影                          (b) 距离维投影

图 3.10  调频广播信号模糊函数速度维－距离维投影图

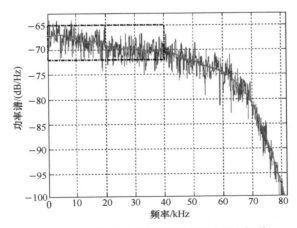

图 3.11  一段实测的调频广播信号单边频谱

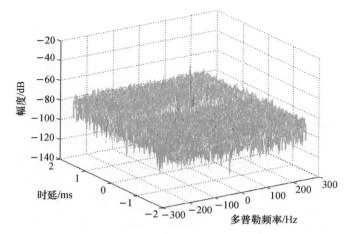

图 3.12　实测的调频广播信号模糊函数图

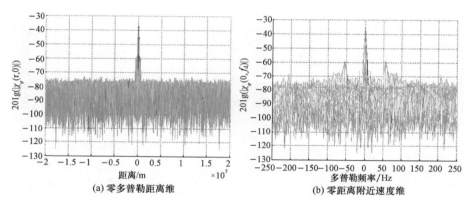

(a) 零多普勒距离维

(b) 零距离附近速度维

图 3.13　调频广播信号模糊图投影

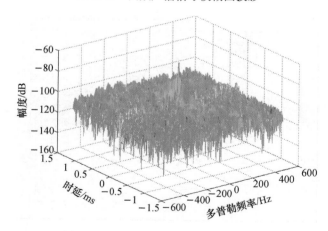

图 3.16　窄带调频广播信号模糊函数图

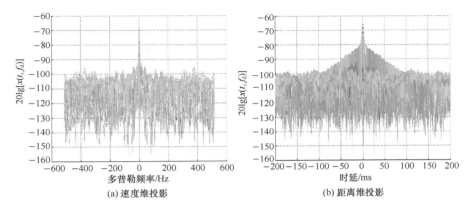

(a) 速度维投影  (b) 距离维投影

图 3.17　调频广播信号(窄带)模糊函数频率维 – 时间维投影图

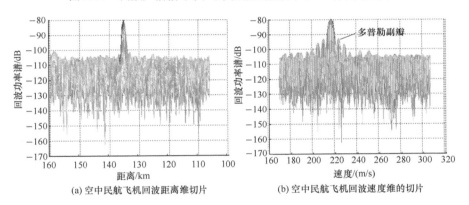

(a) 空中民航飞机回波距离维切片  (b) 空中民航飞机回波速度维的切片

图 3.18　在距离维和速度维的实测空中民航飞机回波

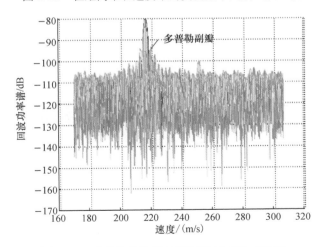

图 3.19　速度维的实测目标回波(0.766s 积累)

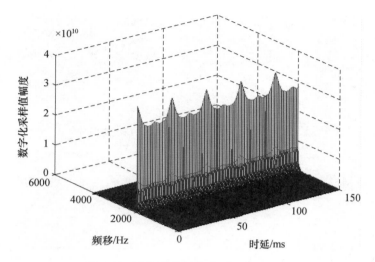

图 3.24　实测电视图像信号模糊函数图

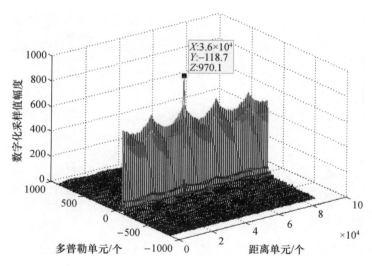

图 3.25　失配以后距离 - 多普勒二维输出结果

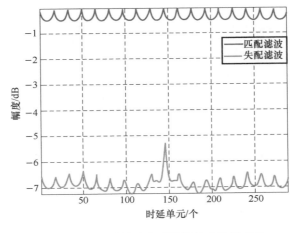

图 3.26　匹配滤波和失配滤波输出结果对比

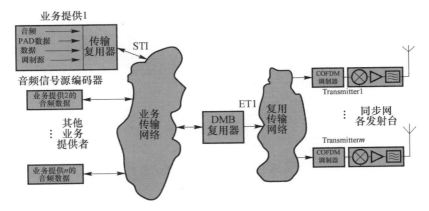

图 3.27　数字电视网络

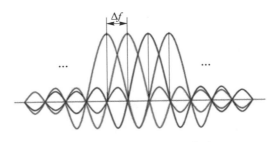

图 3.40　OFDM 正交子载波

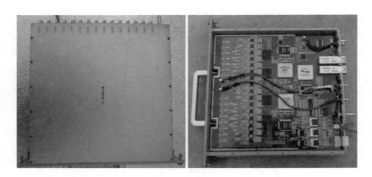

图 3. 47 750MHz 多通道数字电视信号接收机前端及数字化分机

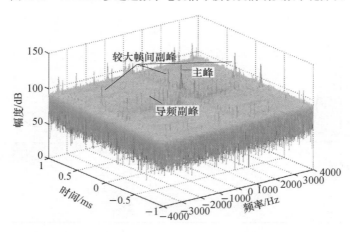

图 3. 49 DTMB 实测信号模糊函数

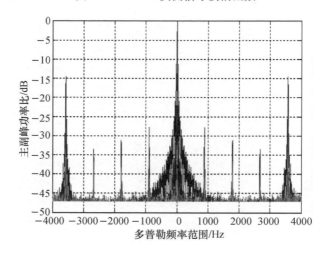

图 3. 51 副峰的频率分布

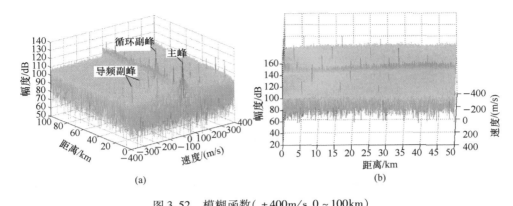

(a)                                          (b)

图 3.52　模糊函数(±400m/s,0～100km)

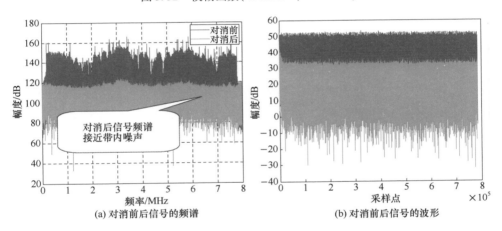

(a) 对消前后信号的频谱                      (b) 对消前后信号的波形

图 3.53　试验系统数字电视波段直达波对消结果

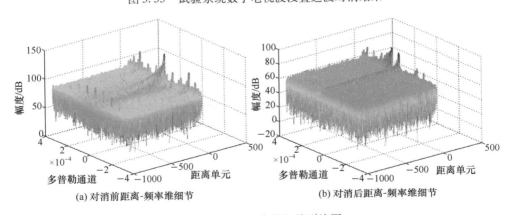

(a) 对消前距离-频率维细节                    (b) 对消后距离-频率维细节

图 3.55　DTMB 信号相关副峰图

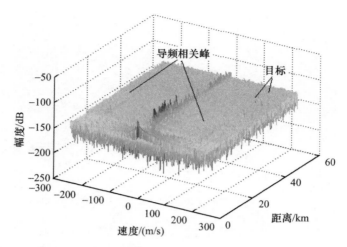

图 3.56　实测目标通道对消后剩余副峰与目标回波图

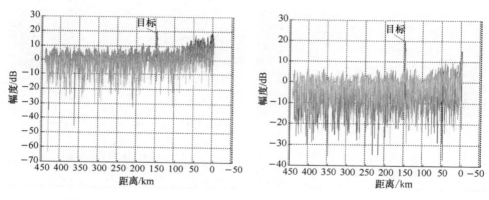

图 4.4　非归一化结果　　　　　　　图 4.5　改进的归一化结果

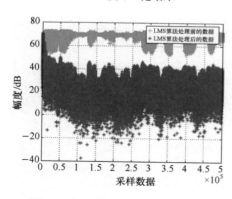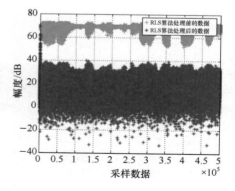

图 4.6　LMS 算法对消前后的信号　　　图 4.7　RLS 算法对消前后的信号

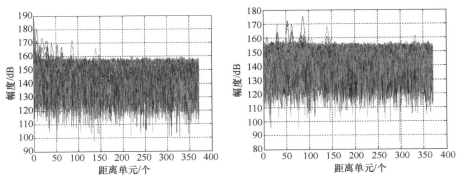

图 4.8　LMS 算法处理后的
目标信噪比

图 4.9　RLS 算法处理后的
目标信噪比

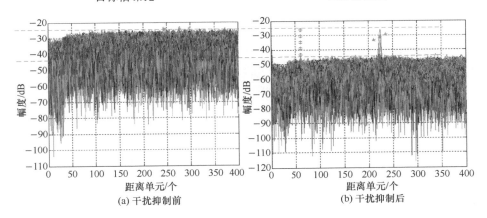

(a) 干扰抑制前

(b) 干扰抑制后

图 4.18　干扰抑制前后对比

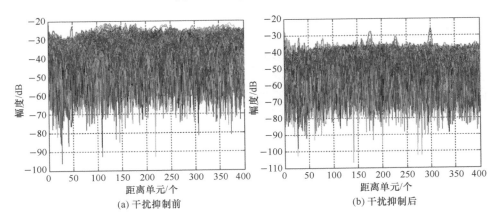

(a) 干扰抑制前

(b) 干扰抑制后

图 4.20　干扰抑制前后对比

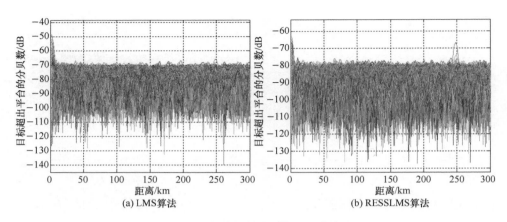

(a) LMS算法　　　　　　　　　　(b) RESSLMS算法

图 4.22　杂波抑制改进算法相消效果

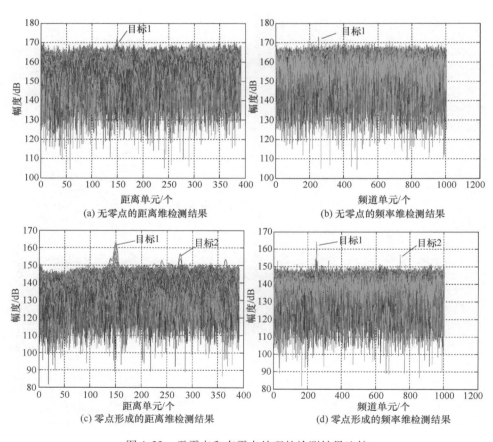

(a) 无零点的距离维检测结果　　　　　(b) 无零点的频率维检测结果

(c) 零点形成的距离维检测结果　　　　(d) 零点形成的频率维检测结果

图 4.23　无零点和有零点处理的检测结果比较

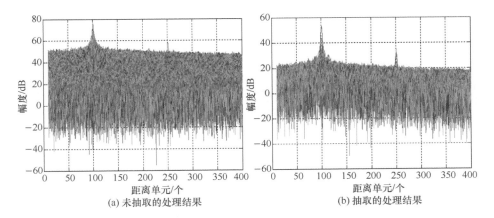

(a) 未抽取的处理结果

(b) 抽取的处理结果

图 4.41　距离 – 多普勒处理结果比较

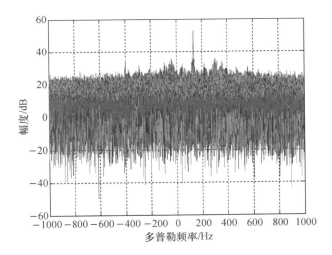

图 4.42　距离 – 多普勒处理多普勒维侧视图(抽取)

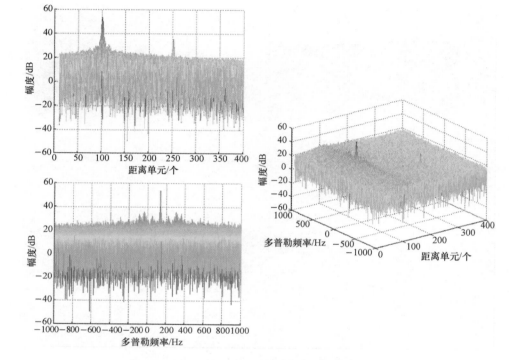

图 4.43　多速率的距离 – 多普勒处理结果（抽取）

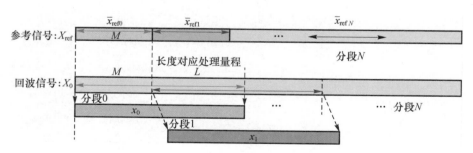

图 4.44　任意长度数据分段相关处理处理流程

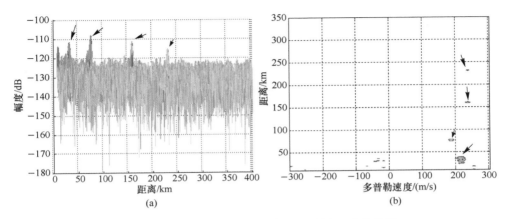

图 4.46　单次采样数据中截取长 0.3s 距离－多普勒维
FFT 滤波处理后的输出谱

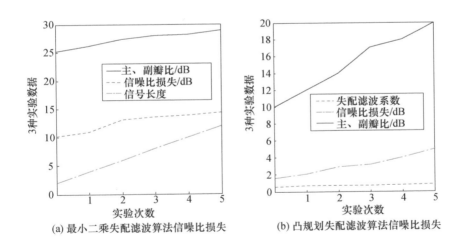

(a) 最小二乘失配滤波算法信噪比损失　　(b) 凸规划失配滤波算法信噪比损失

图 4.52　失配滤波信噪比损失分析

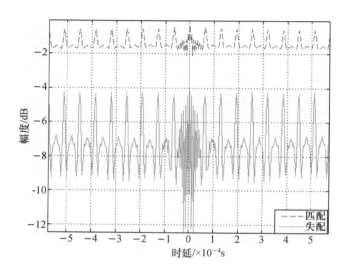

图 4.54　图像和伴音信号综合匹配和失配零多普勒维截面

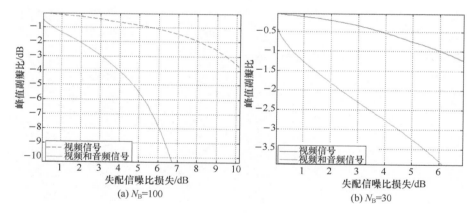

(a) $N_B=100$　　　　　　　　　　(b) $N_B=30$

图 4.55　分段数不同时单独图像信号失配与图像和伴音
信号综合失配性能之比

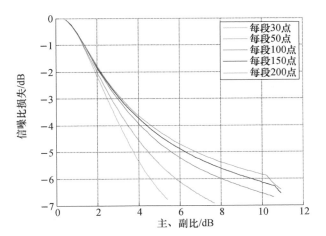

图 4.56　不同分段长度所对应的失配信噪比损失与主、副比关系

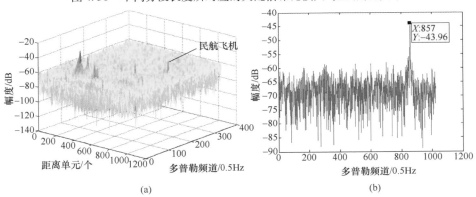

(a)　　　　　　　　　　　　　　(b)

图 4.59　等效重频为 500Hz 时喷气式类目标的频谱图

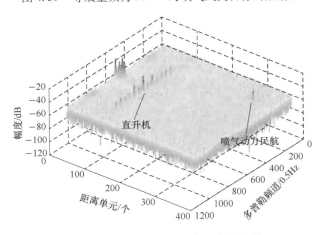

图 4.62　直 - 9C 目标距离 - 多普勒谱

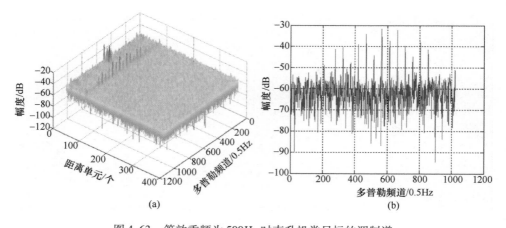

(a)

(b)

图 4.63　等效重频为 500Hz 时直升机类目标的调制谱

注:目标距离 82.5km,多普勒谱宽 288Hz,谱线间隔 24Hz。

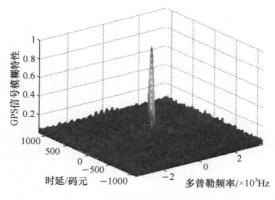

(a) 模糊函数

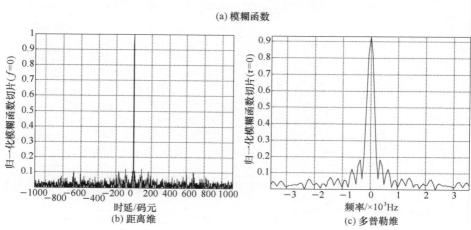

(b) 距离维

(c) 多普勒维

图 5.6　发射端信号特性分析

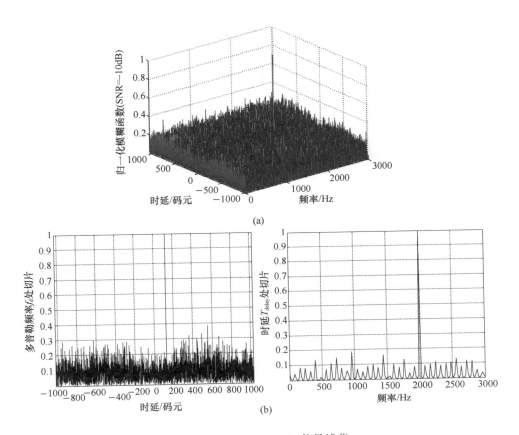

图 5.10  SNR = -10dB 信号捕获

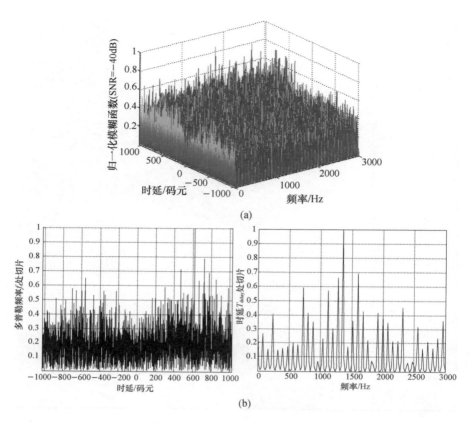

图 5.11　SNR = −40dB 信号捕获

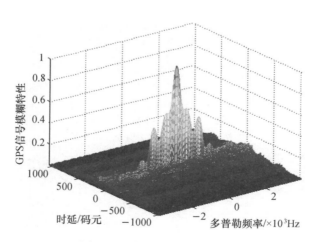

图 5.12　多星信号模糊函数图

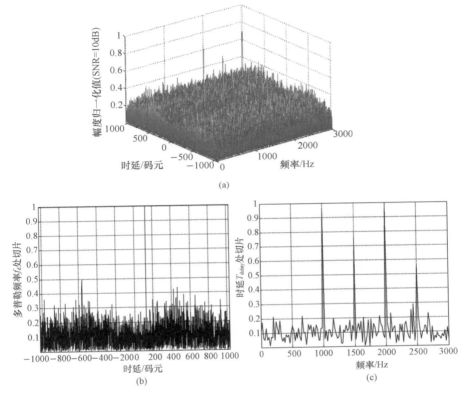

(a)

(b)

(c)

图 5.13　存在多星信号干扰

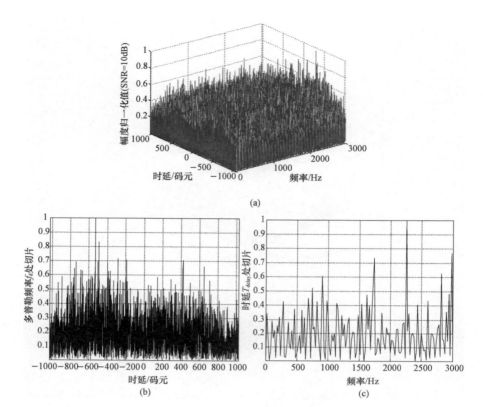

图 5.14　同时捕获多星信号

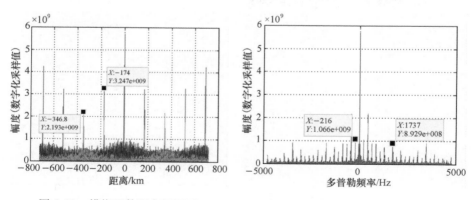

图 5.23　模糊函数距离侧视图　　　　图 5.24　模糊函数多普勒侧视图

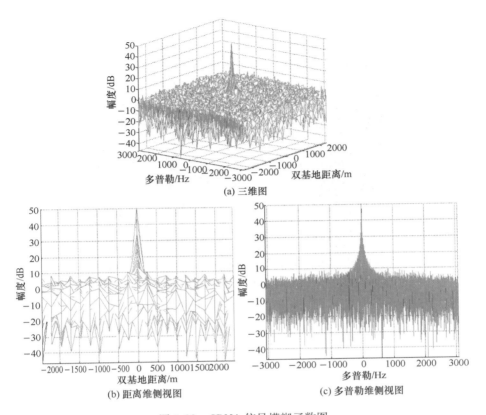

(a) 三维图

(b) 距离维侧视图

(c) 多普勒维侧视图

图 5.30　CDMA 信号模糊函数图

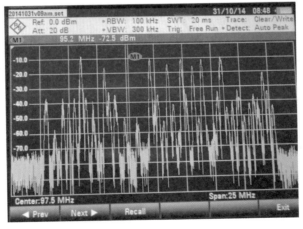

图 6.1　VHF 调频广播频段(87～108MHz)信号频谱情况

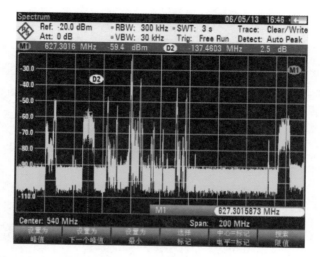

图 6.2　UHF 频段模拟/数字电视(440~640MHz)信号频谱情况

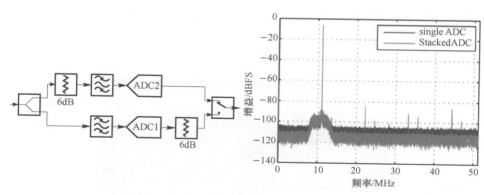

图 6.27　简化 Stacked – ADC 架构及实际电路测试结果

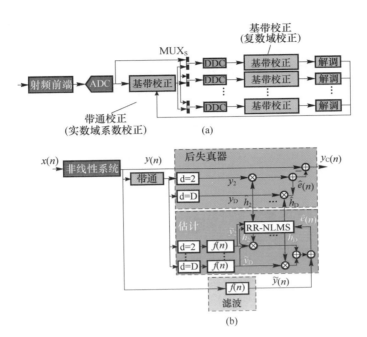

(a)

(b)

图 6.28　基于数字后处理的数字非线性均衡技术动态扩展

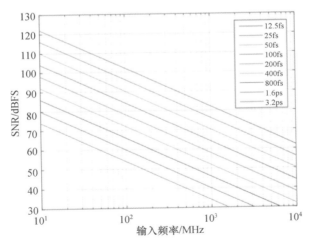

图 6.56　理想 SNR、输入频率与抖动关系曲线

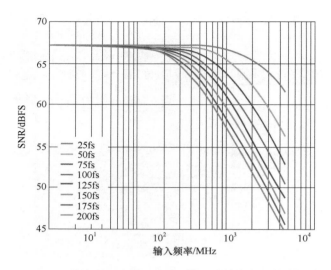

图 6.57　AD9680 芯片 SNR 与输入频率、输入时钟均方根抖动间关系曲线

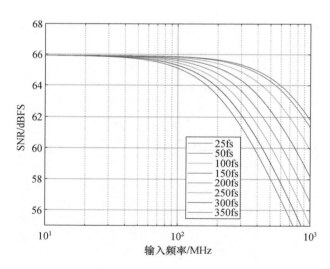

图 6.58　ADS54J54 芯片 SNR 与输入频率、输入时钟均方根抖动间关系曲线

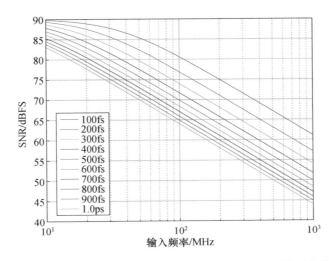

图 6.62　射频数字化窄带输出 SNR、输入频率和抖动关系曲线

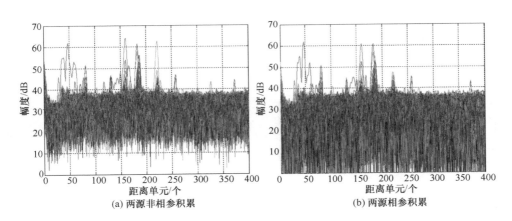

(a) 两源非相参积累

(b) 两源相参积累

图 7.2　同一发射台址下两源积累(相参、非相参)实验对比

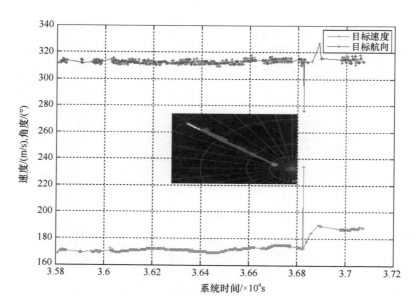

图 7.7　双源(基线 45km)协同定位单帧航速、航向测量

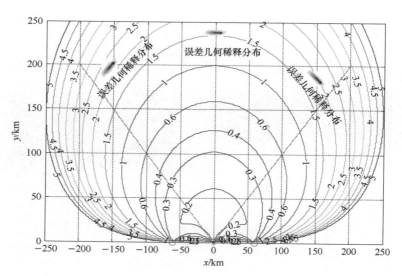

图 7.8　基于 FM 信号的椭圆交叉定位(基线 60km)

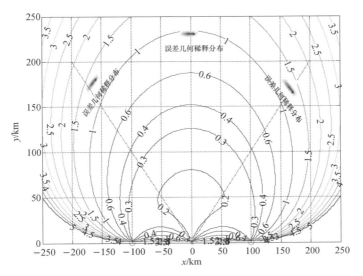

图 7.9　基于 FM 信号的椭圆交叉定位（基线 100km）

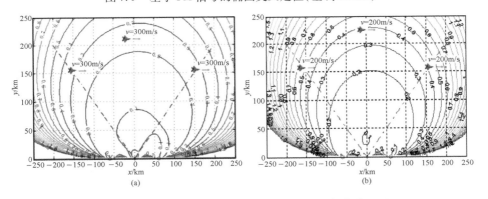

图 7.10　距离和 - 多普勒定位（基线为 60km，航向为 90°）

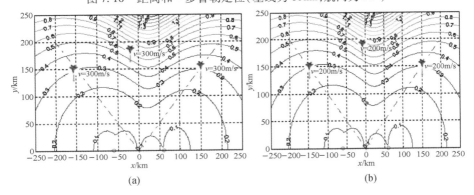

图 7.11　FM 源的距离和 - 多普勒定位（基线 60km，航向 180°）

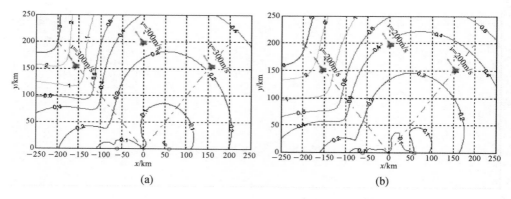

图 7.12　FM 源的距离和 – 多普勒定位(基线为 60km,航向为 315°)

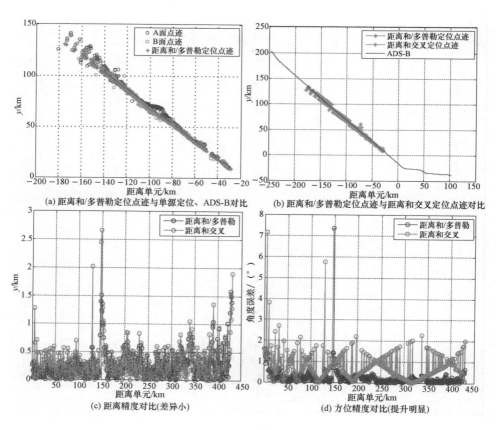

(a) 距离和/多普勒定位点迹与单源定位、ADS-B对比

(b) 距离和/多普勒定位点迹与距离和交叉定位点迹对比

(c) 距离精度对比(差异小)

(d) 方位精度对比(提升明显)

图 7.13　780720 航班点迹分析

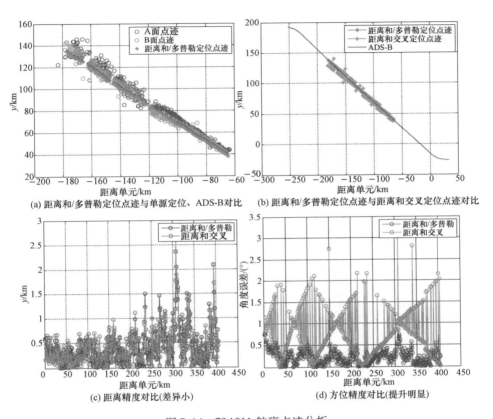

(a) 距离和/多普勒定位点迹与单源定位、ADS-B对比　(b) 距离和/多普勒定位点迹与距离和交叉定位点迹对比

(c) 距离精度对比(差异小)　(d) 方位精度对比(提升明显)

图 7.14　79A011 航班点迹分析

彩／34

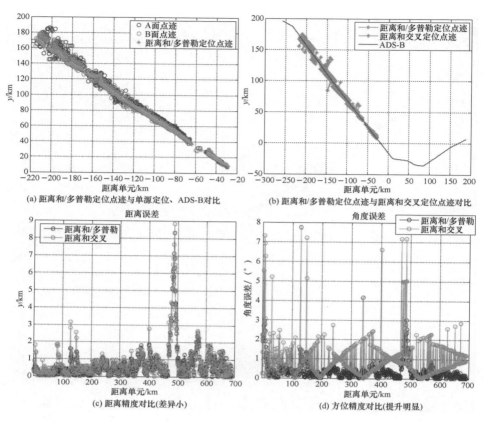

图 7.15　7808A2 航班点迹分析

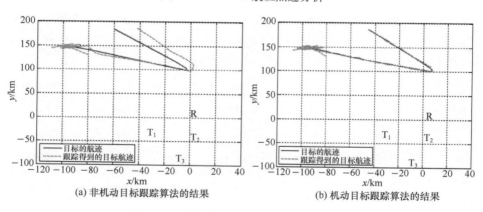

图 7.21　算法对机动目标的跟踪精度比较